国家杰出青年科学基金项目(51725403)资助
国家重点研发计划项目(2018YFC0604700)资助

深部煤炭资源采选充＋X绿色化开采方法

张吉雄　　张强　　周楠　　巨峰　　李猛　　著

U0337689

中国矿业大学出版社

·徐州·

内 容 提 要

本书系统总结了近年来煤矿采选充＋X开采技术、方法与实践方面的研究成果。本书内容包括:煤矿采选充＋X绿色化开采技术体系、充填材料力学行为、深部充填开采岩层移动和地表沉陷规律、采选充＋X绿色化开采生产系统、采选充＋X绿色化开采技术、采选充＋留绿色化开采技术工程应用、采选充＋抽绿色化开采技术工程应用、采选充＋控绿色化开采技术工程应用。

本书可供从事采矿工程、矿物加工工程、地质工程、矿山测量、环境工程、矿山安全以及岩土工程等专业的科技工作者、工程技术人员、研究生和本科生参考使用。

图书在版编目(C I P)数据

深部煤炭资源采选充＋X绿色化开采方法 / 张吉雄等著. —徐州:中国矿业大学出版社,2022.12

ISBN 978 - 7 - 5646 - 4673 - 8

Ⅰ. ①深… Ⅱ. ①张… Ⅲ. ①煤矿开采－无污染技术

Ⅳ. ①TD82

中国版本图书馆 CIP 数据核字(2022)第 235690 号

书　　名	深部煤炭资源采选充＋X绿色化开采方法
著　　者	张吉雄　张强　周楠　巨峰　李猛
责任编辑	于世连　王美柱
出版发行	中国矿业大学出版社有限责任公司
	(江苏省徐州市解放南路　邮编 221008)
营销热线	(0516)83885370　83884103
出版服务	(0516)83995789　83884920
网　　址	http://www.cumtp.com　E-mail:cumtpvip@cumtp.com
印　　刷	徐州中矿大印发科技有限公司
开　　本	787 mm×1092 mm　1/16　印张 20.25　字数 518 千字
版次印次	2022 年 12 月第 1 版　2022 年 12 月第 1 次印刷
定　　价	268.00 元

(图书出现印装质量问题,本社负责调换)

前　言

　　煤炭是我国的主体能源,在一次能源结构中占 60% 左右,在未来相当长时期内,煤炭作为主体能源的地位不会改变。长期以来,煤炭资源大规模开发带来了生态环境破坏等问题,加快推动煤炭产业高质量发展势在必行。同时,随着浅部煤炭资源的长期持续高强度开采,导致煤炭开采深度逐年加大,向深部要资源已成为保障能源安全的重大需求。

　　我国已探明的埋深 2 000 m 以浅煤炭资源储量中,超过 1 000 m 的储量占比 53.3%,深部煤炭开采面临着突出的环境与安全问题:① 深部"三高一扰动"开采环境异常复杂,采动岩层运动带来的动力灾害等安全问题十分严峻;② 矸石产量大,占原煤产量的 20%~30%,地面排放破坏矿区生态环境,井下处置面临着围岩控制与高效充填难题;③ 主井提升压力剧增,矿井提升效率降低,制约着深部煤炭高效开发。因此,在"双碳"目标约束背景下,创新深部煤炭资源生产模式,是实现深部煤矿绿色安全开发的重要途径。

　　国家一直重视资源开采与环境保护的协调发展,在本世纪初就提出"绿色矿山"理念,通过《中国矿业联合会绿色矿业公约》;随后采矿著名学者钱鸣高院士提出绿色开采概念,并给定绿色开采技术体系;党的十九大报告提出全国贯彻"绿色"发展理念,建设绿色矿山、发展绿色矿业、推行绿色化开采势在必行,必须从创新开采方法的源头来实现近零生态损害开发、近零污染物排放利用的绿色化开采自主创新之路。

　　充填开采技术已成为煤矿绿色化开采的核心技术,在岩层失稳防控、煤矸石等固废减排、地表沉陷控制、煤炭资源采出率提高及采动诱导灾变治理等方面具有显著的技术优势,逐渐发展成熟的煤矸井下分选技术进一步拓展了充填开采技术的发展方向,为深部煤炭资源绿色安全高效开采提供了技术支撑。

　　针对我国煤炭资源的开发现状与发展趋势,作者所在团队于 2001 年研究矸石地面排放带来的环境问题及矸石井下处置技术并提出矸石井下储运技术研究思路;2006 年开始矸石直接充填综采岩层移动控制及其应用的研究工作;2010 年出版专著《综合机械化固体废物充填采煤方法与技术》;2012 年形成了综合机械化固体废弃物密实充填与采煤一体化技术体系,并获得国家技术发明二等奖,同年获批国家科技支撑计划课题"煤矿采选充采一体化关键技术开发与示范",基于矿井实现绿色开采、资源开发与环境协调发展的现实需求,提出井下煤矸分离与充填采煤系统设计的基本原理,首次在开滦集团唐山矿应用采选充一体化技术,构建了采选充一体化集成系统,并于 2013 年在该矿建成示范工程,实现了煤矸井下分选及就地充填;2014 年出版专著《固体密实充填采煤方法与实践》;2016 年成功研发"采选抽充采"集成型煤与瓦斯绿色共采技术;2017 年在总结分析深部充填开采面临难题的基础上,提出深部煤炭资源采选充绿色化开采构想,并初步形成深部煤炭资源采选充绿色化开采的理论与技术体系,同年第一作者获得国家自然科学基金杰出青年科学基金资助;2018 年,获批国家重点研发计划深地资源勘查开采重点专项项目"深部煤矿井下智能化分选及就地充填关键技术装备研究与示范",并于 2021 年通过验收,初步形成了采选充＋X 技术体系;2021 年,获批国家自然科学基金重点项目煤基固废规模化处置与利用主题立项支持。

本书在上述研究基础上系统地构建了煤炭资源采选充＋X 的绿色化开采新理念及其技术体系,详细分析了煤矿采选充＋X 绿色化开采理论、技术与实践。全书共分为基础篇和实践篇,共九章,分别论述煤矿采选充＋X 绿色化开采技术体系、充填材料力学行为、深部充填开采岩层移动及地表沉陷规律、采选充＋X 绿色化开采生产系统、采选充＋X 绿色化开采技术、采选充＋留工程应用、采选充＋抽工程应用、采选充＋控工程应用。

本书是由采矿、力学、测量、安全、机械等专业人员组成的交叉学科团队,围绕"煤基固废处置与利用"研究主题,在长期研究基础上的成果总结,该研究得到了众多大型煤炭企业的支持与帮助。

本书由张吉雄、张强、周楠、巨峰、李猛合著,具体写作分工情况为:第1、2、4、6、9 章由张吉雄完成,第 5 章由张强完成,第 7 章由周楠完成,第 8 章由巨峰完成,第 3 章由李猛完成。此外,黄鹏、孙强、李百宜、闫浩等教师及团队部分研究生参与了部分章节素材整理与图表绘制工作。

　　本项研究在我国多个煤炭企业进行了工程应用,包括新汶、平顶山、开滦、兖州等多个矿区。在此,对所有合作企业的大力支持表示衷心的感谢! 同时,也对国家重点研发计划项目组全体成员的辛苦付出表示衷心感谢!

　　本书得到如下项目资助:国家自然科学基金杰出青年基金项目"充填开采与岩层控制"(51725403),国家重点研发计划项目"深部煤矿井下智能化分选及就地充填关键技术装备研究与示范"(2018YFC0604700)。

著者

2022 年 10 月

目　　录

第一篇　基础篇

第一篇　基础篇

1 绪 论

1.1 深部煤炭资源开采现状与发展趋势

1.1.1 深部煤炭资源开采现状

煤炭在我国能源体系中起到压舱石和兜底保障作用。在我国一次能源生产和消费中，煤炭的占比达到 60％左右。近年来，随着浅部煤炭资源逐渐枯竭，煤炭开采深度逐渐增加，我国埋深超过 1 000 m 的煤炭资源超 2.86 万亿吨，占我国煤炭资源总储量的 51.34％。从理论上讲，地球内部可利用的成矿空间分布在从地表到地下 10 000 m。目前世界先进水平勘探开采深度已达 2 500～4 000 m，而我国大多在 500 m 以内，向地球深部进军是我国必须解决的战略科技问题。因此，加强深部煤炭资源开发已成为未来提升我国煤炭资源保障能力的必然选择。

对于深部煤炭资源，目前深部有以下三种定义：一是根据目前采煤技术发展现状和安全开采要求，提出深部的概念是 700～1 000 m；二是根据煤岩体所处的赋存环境的明显变化来定义深部概念；三是根据采动灾害特征来定义深部概念，即只要出现了巷道变形激烈、采场失稳加剧等灾害事故的位置就算深部。深部煤炭资源开采的界定还没有统一的科学定义和标准，目前行业内普遍认为，煤炭资源开采深度达到 800 m，即进入了深部开采。

我国煤炭资源的开采深度正以每年 10～25 m 的速度延深，深部矿井的数量不断增加。据不完全统计，2004 年我国深部矿井不足 8 处，而截至 2021 年我国深部矿井有 142 处，其中超过千米的矿井已达到 60 余处。例如，淄博矿业集团唐口煤矿、徐矿集团张双楼煤矿、开滦集团唐山煤矿和冀中能源集团邢东煤矿等开采深度已达 1 000 m。开滦集团赵各庄煤矿、钱家营煤矿，新汶矿业集团协庄煤矿等矿井的开采深度更是超过了 1 100 m。目前，开采深度最大的矿井是新汶矿业集团孙村煤矿，其开采深度已达到 1 502 m。全国主要深部矿井数量和产能分布情况见表 1-1。

表 1-1 全国主要深部矿井数量和产能分布情况

省份	采深 800～1 000 m		采深 1 000～1 200 m		采深 >1 200 m		比例/％	
	数量/个	产能/万 t	数量/个	产能/万 t	数量/个	产能/万 t	数量	产能
河北	15	3 257	3	870	2	275	14.08	14.34
山东	10	1 778	12	3 035	11	1 450	23.24	20.40
河南	19	3 685	8	2 170	0	0	19.01	19.08

表 1-1(续)

省份	采深 800～1 000 m		采深 1 000～1 200 m		采深>1 200 m		比例/%	
	数量/个	产能/万 t	数量/个	产能/万 t	数量/个	产能/万 t	数量	产能
安徽	14	6 505	4	930	0	0	12.68	24.22
江苏	3	100	3	640	7	1 120	9.15	6.06
黑龙江	11	1 040	5	1 275	0	0	11.27	7.54
吉林	0	0	2	170	2	420	2.82	1.92
辽宁	6	920	5	1 054	0	0	7.75	6.43

1.1.2 深部煤炭资源开采存在主要问题

煤炭资源开采进入 1 000～2 000 m 后,存在深部煤炭开采围岩控制、矸石规模处置、煤矸高效提升等主要问题。

1.1.2.1 深部煤炭开采围岩控制

煤炭开采进入深部以后,采矿地质条件变得更加复杂,开采环境发生明显变化。深部岩体承受着上覆岩层自重产生的较大垂直应力以及特殊地质构造产生的构造应力影响,最终地应力显著增大。在深部开采条件下,地温逐渐升高,矿井垂深 1 000 m 处围岩温度可达 35°～45°。持续的高地温将对作业人员的健康和安全造成极大的伤害,将使作业人员的劳动生产率大大下降。深部煤层瓦斯渗透性降低,瓦斯压力增大,矿井岩溶水压升高和涌水量增加。在"三高"(高地应力、高地温、高渗透压)的复杂环境作用下,与浅部岩体的变形破坏不同,深部围岩由于受到较强的应力扰动影响,其变形与破坏具有显著的非线性特性,开采扰动破坏区范围急剧增大。因此,深部采煤环境和岩体具有"三高一强扰动"的特点。

浅部围岩大多处于弹性状态。进入深部以后,受"三高一强扰动"影响及围岩本身强度之间的相互作用,围岩可能表现出大变形、强流变等特征。深部的矿井灾害将以前所未有的频度、强度和复杂性表现出来。且深部开采的单一种类灾害转变为多种灾害的灾害链,灾害链的孕育机理、致灾过程更加复杂,对岩层控制、采场维护等提出了前所未有的巨大挑战。以巷道围岩变形为例,深部巷道实际返修比例高达 90% 以上。深部矿井安全生产存在较大隐患,其具体表现为:巷道变形速度快、变形量大,底鼓严重;岩性对巷道稳定性的影响更加显著;掘进后巷道持续变形、流变成。因此,在深部煤炭资源开采过程中围岩控制难度较浅部的明显增大,这对于深部煤炭资源安全开采带来巨大挑战。

1.1.2.2 深部煤炭矸石规模处置

(1) 我国煤矸石排放情况

矿产资源开发过程排放大量的固体废弃物(主要包括尾矿、煤矸石及废石等)。矿山固废排放量大、利用率低,存在资源浪费和环境污染风险。其中,煤矸石排放量在矿山固废中的占比达 20% 以上。煤矸石堆存量大、排放占地多。据不完全统计,我国煤矸石累计堆放量超过 65 亿吨;规模较大的矸石山多达 1 600 座,占用土地 1.5 万公顷,且以每年 5 亿吨～8 亿吨的速度逐年增加。

(2) 深部煤矿矸石量增加原因

一是深部开采地质条件复杂,断层及煤层夹矸现象普遍存在。在过断层或者开采含夹矸煤层时会产生大量的矸石。

二是深部矿井与浅部矿井相比,在开拓时增加井筒掘进深度,从而增加了矸石的排放量。

三是深部矿井围岩受到"三高一强扰动"影响,煤巷支护困难,变形量大,为了保证深部矿井巷道长时间的安全高效利用,会改变煤岩巷比例——岩巷占比大幅增加。在高应力作用下巷道发生大变形的速度急剧加快。为了保证巷道的使用,需不断对巷道进行拓宽及修补。

(3)煤基固废规模化处置问题

一是地面堆积场地限制。根据新修订的《煤矸石综合利用管理办法》,我国禁止新建煤矿及选煤厂建设永久性煤矸石堆场,确需建设临时堆场(库)的新建煤矿,原则上其占地规模按不超过 3 年储矸量设计,且应有后续综合利用方案。持续开展矸石堆场整治,对违法建设的矸石堆场和历史遗留的煤矸石堆场采取溯源制度。对违法建设、未经任何部门审批、违规占地,特别是位于生态保护的环境敏感区范围内的矸石堆场开展溯源工作并依法取缔,同时要求其责任主体限期整改并恢复生态。对历史遗留的煤矸石堆场开展溯源工作,要求责任人限期整改恢复生态,在确实无法确定责任人的情况下,由所在地政府负责整治。

二是矸石堆积带来环境问题。煤矸石极易发生自燃。煤矸石在自燃过程中会释放出 CO、CO_2、H_2S、SO_2、NO_x、碳氢化合物及其衍生物(如甲醛、丙烯醛)等有毒有害性气体,也会产生由可燃性碳氢化合物在高温下经氧化、分解、脱氢、缩合及聚合等一系列复杂反应形成的炭黑、飞灰等粒状悬浮物。在露天堆放情况下,煤矸石经受风吹、日晒和雨淋,有毒重金属元素会从煤矸石中析出,通过雨水淋溶作用和风力作用渗入到煤矸石堆附近的土壤中,并发生入渗、迁移和富集,导致严重的重金属污染。煤矸石风化形成的土壤中重金属也有明显积累。在重金属迁移的过程中还会产生大量的可溶性盐,对环境造成长期污染。附近植物也会受到可溶性盐胁迫而死亡。有些重金属和其他污染物经食物链传递后,最终进入人体,危害人体健康。

三是地面洗选长流程环节能耗与效益负担加重。目前地面分选方法主要有重力分选及电磁分选;分选流程主要包括跳汰-浮选联合流程、重介-浮选联合流程、跳汰重介-浮选联合流程、块煤重介-末煤重介旋流器分选流程、单跳汰及单重介流程。煤矸石地面洗选环节多,工艺流程长。一般来说,选煤厂主要工艺流程为:原煤准备→原煤分选→产品脱水→产品干燥→煤泥水处理。分选环节较多将会导致煤矸石规模化分选时产生的能耗较多,从电能方面上增加了矿井的效益负担。

四是深部带来的处置空间控制问题。随着开采深度增大,地应力显著增大,围岩应力增高。在浅部相对较硬的围岩,到达深部后成为"工程软岩",其表现出强烈的扩容性和应变软化特征,深部围岩强度降低。深部围岩最大主应力与最小主应力差有增大的趋势,致使剪应力增大,围岩破坏加速。深部围岩受到强采动影响,敏感程度更高,变形速率更快,难以控制。在同等条件下,埋深每增加 100 m 时,围岩变形速度平均增加 $20\% \sim 30\%$。为了能够实现规模化处置固废材料,需要控制稳定的深部空间来满足固废材料处理要求。

1.1.2.3 深部煤炭煤矸高效提升

煤矸石是掘进、开采和洗煤过程中产生的固体废弃物。矸石提升问题已成为深部矿井必须面对的一项难题。深部开采后矸石提升给矿井带来的弊端主要有：

一是矸石辅助提升占用矿井总提升。煤矿运输系统的能力相对固定，部分矿井的主提升系统能力有限，大量矸石的提升给主提升系统带来了巨大的压力，挤占了煤炭原有运输量。以矿井提升为例，单级最大提升深度极限约为 2 750 m，当深度为 1 000～2 000 m 时，提升钢丝绳自重占比为 60%～85%，提升钢丝绳有效提升效率显著降低。

二是矸石辅助提升影响矿井产能。目前，国内越来越多省份的煤炭监管部门在核定矿井生产能力时是以毛煤年产量（即矿井主提升量）为衡量标准的。比如，山东省煤炭监管部门曾出台规定以矿井主提升量核定矿井产能。矸石的混入会直接占用矿井的产能指标。特别是煤炭含矸率较高的矿井，矸石提升费用直接影响了煤矿的整体经济效益。

1.1.3　深部煤炭资源绿色化开采发展趋势

深部煤炭资源开采已成为国家战略，主要从绿色化、智能化、生产集约化、环境与开采协调开采、效率与安全统筹考虑、效益与效能统筹考虑等方面进行发展。针对深部开采难题，国内相关学者提出了诸多开采理论及方法。

谢和平院士针对现有技术难以满足深部资源的开发问题，系统阐述了煤炭深部原位开采的科学技术构想，提出了深部原位流态化开采的采动岩体力学等理论与技术，明确了煤炭深部原位流态化开采的战略路线。

袁亮院士针对深部煤炭开采不可避免地面临煤与瓦斯突出、冲击地压、巷道围岩控制、水害、热害等诸多重大科学问题和技术难题，提出了煤与瓦斯共采、开采关键层卸压实现区域卸压、强化围岩与强化支护结构相结合、疏水降压、井上下立体降温等思路，为我国深部煤炭资源安全开采提供了理论指导。

康红普院士针对煤矿千米深井围岩控制及智能开采技术的问题，围绕安全、高效开采主题，综合考虑巷道和采煤工作面的相互影响，提出了合理加大工作面长度，实现生产集约化的思路，以降低掘进率、提高煤炭回收率。

中国矿业大学研究团队针对深部矿井原煤中矸石运输提升与地面排放严重制约矿区高效生产与环境协同发展的问题，提出了深部矿井协同开采技术框架。深部矿井协同开采技术的基本思路是在现有分选、充填技术基础上，通过合理的采充布局、采充接替和开采方法等多层次的协同创新，实现矿井安全高效绿色协同开采。

综上所述，针对我国深部煤炭资源的开发现状与发展趋势，中国矿业大学研究团队明确提出深部采选充绿色化开采构想，煤矸尽可能源头分离及就地处置，生产系统集约化布置（即在井下实现煤炭开采、煤矸分离及矸石就地充填，直接产出清洁煤炭），以期实现对深部煤炭资源高效开采、煤矸井下分选、矸石就地充填、潜在灾害有效防控，形成井下采选充集成型生产模式，实现深部煤炭及伴生资源的安全、高效和绿色开采，达到深部煤炭资源开发与环境保护相协调发展的目标。

深部煤炭资源采选充一体化开采构想如图 1-1 所示。要实现深部煤炭资源井下采选充一体化技术，则需要在现有生产系统基础上，构建井下分选系统，优选分选方法；构建充填系统，选用适宜的充填方法；构建储矸仓储、运输等系统和运输路线。

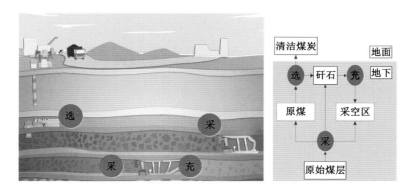

图 1-1　深部煤炭资源采选充一体化开采构想

1.2　煤矿采选充绿色开采技术组成

1.2.1　煤矿固体充填开采技术

固体充填开采技术作为绿色开采技术的重要组成,已逐渐发展形成以掘巷充填、普采充填、综合机械化固体充填为代表的技术体系,并被广泛推广和应用。

2003 年,邢东煤矿率先应用矸石巷式充填方法,实现了矸石不上井,解放了煤柱资源,产生了典型的示范效应。2006 年,泉沟煤矿应用普采矸石充填,在长壁工作面矸石充填方面实现突破;2006 年,翟镇煤矿实现了综合机械化采煤工作面矸石充填,充填开采效率得到较大提升。2008 年至 2012 年,综合机械化固体密实充填采煤技术不断创新发展,相继推广应用至平煤集团、皖北煤电集团、淮北矿业集团、兖州矿业集团等大型煤炭基地,实现建筑物下、水体下、铁路下等压煤资源开采。2013 年,首次在开滦集团(唐山矿)应用采选充一体化技术,实现煤矸井下分选及就地充填。2014 年至 2021 年,相继在平顶山煤业集团十二矿、新巨龙煤矿等煤矿应用采选充一体化技术,并进一步集约构建了瓦斯抽采、无煤柱沿空留巷等系统,初步建成采选充＋X 技术体系。

1.2.1.1　掘巷充填采煤技术

掘巷充填开采技术主要是针对我国部分煤矿井下掘进矸石产量大而研发的"井下矸石置换煤柱技术"。该技术以掘进巷道出煤,以掘出的巷道建立充填空间,并采用抛矸机等关键装备将岩巷、半煤岩巷掘进过程产生的矸石或者煤流矸石等充填材料进行充填,以构筑充填体达到置换出煤炭资源、控制地表沉陷、实现矸石不上井的目的。该技术主要用于解放工广煤柱、条带开采留设煤柱、大巷保护煤柱及"三下"压煤的煤柱,已成功应用于我国的邢台、淄博、兖州等矿区。

1.2.1.2　普采充填采煤技术

长壁普采充填采煤技术实现了长壁采煤工作面的充填。该技术的总体工艺流程为:将岩巷和半煤岩巷(煤矸分装)掘进矸石或地面矸石山矸石用矿车运至井下矸石车场,经翻车机卸载,破碎机破碎后,进入储矸仓。通过储矸仓下口,经带式输送机或刮板输送机将破碎后的矸石运入上下山,由带式输送机或刮板输送机转载入采煤工作面的回风平巷,再经工作面采空区刮板输送机运至工作面采空区抛矸带式输送机尾部,由抛矸带式输送机向采空区抛矸充填。

我国泉沟矿于2006年最早开始试验和使用长壁普采充填采煤技术。该技术的充填系统简单,装备投资少,充填效果较好,实现了将采掘工作面产生的矸石全部充填到工作面采空区,基本上达到了矸石不升井的目的,并回收了煤炭资源。但该技术存在机械化程度低、产能低、人员劳动强度大等问题。

1.2.1.3 综合机械化固体充填采煤技术

（1）技术原理

所谓综合机械化固体充填采煤技术,是指在综合机械化采煤工作面上同时实现综合机械化固体充填作业。综合机械化固体充填采煤是在综合机械化采煤的基础上发展起来的。与传统综采相比较,综合机械化固体充填采煤可实现在同一充填采煤液压支架掩护下采煤与充填并行作业,其工艺包括采煤工艺与充填工艺。

（2）系统布置

采煤与运煤系统布置与传统综采的完全相同,其不同的是综合机械化充填采煤技术增加了一套将地面充填物料安全高效输送至井下,并运输至工作面采空区的充填物料运输系统,以及位于支架后部用于采空区充填物料夯实的夯实系统。一般充填材料(矿区固体废弃物)需从地面运至充填工作面。为实现高效连续充填材料,需建设投料井、井下运输巷及若干转载系统。最终将固体充填物料送入多孔底卸式刮板输送机,卸落至充填工作面内。综合机械化固体充填采煤系统布置如图1-2所示。

综合机械化固体充填采煤的运煤、运料、通风、运矸路线如下。

① 运煤路线:充填采煤工作面→运输平巷→运输上山→运输大巷→运输石门→井底煤仓→主井→地面。

② 运料路线:副井→井底车场→辅助运输石门→辅助运输大巷→采区下部车场→轨道上山→采区上部车场→回风平巷→充填采煤工作面。

③ 通风路线:新风由副井→井底车场→辅助运输石门→辅助运输大巷→轨道上山→运输平巷→充填采煤工作面;污风由回风平巷→回风石门→回风大巷→风井。

④ 运矸路线:地面→固体物料垂直输送系统→井底车场→辅助运输石门→辅助运输大巷→轨道上山→回风平巷→充填采煤工作面。

由于运矸系统与运料系统有部分运输路线重叠(即辅助运输石门、辅助运输大巷、轨道上山及回风平巷均为机轨合一巷),因此在巷道设计中,要充分考虑巷道的断面大小,以保证设备的安全运行。

（3）关键技术装备

综合机械化固体充填采煤关键设备包括采煤设备与充填设备。其中采煤设备主要有采煤机、刮板输送机、充填采煤液压支架等;充填设备主要有多孔底卸式刮板输送机、自移式充填物料转载输送机等。

① 充填采煤液压支架

充填采煤液压支架(见图1-3)是综合机械化固体充填采煤工作面主要装备之一;其与采煤机、刮板输送机、多孔底卸式刮板输送机、夯实机构配套使用,起着管理顶板、隔离围岩、维护作业空间的作用;其与刮板输送机配套能自行前移,推进采煤工作面连续作业。

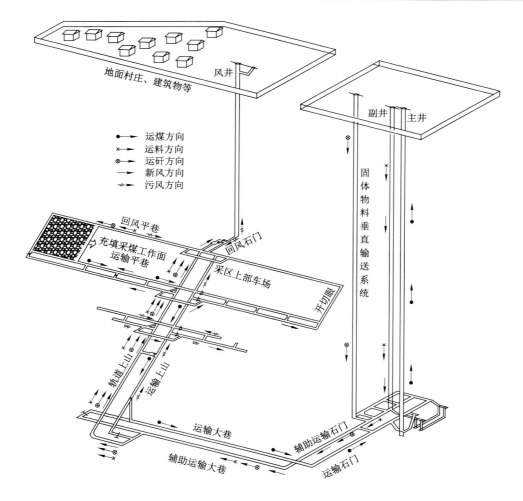

图 1-2 综合机械化固体充填采煤系统布置

② 多孔底卸式刮板输送机

多孔底卸式刮板输送机是基于工作面刮板输送机研制而成的,其基本结构同普通刮板输送机的类似,其与普通刮板机不同之处是在多孔底卸式刮板输送机下部均匀布置卸料孔,用于将充填物料卸载在下方的采空区内。多孔底卸式刮板输送机机身悬挂在后顶梁上,与综采面上、下端头的机尾、机头组成整部的多孔底卸式刮板输送机,用于充填物料的运输,并与充填采煤液压支架配合使用,实现工作面的整体充填。多孔底卸式刮板输送机见图1-4。

③ 自移式充填物料转载输送机

为了实现固体充填物料自低位的带式输送机向高位的多孔底卸式刮板输送机机尾的转载,自移式充填物料转载输送机由两部分组成:一部分是具有升降、伸缩功能的转载输送机;另一部分是能够实现液压缸迈步自移功能的底架总成。转载输送机铰接在底架总成上。可调自移机尾装置也由两部分组成:一部分是可调架体,另一部分是能够实现液压缸迈步自移功能的底架总成。转载输送机和可调自移机尾装置共用一套液压系统,操纵台固定在转载输送机上。自移式充填物料转载输送机见图1-5。

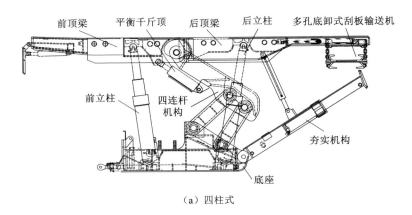

（a）四柱式

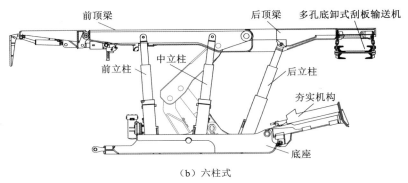

（b）六柱式

图 1-3　典型充填采煤液压支架结构

图 1-4　多孔底卸式刮板输送机

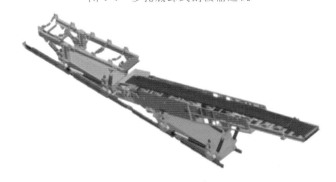

图 1-5　自移式充填物料转载输送机

（4）充填工艺

充填工艺按照采煤机的运行方向相应分为两个流程：一是从多孔底卸式刮板输送机机尾到机头，二是从多孔底卸式刮板输送机机头到机尾。

① 当采煤机从多孔底卸式刮板输送机机尾向机头割煤时

充填工艺流程为：在工作面刮板输送机移直后，将多孔底卸式刮板输送机移至支架后顶梁后部，进行充填。充填顺序由多孔底卸式刮板输送机机尾向机头方向进行。当前一个卸料孔卸料到一定高度后，即开启下一个卸料孔，随即启动前一个卸料孔所在支架后部的夯实机构千斤顶推动夯实板，对已卸下的充填物料进行夯实，如此反复几个循环，直到夯实为止，一般需要 2~3 个循环。当整个工作面全部充满，停止第 1 轮充填，将多孔底卸式刮板输送机拉移一个步距，移至支架后顶梁前部，用夯实机构把多孔底卸式刮板输送机下面的充填料全部推到支架后上部，使其接顶并压实，最后关闭所有卸料孔，对多孔底卸式刮板输送机的机头进行充填。第 1 轮充填完成后将多孔底卸式刮板输送机推移一个步距至支架后顶梁后部，开始第 2 轮充填。

② 当采煤机从多孔底卸式刮板输送机机头向机尾割煤时

工作面充填顺序整体由机头向机尾、分段局部由机尾向机头的充填方向。充填工艺流程为：在采煤机割完煤的工作面进行移架推溜，然后开始充填。在机头打两个卸料孔，然后从机头到机尾方向把所有的卸料孔进行分组，每 4 个卸料孔为一组。首先把第一组机尾方向的第一个卸料孔打开，当第一个卸料孔卸料到一定高度后，即开启第二个卸料孔，随即启动第一个卸料孔所在支架后部的夯实机构，对已卸下的充填物料进行夯实，直到夯实为止。此时关闭第一个卸料孔，打开第三个卸料孔，如此反复，直到第一组第四个卸料孔夯实时即打开第二组的第一个卸料孔进行卸料。按照此方法把所有组的卸料孔打开充填完毕后再把机头侧的两个卸料孔充填完毕，从而实现整个工作面的充填。

（5）工程应用情况

据不完全统计，我国开展综合机械化固体充填采煤技术的煤矿有 16 座，见表 1-2。

表 1-2 综合机械化固体充填采煤技术国内应用情况（不完全统计）

序号	煤矿名称	研究或应用年份	序号	煤矿名称	研究或应用年份
1	葫芦素煤矿	2021	9	邢东煤矿	2013
2	东曲煤矿	2019	10	东坪煤业公司	2012
3	新巨龙煤矿	2017	11	济三煤矿	2011
4	唐口煤矿	2014	12	十二矿	2011
5	新元煤矿	2015	13	杨庄煤矿	2011
6	泰源煤矿	2014	14	五沟煤矿	2009
7	唐山煤矿	2013	15	邢台煤矿	2007
8	花园煤矿	2012	16	翟镇煤矿	2006

1.2.2 煤矿井下分选技术

分选是矿物加工领域的一个重要环节。现有的煤矿井下分选技术可以分为湿法分选技术和干法分选技术两大类。湿法分选技术包括重介选煤技术和跳汰选煤技术等技术。干法分选技术包括重力分选技术和智能分选技术等技术。

从简单的重力分选技术开始,经过重介选煤技术、跳汰选煤技术等技术发展,研发井下智能干选技术等新型分选技术,逐步丰富和完善煤矿井下分选技术。

2011年,新汶矿业集团翟镇煤矿和协庄煤矿分别采用重力分选技术、动筛跳汰工艺,建成了井下分选系统,使用效果良好;同年,冀中能源集团邢东矿采用空气跳汰工艺,在井下建成排矸系统。2013年,首次在开滦集团唐山矿业分公司应用井下采选充一体化技术,其中分选环节采用井下跳汰分选技术,实现煤矸分选及就地充填。2014年,井下重介质分选技术在平顶山天安煤业股份有限公司十二矿成功应用,实现了采选抽充采集成型绿色开采技术。2020年,山东能源集团新巨龙公司成功应用井下全粒级水介质煤矸分选技术,联合使用新型井下专用跳汰机与水介质旋流器,实现全粒级水介质煤矸精确分选,有力推进了深部井下智能化分选与充填开采的技术进步。2019年至2022年,井下智能干式分选技术先后在山东能源集团滨湖煤矿、田陈煤矿和七五公司成功应用,进一步发展了煤矿井下分选技术。经过十余年的不断发展与丰富,井下分选技术逐步形成了较为完整的技术体系。

1.2.2.1　重力分选技术

煤矿井下分选最初使用的是重力分选技术。该技术(见图1-6)主要基于矸石和煤的密度、硬度等物理属性差异进行分选。首先进行初次重力分选,即利用煤与矸石的密度不同,提高采区带式输送机的输送速度,带速一般大于2.2 m/s,密度大的矸石和密度小的原煤被抛出的水平距离不同,进而实现煤与矸石的分选。通过初次重力分选后的原煤中仍然混有一定比例的矸石。为了进一步减少原煤含矸率,继续进行二次分选。重力分选后的原煤经安装在带式输送机机头的动力分选筛(其结构由分级筛、高速碰撞器、驱动装置等组成),根据煤炭和矸石的硬度不同,原煤进入高速碰撞器后,受冲击力影响,煤炭破碎成一定大小的块体,而混矸没有破碎,再经过振动分级筛分选,完成煤矸分选。该重力分选技术只能分选100 mm以上的块煤和矸石,且分选率较低,矸中带煤率较高。此技术在新汶矿业集团翟镇煤矿7403工作面回采期间进行了应用。

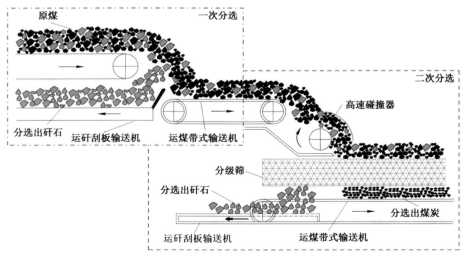

图1-6　煤矸重力分选系统布置

1.2.2.2　跳汰分选技术

跳汰选煤指物料在垂直脉动为主的介质中,按其物理-力学性质(主要是按密度)实现分层和重力分选方法,物料在固定运动的筛面上连续进行的跳汰过程中,由于冲水、顶水和床层水平流动的综合作用,在垂直和水平流的合力作用下分选。系统布置主要包括筛分破碎系统、动筛跳汰煤矸分离系统和煤泥水处理系统,相应的井下分选工艺包括跳汰排矸工艺和煤泥水处理工艺。实现跳汰分选的设备为跳汰机,工作原理如图1-7所示,跳汰机的机箱被纵向隔板分为相互连通的空气室和跳汰室两部分,在左侧跳汰室中铺有筛板,煤流在此筛板上进行跳汰运动,右侧是一个密闭的空气室。跳汰分选入料粒度范围宽,适应性较强,除极难选煤外,均可采用跳汰分选方法。此技术在开滦集团唐山矿业分公司进行了工程应用。

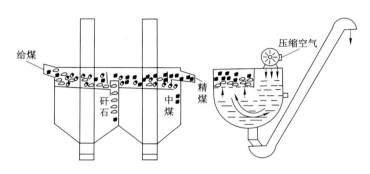

图1-7　跳汰机的工作原理图

1.2.2.3　重介质分选技术

重介质分选技术是用密度大于水,并介于煤和矸石之间的重液或重悬浮液作介质实现分选的一种重力选煤方法,井下主要采用重介质浅槽分选技术。

重介质浅槽分选系统主要由五个子系统组成,分别为筛分破碎系统、煤矸分离系统、悬浮液循环系统、煤泥水处理系统和系统参数控制系统;分选工艺包括重介质浅槽排矸工艺和煤泥水处理工艺;关键设备包括重介质浅槽分选机、破碎机、矸石脱介筛、精煤脱介机、三产品滚轴筛等。

重介质分选技术具有分选效率高、入料粒度范围宽等特点,该技术在平顶山天安煤业股份有限公司十二矿等进行了应用。

1.2.2.4　水介质旋流分选技术

水介质旋流分选技术是以水作为介质,利用离心力场,按密度进行分选的重力分选技术,主要对细粒煤或煤泥进行深度分选。井下水介质旋流分选系统布置主要由入料系统、煤矸分离系统、煤泥水处理系统及旋流器浓缩系统等组成;主要工艺流程为:水介质旋流器一段对煤泥分级,将煤泥中的高灰分细泥分离出,为一段溢流;水介质旋流器二段对一段底流离心重选,将粗颗粒中的高灰分粗颗粒从底流排出,二段溢流即为所得精煤产品;关键设备包括水介质旋流器、破碎机、脱水振动筛、离心脱水机、渣浆泵和搅拌器等。其分选原理如图1-8所示。水介质旋流分选技术分选精度高、可与新型井下专用跳汰机等配合使用,该技术在山东能源集团新巨龙公司等进行了应用。

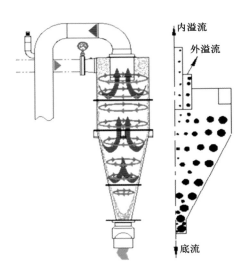

图 1-8 水介质旋流分选技术原理

1.2.2.5 智能干选技术

近年来,井下智能干选技术得到进一步发展,采用射线智能识别方法,针对不同的煤质特征建立与之相适应的分析模型,通过数据分析对煤与矸石进行数字化识别。利用煤炭中不同组分对射线的衰减程度的差异,实现 X(γ)射线识别煤与矸石;利用煤与矸石的表面颜色、光泽及纹理等差异进行识别。将煤与矸石识别出来之后,采用高频电磁阀产生空气射流将矸石吹出或利用机械手模拟人工拣选将识别出的矸石拣出,实现煤与矸石分离。该技术可用于分选 25～300 mm 块煤。井下智能干选技术在山东能源集团滨湖煤矿、田陈煤矿和七五公司等成功应用。

1.2.3 煤矿采选充一体化技术

随着深部开采、优质煤炭提升、煤基固废处置等问题的凸显,井下煤矸分选与充填采煤技术的有机结合,成为了充填采煤技术发展的必然方向。地面运输及投料系统被井下煤矸分离系统部分取代,充填材料可直接来源井下,生产系统集约化程度更高。

采选充一体化技术集成井下采煤、分选及充填系统。井下采煤工作面的原煤不直接经过煤炭运输系统运输至地面,而是在井下经由完整的煤矸分选与固体充填采煤系统进行分别处置。煤矸分选系统将煤流中的矸石分离出来,处理成符合充填开采要求的固体物料,然后运至充填采煤工作面;固体充填采煤系统在进行正常采煤的同时,采用分选矸石等进行充填,采煤、分选及充填三个系统紧密结合,实现井下"采煤→煤矸分选→矸石充填"闭合循环的采选充一体化,达到矸石不升井直接置换煤炭的目的。典型的采选充一体化生产系统布置如图 1-9 所示。

采选充一体化技术实现了煤矸井下分选与就地充填,在我国唐山煤矿、平顶山煤业集团十二矿、新巨龙煤矿等进行了工程应用,并取得了预期工程应用效果。

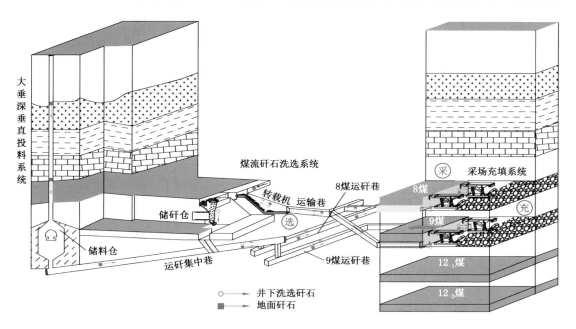

图 1-9　采选充一体化生产系统布置示意图

1.3　结　　语

我国煤矿井下采选充一体化技术研究始于 20 世纪 80 年代初。经过 40 余年的发展,我国历经矸石井下处理、采充一体化、采选充一体化、采选充＋X 等阶段,已建立较为系统、完整、形式多样、特色鲜明的采选充＋X 绿色化开采技术体系。我国煤矿井下采选充一体化技术研发具有以下特色。

第一,技术研发紧密联系工程需求。采选充一体化技术研发是以煤矿工程需求为导向,解决不同阶段煤矿开采过程中的技术难题。20 世纪 80 年代初,煤矿主要以岩巷开拓和准备为主,产矸量大,且主要以辅助运输系统提升至地面,辅助运输压力大,迫切需要解决井下排矸难题,据此研发了矸石井下处置技术,并在邢东矿、济三矿、许厂矿成功应用;21 世纪初,我国煤矿"三下"压煤问题较为突出,影响着煤矿采掘接替及资源回收,进而发明了掘巷充填、普采充填、综合机械化固体充填等技术,形成了煤矿采充一体化技术体系,先后在邢台矿、五沟矿、杨庄矿等十余矿井成功应用;随着我国煤矿开采深度逐渐加大,2010 年以来,深部煤矿面临着围岩控制、矸石规模处置、煤矸高效提升等主要问题,进一步研发了采选充一体化技术,先后在翟镇矿、邢东矿等矿井成功应用;近年来,国家提出煤炭工业要向绿色高质量发展,建设绿色矿山、发展绿色矿业、推行绿色化开采势在必行,必须走绿色化开采自主创新之路,为此创新了采选充＋X 绿色化开采技术,在新巨龙矿、平煤十二矿、唐山矿等矿井成功应用。

第二,理论成果不断发展完善。在充填开采岩层控制理论方面,先后提出了等价采高理论、关键岩层控制理论、基本顶控制理论、充填采煤液压支架与充填体协同控制直接顶理论等,基本形成充填开采岩层控制理论体系;在充填材料力学行为方面,发明了充填材料压实特性测试方法,构建了充填材料承载力学理论,提出了充填材料力学性能调控方法;在充填材料功能拓展方面,进一步提出了煤热共采,充填体储能、储热、储碳等功能性充填方法;在充填装备设计方面,发明了以充填采煤液压支架为主的核心充填装备设计方法,指导研发了9代20多种不同架型充填采煤液压支架;在井下煤矸分选方面,提出了煤矸井下分选与就地充填工程设计方法,指导了采选充＋X 绿色化开采技术工程应用。

第三,采选充＋X 绿色化开采技术发展离不开采矿界老前辈的关怀和指导。以我国矿山压力及其控制学科的主要奠基者和开拓者、"砌体梁"理论与关键层理论提出者、绿色开采理念提出者钱鸣高院士为代表的采矿界前辈们,从一开始就鼓励我们开展采选充＋X 绿色化开采技术、理论及装备研究探索,并给予悉心指导,促进了采选充＋X 绿色化开采技术发展与推广。

第四,重视年轻人培养。采选充＋X 绿色化开采技术涉及采矿工程、矿物加工工程、工程力学、机械工程、机电工程等多门学科。从一开始就十分重视年轻人才的成长,培养出了一批多学科交叉复合型人才,获国家级人才称号10 余人次,为我国大型煤炭基地输送了百余名专业技术人员,有力提升了我国煤矿绿色开采技术水平。

第五,采选充＋X 绿色化开采技术是众多科技工作者的智慧结晶。采选充＋X 绿色化开采技术的研发与应用是一项集体性很强的工作,需要同舟共济、齐心协力、分工合作、共同拼搏的团队精神。

本专著是科研人员、煤矿技术与工程人员、设计人员、管理人员等共同的劳动成果与智慧结晶。

2　采选充＋X绿色化开采技术体系

2.1　采选充＋X绿色化开采技术演化历程

煤矿采选充＋X绿色化开采技术体系是以充填采煤技术为核心而建立的。围绕矸石减排、高效绿色、环境损伤低、生态环境损害低等不同研究目标,历经40多年的发展,形成了煤矿采选充＋X绿色化开采技术新格局。采选充＋X绿色化开采技术发展历程可划分为矸石井下处理、采充、采选充、采选充＋X四个阶段。采选充＋X绿色化开采技术发展历程如图2-1所示。

图 2-1　采选充＋X绿色化开采技术发展历程

第一阶段,2002—2008年。相关技术研发主要以矸石减排为目的,重点解决煤矸石大量地表排放带来的环境与安全问题,矸石井下处理的充填技术得到快速发展,成功应用于许厂煤矿、泉沟煤矿、邢台煤矿、兴隆庄煤矿等,在有效处置煤矸石的同时,实现了遗留煤柱资源回收。

第二阶段,2008—2012年。为了匹配采煤工作面生产能力,开发高效绿色化的采充技术成为了该阶段重要目标,发明了综合机械化固体密实充填与采煤一体化技术,并在五沟煤矿、杨庄煤矿、花园煤矿和济三煤矿等矿井应用,实现了"三下"压煤资源回收、固废规模化处置及环境保护的多重目标。

第三阶段,2012—2016年。结合深部煤矿矸石井下分选及就地充填的工程需求,采选充一体化技术在综合机械化固体密实充填与采煤一体化技术的发展基础上从蓝图变成了现实,并成功应用于我国唐山煤矿、翟镇煤矿等,从源头上实现了矸石零排放和岩层移动地表沉陷有效控制。

第四阶段,2016年至今。煤矿绿色高质量发展成为该阶段的主要研发目标,采选充一体化技术不断创新演化,与无煤柱沿空留巷保护层高瓦斯低渗透煤层煤与瓦斯开采、坚硬顶板灾害防控、水资源保护性开采等技术领域融合,逐步形成深部煤炭资源采选充＋X绿色化开采的理论与技术体系,并在我国平顶山煤业集团十二矿、新巨龙煤矿、唐山煤矿等矿井成功应用。

2.2　采选充＋X绿色化开采技术内涵

2.2.1　概念与框架

采选充是指实现少矸开采、煤矸分选与矸石充填一体化,而X既可以是一种具体技术或工艺(如充填面的沿空留巷、工作面降温、防尘等);又可以是一种基于采选充技术实现的目标(如动力灾害防治、围岩变形控制、地表沉陷减小、煤柱失稳控制等);还可以是对采选充整体或部分系统智能化程度的提高(如紧凑型模块化分选、智能化充填等)。当X为技术或工艺时,采选充＋X可具体表达为:采选充＋留、采选充＋抽等;当X为希望实现的目标时,采选充＋X可具体表达为:采选充＋控、采选充＋保、采选充＋防等;当X为系统智能化程度提高时,采选充＋X可具体表达为:精准高效智能化采选充。

基于采选充＋X绿色化开采技术的基本内涵,形成了采选充＋留、采选充＋抽、采选充＋控、采选充＋保、采选充＋防等多种形式的关键技术(见图2-2),在井下进行煤炭开采、煤矸分选、矸石就地充填的同时,一并实现与工程需求所对应的资源高效回收、伴生资源共采、地表沉陷控制、采场矿压控制、坚硬顶板控制、隔水岩层控制、顶板灾害防治、生态环境保护、矿区固废处理及矿井产能提升等多重目标,从而构建采选充＋X绿色化开采技术体系。

2.2.2　技术特点

采选充＋X绿色化开采技术特点包含以下五个方面。

一是完全实现矸石零排放。采选充＋X绿色化开采技术通过联合煤矸分选与矸石充填技术,将井下产生的矸石全部就地充填至煤层采空区,实现矸石零排放,不再提升至地表堆积,减少了土地侵占、矸石山自燃等潜在环境破坏隐患。

二是选择性控制岩层位态。在采选充＋X绿色化开采技术中,岩层的控制需求由较为特别的"三下"开采条件下的致密充填、岩层精准控制扩展为更通用的以处理矸石为主的非致密回填、岩层非精准控制,对岩层位态的控制具有更灵活的选择性。采选充＋X绿色化开采技术具有更加广泛的适用性。

三是技术形式多样。在采选充＋X绿色化开采技术中,采可以是关注矸石少量化的开采,注重从采煤方法设计少出矸石;采也可以是非常规保护层的开采,注重实现被保护层的

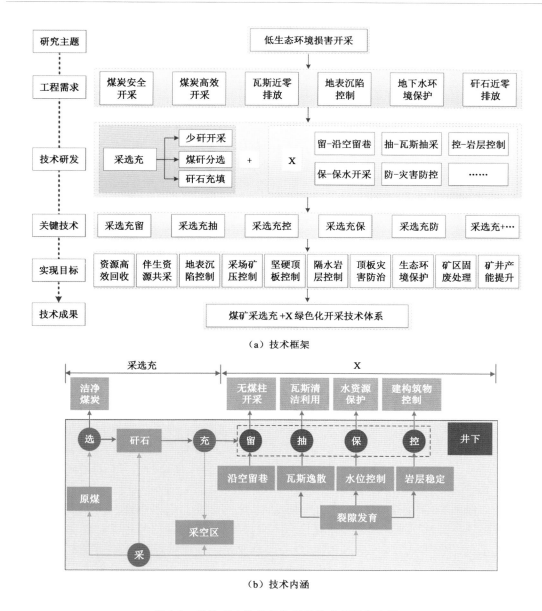

（a）技术框架

（b）技术内涵

图 2-2　采选充＋X 绿色化开采技术框架与内涵

增透卸压；采还可以是煤层群的有序开采，注重矿方采掘接替生产组织与市场对不同煤层需求实时变化的供给平衡。在采选充＋X 绿色化开采技术中，选可以关注实现煤矸井下分离前提下粗选，只需尽可能降低煤中带矸率，辅助地面正在运行的选煤系统实现煤的分选；选也可以是完全煤矸分选，以实现井下清洁精煤生产。在采选充＋X 绿色化开采技术中，充在传统意义上主要关注岩层控制效果的实现，可选择固体充填（掘巷抛矸充填、普采抛矸充填、全断面密实充填）、膏体充填、超高水充填以及胶结充填等多种方式；充在当前背景下，更多关注无废生产、近零排放，则可选择充填协同垮落法开采等，既保障产能又能实现矸石回填。在采选充＋X 绿色化开采技术中，X 则是具体工程需求所决定的相关技术，如无煤柱沿空留巷、瓦斯抽采等。各个不同技术内涵的采、选、充与X组合,形成形式多样的采选充＋X绿色化开采技术体系,使得其在绿色化开采理念的执行上具有多样形式。

四是可实现多重目标的科学组合。采选充＋X绿色化开采技术可实现煤炭资源多采、煤系资源共采、煤炭资源无废采、煤系资源和谐采、煤炭资源无损采以及煤炭资源安全采等多重目标的组合,可为绿色化矿井建设提供强有力的技术支撑。

五是形成井下高度集约的生产模式。采选充＋X绿色化开采技术同时进行煤炭开采、煤矸分选、矸石就地充填及实际工程需求所对应的X技术,形成了井下高度集约的生产模式,利于规模化矿井高效生产的组织,可实现人员工效的最大化。

2.2.3 技术难题

根据采选充＋X绿色化开采的技术的分类,采选充＋控、采选充＋留及采选充＋保技术以采场岩层控制为主要目的,采选充＋抽和采选充＋防技术以灾害防控为主要目的,需解决以下技术难题。

2.2.3.1 采选充及X生产系统的优化设计

由于受到深部井下地质条件、特殊环境及硐室空间等条件的限制,井下煤矸分选系统必须在满足井下煤矸分选能力基础上,优化改造或者新增分选硐室等,优选充填材料的运输系统、充填系统,简化系统布置及分选工艺,使其满足深部井下特殊环境及有限空间的限制。同时,要与X对应的系统进行紧密结合,以形成高度集约的采选充＋X生产系统。

2.2.3.2 采选充及X等多种工序的有序配合

以采选充＋抽为例,需要优化设计瓦斯抽采工序与采选充工序的时空配合。采选充＋抽在工艺上不仅要实现开采保护层解放低透气高瓦斯煤层、煤流矸石经井下洗选系统分选,还要实现架后采空区的充填,同时保护层与被保护层之间进行瓦斯抽采,因而采选充＋抽的整个系统及工艺非常复杂。瓦斯抽采工艺与采选充的时空优化是其主要的技术难题。

2.2.3.3 X对应为技术目标的控制保障方法

以采选充＋控、采选充＋保、采选充＋防为例,充实率是这几种技术中首要保障的技术指标。深部采空区内充填材料充实率直接影响采场覆岩控制效果、留巷稳定性、坚硬顶板破断特征及导水裂隙带发育高度等。因此,针对不同采矿地质条件及对应的采选充控制目标,最优充实率的设计与保障将直接关系到地表沉陷控制目标、采场覆岩控制层位及留巷稳定性控制指标等。

2.3 采选充＋X绿色化开采技术构成

根据地表沉陷控制、资源高效回收、伴生资源共采、顶板灾害防治、隔水岩层控制等不同的实际工程需求,形成了采选充＋留、采选充＋抽、采选充＋控、采选充＋保、采选充＋防等多种采选充＋X绿色化开采技术形式,如图2-3所示。在未来,采选充＋X绿色化开采技术可发挥其在工业固体废弃物处理、智能化开采、功能材料研发及伴生资源开采等方面的潜力,创新与发展更多形式的采选充＋X绿色化开采技术。

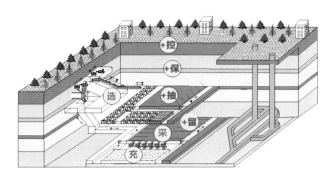

图 2-3　采选充＋X绿色化开采技术形式

2.3.1　采选充＋留绿色化开采技术

为了减少区段间的煤柱损失,近年来我国各矿区都在条件适宜的工作面推广无煤柱沿空留巷开采技术。采空区密实充填后,采场矿压明显弱化,为实施沿空留巷提供了有利的条件。

采选充＋留绿色化开采技术是指在采选充技术基础上衍生的集处理矸石、提高煤炭资源采出率和控制工作面端头矿压为一体的开采技术。其技术原理(见图 2-4)为:将沿空留巷技术有效衔接在采选充系统内,在充填采煤过程中实施沿空留巷。

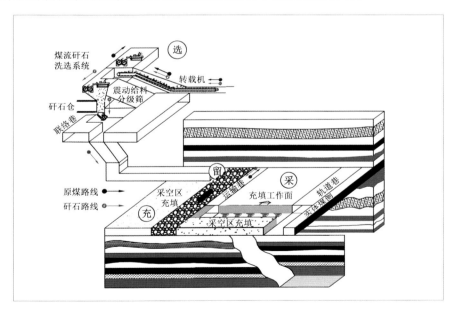

图 2-4　采选充＋留绿色化开采技术原理

采选充＋留绿色化开采绿色化开采技术的设计工艺流程为:根据煤矿的生产能力,确定充填工作面的矸石充填物料需求量以及确定井下煤矸分选系统的能力;同时布置少矸化的煤炭开采系统;确定煤矸分选工艺;根据分选工艺和生产条件,并行实施充填采煤工艺和沿空留巷工艺。

该技术具有以下优势:① 该技术是采选充一体化技术的延伸,形成采选充留开采方法完整的工艺循环,提高了煤炭资源的采出率,实现了无煤柱开采。② 该技术能控制工作面端头及两巷超前矿压,由于充填体支撑作用,能够保障工作面的安全稳定高效开采。

采选充＋留绿色化开采技术在深部无煤柱充填开采及采掘接替缓解等方面具有显著的技术优势与工程应用前景。

2.3.2 采选充＋抽绿色化开采技术

随着煤炭生产规模的日益扩大,矿井开采水平不断延伸,高瓦斯低透气性煤层的比例逐步扩大。对于不具备开采保护层条件的煤层,如何解决新形势下的卸压增透及提高矿井瓦斯抽采率,实现煤与瓦斯高效安全共采,同时深部矿井产生的矸石等固体废弃物的提升严重制约煤炭的提升,如何实现矸石零排放,实现煤及伴生资源的绿色开采,成为该类矿井的重大难题。

采选充＋抽绿色化开采技术是采选充技术＋瓦斯卸压抽采技术的集成,是一种针对不具备常规煤层保护层的高瓦斯低透煤层开采技术。其技术原理(见图 2-5)为:进行非常规保护层开采,实现下伏被保护层瓦斯增透卸压;同时在保护层、被保护层布置瓦斯立体抽采系统进行瓦斯抽采;保护层开采产生的高含矸率原煤经井下煤矸分选系统分选,产生的矸石同步运输至下伏被保护层充填协同垮落式工作面进行充填,整体实现深部高瓦斯低渗透煤层的安全绿色高效开采。

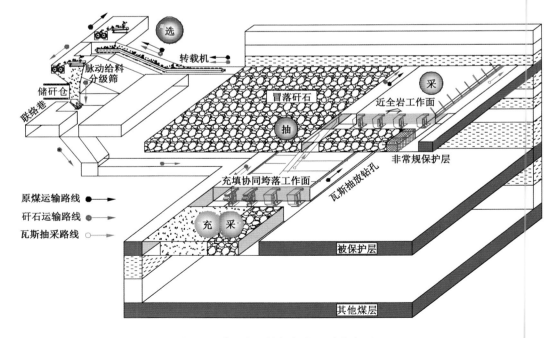

图 2-5　采选充＋抽绿色化开采技术原理

采选充＋抽绿色化开采技术的设计工艺流程(见图 2-6)为:根据地质条件,选择距被保护层煤层上方合理间距且含有薄煤线的岩层作为保护层进行卸压开采；布置分选硐室，用于分选保护层的高含矸率原煤；在保护层、被保护层设计瓦斯立体抽采系统进行瓦斯抽采；根据主采面产能要求、岩层控制要求以及充填能力要求确定充填段长度，根据顶板垮落高度、应力影响范围等确定过渡段长度，最终整体确定协同工作面的开采参数。

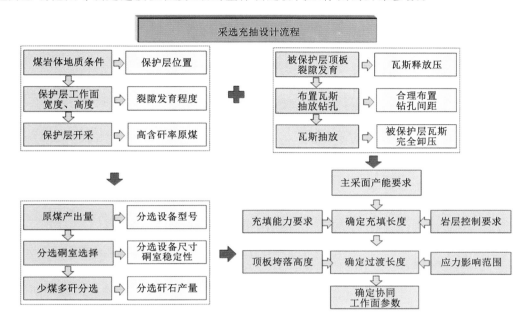

图 2-6　采选充＋抽绿色化开采技术设计流程

　　该技术具有以下优势：① 实施非常规保护层开采，进行瓦斯卸压增透，拓展了保护层开采技术，解决了不具备常规煤层保护层的高瓦斯低渗透煤层的增透卸压难题。② 杜绝了矸石地面排放造成的环境污染问题，以及缓解千米矿井辅助运输压力，节约辅助运输成本。③ 将垮落与充填法协同管理顶板，解决了传统固体充填面难以保障主采面产能的难题。④ 整体实现了高瓦斯低透气性煤层的安全绿色高效开采，实现了煤与瓦斯共采。

　　采选充＋抽绿色化开采技术的实施仍需要解决以下难点：① 对于一些瓦斯含量高、渗透率低、抽放率低的煤层，卸压增透的难度更大；② 非常规保护层的科学设计问题，包括层位选择、上保护层或下保护层设计、瓦斯立体抽采系统设计、卸压效果检验等；③ 被保护层实现矸石处理的同时，主采工作面的产能必然受到影响。

2.3.3　采选充＋控绿色化开采技术

　　采选充＋控绿色化开采技术是指在采选充技术基础上，结合关键岩层的主动控制而形成的集成技术。其技术原理（见图 2-7）是：通过布置少矸化的煤炭开采系统、煤矸分选系统以及充填采煤系统，实现煤矸分选与就地充填；同时，通过充填方法的优选、充填工艺的科学实施、岩层位态准确设计以及充填效果的有效保障等手段，实现不同工程需求的控制要求。

　　采选充＋控绿色化开采技术的设计工艺流程：首先布置少矸化的煤炭开采系统；然后根据分选要求选择合适的井下煤矸分选方法；再根据矿井地质、生产条件、岩层控制等要求选

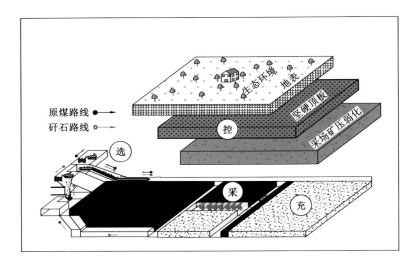

原煤路线 ●——→
矸石路线 ○┄┄→

图 2-7　采选充＋控技术原理图

择合适的充填方法；根据矸石排放要求和控制指标，利用理论计算、模拟和实验反算充实率；再由充实率确定充填工艺、分选工艺；最后通过充实率控制指标反馈调节充填工艺及分选工艺参数。

该技术具有以下优势：适用的工程类型多样，可以是针对地表沉陷的关键层控制，还可以是弱化矿压显现的采场矿压控制等。

采选充＋控绿色化开采技术的实施仍需要解决一些难点：① 在技术适用性方面，我国煤层赋存地质条件复杂，针对不同控制目标所运用的控制方法存在差异，需要建立更加普适性的控制方法来实现采选充＋控绿色化开采技术对于多种地质条件的适应性；② 在技术保障方面，该技术目标实现的保障在于关键岩层运动的准确控制，需要针对不同的控制对象，并结合工程条件建立更加具体和系统化的岩层控制理论。

采选充＋控绿色化开采技术在"三下"开采、采场矿压弱化控制及生态环境保护等方面具有显著的技术优势与工程应用前景。

2.3.4　采选充＋保绿色化开采技术

采选充＋保绿色化开采技术是指以采选充一体化为基础，与保水开采技术相结合，以消除矿井水害威胁和保护矿区水资源为目标的一种集约化绿色开采技术。其技术原理（见图2-8）为：工作面采出的原煤于井下进行分选，分选出的矸石运送至需要保水开采的工作面进行采空区充填，使其作为永久承载体支撑顶底板的岩层，减少防水煤柱尺寸或者帷幕注浆规模，从而有效控制隔水关键层的裂隙萌生与发育，抑制突水通道的形成，使其不发生系统渗流失稳。因此，在相同的开采条件下，采选充＋保绿色化开采技术能够有效减小防水煤柱的尺寸和帷幕注浆的规模，从而能够提高回采上限和降低施工成本，实现煤矸石井下处理与含水层的安全保护，维护矿区水资源生态体系的良性循环，达到井下煤炭分选、矸石处理及保水采煤的整体目标。

采选充＋保绿色化开采技术的设计工艺流程为：首先确定导水裂隙带发育的影响因素、

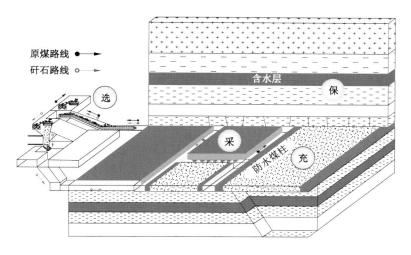

图 2-8　采选充＋保绿色化开采技术原理

分析导水裂隙带最大发育高度；然后计算开采高度和充采比；随后确定防水煤柱尺寸和帷幕注浆规模；接着布置少矸化的煤炭开采系统，根据分选要求选择合适的井下煤矸分选方法，根据矿井地质、生产条件、岩层控制要求选择合适的充填方法；最后通过工程实测和覆岩破坏监测反演计算开采高度和充采比以及防水煤柱尺寸和帷幕注浆规模。

该技术具有以下优势：由于充填体有效支撑作用，减小了防水煤柱尺寸和帷幕注浆规模，能够提高回采上限和降低施工成本。该技术将充填采煤技术与保水采煤技术有效融合，其技术创新与基础理论的深入研究，契合国家能源发展战略的重大需求，能够有效解决西部水资源短缺生态脆弱矿区及中东部深地矿区水体下及承压含水层上煤层的安全开采问题。

采选充＋保绿色化开采技术的实施仍需要解决一些难点：我国不同矿区工程地质和水文地质条件具有差异性和复杂性，含（隔）水岩层的赋存特征具有明显差异性，进而导致充填方法与充填材料的选择也不尽相同，因此对采选充＋保绿色化开采技术的广泛适用性提出了更高要求。

采选充＋保绿色化开采技术在我国缺水的西北矿区及东部进入深部开采的矿区具有很好的应用前景。

2.3.5　采选充＋防绿色化开采技术

采选充＋防绿色化开采技术是指在采选充一体化的基础上，防治坚硬顶板能量积聚引起动力灾害的集成化绿色开采技术。其技术原理（见图 2-9 为：工作面采出的原煤在井下进行分选并运送至坚硬顶板下的工作面进行充填，使其支撑顶板岩层，防止工作面开采造成坚硬顶板能量积聚，从而有效降低矿井动力灾害危险性。

采选充＋防绿色化开采技术的采选工艺与其他技术的类似。采选充＋防绿色化开采的工艺设计流程为：首先依据坚硬顶板的致灾机理及具体的地质条件，判断动力灾害的类别，确定防治的主控因子；其次根据充填材料的能量耗散特性测试结果，分析不同控顶充填率时采场围岩能量的积聚与释放情况，结合充填对主控因子的控制效果，设计最小控顶充填率；然后综合权衡煤层采出率控制目标、开采高度及控顶充填率的限制，设计固体充填采煤工

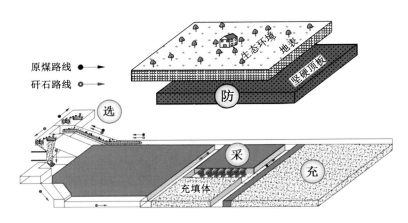

图 2-9　采选充＋防绿色化开采技术原理

艺，提出控顶充填率的保障措施；最后通过现场实测顶板变形、应力分布及能量变化规律，对控顶充填率的控制指标进行反馈，从而完成采选充＋防绿色化开采技术防治坚硬顶板动力灾害的工程设计。

该技术具有以下优势：将充填采煤与防治动力灾害结合起来，可以有效缓解由于坚硬顶板下开采引起的动力灾害，符合国家能源发展战略的重大需求，满足矿井开采安全保护原则。

采选充＋防绿色开采技术难点包括：① 我国不同地区的矿井，坚硬顶板所在层位及岩性等工程地质条件差异显著，难以精准设计对应坚硬顶板动力灾害防控关键技术参数；② 该技术的关键在于对坚硬顶板能量释放控制，但是不能直接监测顶板能量的积聚与消耗，只能通过监测其他指标间接验证技术效果，限制了该技术的工程应用广泛性。

据不完全统计，全国动力灾害矿井达 138 个，分布于多个省份。其中由于坚硬覆岩诱发动力灾害的矿井占有较大比例。采选充＋防绿色化开采技术在坚硬顶板动力灾害防控方面具有显著的技术优势与工程应用前景。

2.4　采选充＋X绿色化开采技术发展构想

未来采选充＋X绿色化开采技术的发展方向并不局限于采选充＋控、采选充＋留、采选充＋抽、采选充＋防、采选充＋保等方面，应更多地与我国高速发展的工业、农业、能源和环境等高度融合起来，发挥其在工业固体废弃物处理、智能化开采、功能材料研发及伴生资源开采等方面的潜力，进一步创新与发展采选充＋X绿色化开采技术体系。

2.4.1　采选充＋工业固体废弃物处理绿色化开采技术

全国工业固体废弃物在 2017 年排放量达到 29.4 亿 t，但其综合利用率仅为 48％。若不妥善处置剩余的工业固体废弃物，则会严重污染大气、水体和土壤等环境，危害人体健康。而采选充技术可为工业固体废弃物在井下处理提供良好的空间，既能实现工业固体废弃物井下有效处理，又能控制岩层移动与地表沉陷，实现采选充＋工业固体废弃物处理绿色化开采技术。但工业固体废弃物种类繁多,因此,在井下进行工业固体废弃物充填处理必须解决工业固体废弃物的井下运输问题与封存固化难题。

2.4.2　采选充＋智绿色化开采技术

依据《能源技术革命创新行动计划(2016—2030年)》,到2030年实现煤炭智能化开采。《煤炭工业发展"十三五"规划》明确提出加快煤炭绿色安全无人开采关键技术攻关。由此可见,智能化开采可实现煤炭资源的安全高效开采,是煤炭工业技术革命和升级发展的必然要求。目前充填开采单工作面最大生产能力约为150万t/a,并且与传统垮落法相比,增加了井下分选系统和井下充填需要的人员,因此,采选充＋智绿色化开采可进一步实现充填工作面的无人化和自动化以及井下分选系统的智能化,从而提升采选充技术的整体效率。但采选充＋智绿色化开采技术需要解决以下关键问题:① 研发智能化采煤与充填装备及控制系统,实现采煤与充填智能化;② 发展模块化的井下分选模式,开发完全智能化的井下分选集控系统。

2.4.3　采选充＋功能材料研发绿色化开采技术

深部资源开采逐渐成为资源开发新常态。但深部资源开采深度每增加100 m,地温将平均升高3 ℃。尤其在开采深度达到1 000 m后,地温普遍高于40 ℃,严重制约着煤炭资源安全与高效开采。而对于深部充填开采,充填材料的功能必将由传统的支撑顶板向蓄能、降温等功能性方向转变,以应对深部资源开采的高地温环境所引发的一系列难题。采选充＋功能材料研发绿色化开采技术可实现在采选充一体化的基础上,丰富传统材料的应用范围,扩展充填材料的功能性。但目前关于地热利用型功能材料方面的研究尚处于起步阶段。因此,采选充＋功能材料研发绿色化开采技术未来需解决以下关键问题:① 研究吸热-蓄能型充填材料,建立充填材料内部热能提取方法;② 研发充填材料内部热能提取装置,确定该装置的热能提取范围。

2.4.4　采选充＋伴生资源开采绿色化开采技术

我国煤系共伴生矿产资源丰富,种类繁多,品质优良,分布广泛,具有较高的开采价值。其中,煤系地层共伴生矿产资源多是以煤层夹矸、顶板、底板或单独成层的方式存在。传统的开采方法不能兼顾煤系共伴生资源的共同开发与利用。因此,将研发采选充＋伴生资源开采绿色化开采技术,即结合现有采选充技术,可直接开采煤炭及煤系地层共伴生资源,利用煤矸洗选系统,对煤系共伴生矿产资源进行分选,将分选后煤及有用矿产资源运至地面,而矸石与废石在井下就地充填,实现采选充＋伴生资源开采绿色化开采技术。但煤系共伴生资源存在形式较多,其开采系统较为复杂。因此,在煤系共伴生资源开采中需要重点解决以下难题:① 需要根据不同的伴生资源设计不同的井下分选系统,实现煤系共伴生资源的高效分选;② 构建采选充＋伴生资源开采绿色化开采技术一体化体系,研发相应的开采工艺、装备等。

3　充填材料力学行为

充填材料承载性能是决定煤矿采空区充填效果的关键所在。随着煤炭开采深度逐渐增大，开采环境复杂，对充填材料承载性能也提出了新要求。因此，提出充填材料选择依据，测试充填材料压实变形特性，构建充填材料压实本构模型，揭示充填材料压实过程中颗粒破碎分形规律，能够为深部充填体压实变形预计与性能调控提供基础理论。

3.1　充填材料选择和基本特性分析

3.1.1　充填材料选择

随着充填采煤技术的发展及全国性的规模化应用，充填材料的原材料种类也日渐趋于多样化，主要包括矸石（井下分选矸石、地面排放矸石）、粉煤灰、露天矿渣等。充填材料实拍如图 3-1 所示。

（a）矸石（井下分选矸石）

（b）矸石（地面排放矸石）

（c）粉煤灰

（d）露天矿渣

图 3-1　充填材料实拍

　　不同种类的充填材料原材料具有独特的基本特征,包括形状、数量及粒径分布等。矸石、粉煤灰及露天矿渣等作为充填材料原材料的基本特征如下所述。

　　① 矸石分为掘进矸石和洗选矸石两大类。掘进矸石主要是由煤矿开拓或准备巷道掘进中产生的岩块组成,而洗选矸石包括由工作面回采过程中采出的夹矸及少量的顶底板岩石,经地面或者井下选煤系统洗选分离后排放的岩块。排放的矸石一般占原煤产量的15%~20%。目前我国煤矸石累计堆积量约65亿吨,规模较大的矸石山达1 600余座,且煤矸石总量每年以6~8亿吨的产量增加。

　　② 粉煤灰是从煤燃烧后的烟气中收捕下来的细灰,是燃煤电厂的主要固体排放物。由于表面张力作用,粉煤灰大部分呈球状,表面光滑,微孔较小。粉煤在颗粒呈多孔型蜂窝状组织,具有较高的吸附活性,其粒径范围在0.5~300.0 μm 之间,吸水性较强。粉煤灰的排放量与燃煤中的灰分直接相关。燃1 t煤产生250~300 kg粉煤灰。

　　③ 露天矿渣是露天煤矿开采时所排放出的矿渣混合料。露天矿渣的粒径分布不均匀,粗颗粒所占比例较大,而细颗粒所占比例较少,颗粒间空隙较多。露天矿渣多分布于我国露天煤矿周边地区(内蒙古、山西等)。露天煤矿每开采1 t煤排放0.2~0.4 t的矿渣。

　　矿井可根据实际原材料情况就地取材,直接从矸石山或井下分选系统、电厂粉煤灰排放处及露天排渣场等地选取合适的原材料,并针对充填开采区域采矿地质条件及充填目标,分析得到所需充填材料压实变形的控制指标,通过一系列充填材料压实特性试验,优化充填材料配比,单一或混合制备成充填材料,将其充填入井下采空区。

3.1.2　充填材料基本特性分析

　　充填材料基本特性主要包括物理化学特性及基本力学特性等。充填材料的物理化学特性是指充填材料质量与堆积密度、碎胀特性、孔隙率、微观结构及矿物成分等,而其基本力学特性是指抗拉、抗压及抗剪等。为了更充分展现充填材料基本特性,以矸石为例进行详细介绍。

3.1.2.1　物理化学特性

　　(1) 质量密度与堆积密度

　　矸石充填材料的密度主要包括质量密度与堆积密度。质量密度是指矸石处于完整状态下的密度,而堆积密度是指破碎矸石在堆积状态下的密度。

　　随机选取不同岩性、粒径的矸石块体,采用量杯测量每块矸石的体积,并通过电子秤逐一称量每块矸石的质量,从而计算出每块矸石的质量密度。读取量杯数据时应尽量做到平视,使数据较为准确。最终取所有矸石质量密度的平均值作为矸石充填材料的质量密度。其具体计算公式为:

$$\rho_s = \frac{1}{k}\sum_{i=1}^{n}\rho_i = \frac{1}{k}\sum_{i=1}^{n}\frac{m_i}{V_i} \tag{3-1}$$

式中　ρ_s——矸石试样的质量密度;

　　　　k——选取的矸石试样个数;

　　　　ρ_i——第 i 个矸石试样的质量密度;

　　　　m_i——第 i 个矸石试样的质量;

　　　　V_i——第 i 个矸石试样的体积。

矸石充填材料属于非连续介质,其堆积密度对于计算采空区充填材料用量十分重要。为了测试简便,随机选取同一粒径下一定质量的矸石块体,将矸石块体装入圆形钢筒内,通过钢筒测得破碎后的矸石块体的体积,再结合矸石块体的总质量,计算得到矸石试样的堆积密度。其具体计算公式为:

$$\rho_b = \frac{m_b}{V_b} = \frac{4m_b}{\pi d^2 h_b}$$ (3-2)

式中　ρ_b——矸石试样的堆积密度;

　　　m_b——钢筒内矸石试样的总质量;

　　　V_b——钢筒内矸石试样的体积;

　　　d——钢筒的内径;

　　　h_b——钢筒内矸石试样的高度。

测试得到不同粒径下矸石充填材料的质量密度与堆积密度,见表3-1。

表 3-1　矸石充填材料的质量密度与堆积密度

岩性	质量密度 ρ_s/(kg·m³)	不同粒径范围的堆积密度 ρ_b/(kg·m³)					
		0~5 mm	5~10 mm	10~15 mm	15~20 mm	20~25 mm	25~30 mm
砂岩	2 780	1 618	1 434	1 368	1 322	1 366	1 374
泥岩	2 690	1 610	1 396	1 362	1 390	1 424	1 432
石灰岩	2 730	1 546	1 372	1 370	1 340	1 362	1 376
页岩	2 520	1 446	1 278	1 164	1 196	1 212	1 228

(2) 碎胀特性

完整矸石在破碎后必然会发生体积膨胀的现象,可通过碎胀系数来表征破碎后矸石体积增大的性质。矸石充填材料的碎胀系数是指矸石破碎后处于松散状态下的体积与破碎前完整矸石的体积之比。其计算原理如图3-2所示。其具体计算公式为:

$$K_s = \frac{V_b}{V_e} = \frac{\pi d^2 h_b \rho_s}{4m_b}$$ (3-3)

式中　V_e——完整矸石试样的体积。

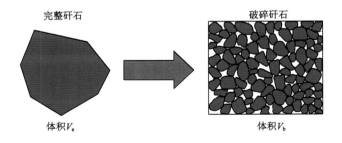

图 3-2　碎胀系数计算原理图

测试得到不同粒径下矸石充填材料的碎胀系数,见表3-2。

表 3-2 矸石充填材料的碎胀系数

岩性	粒径范围					
	0～5 mm	5～10 mm	10～15 mm	15～20 mm	20～25 mm	25～30 mm
砂岩	1.72	1.94	2.03	2.10	2.04	2.02
泥岩	1.66	1.93	1.98	1.94	1.89	1.87
石灰岩	1.76	1.98	1.99	2.04	2.01	1.98
页岩	1.74	1.97	2.16	2.11	2.08	2.05

（3）孔隙率

孔隙率是指破碎矸石充填材料在堆积状态下块体之间孔隙体积与堆积体积的百分比。孔隙率直接反映矸石充填材料的密实程度。孔隙率越高，矸石充填材料的密实程度越低。孔隙率的计算公式为：

$$\varphi_o = \frac{V_b - V_e}{V_b} \times 100\% = \left(1 - \frac{V_e}{V_b}\right) \times 100\% = \left(1 - \frac{4m_b}{\pi d^2 h_b \rho_s}\right) \times 100\% \tag{3-4}$$

式中 φ_o——矸石试样的初始孔隙率。

测试得到不同粒径下矸石充填材料的孔隙率，见表 3-3。

表 3-3 矸石充填材料的孔隙率

岩性	粒径范围					
	0～5 mm	5～10 mm	10～15 mm	15～20 mm	20～25 mm	25～30 mm
砂岩	0.417	0.484	0.508	0.524	0.509	0.506
泥岩	0.398	0.481	0.493	0.483	0.471	0.467
石灰岩	0.434	0.497	0.498	0.509	0.501	0.496
页岩	0.426	0.493	0.538	0.525	0.519	0.513

（4）矿物成分

矸石充填材料的矿物组成直接影响着其工程性质。采用 D8 ADVANCE 型粉末晶体 X 射线衍射仪对 4 种岩性的矸石充填材料矿物成分进行测试，定性分析利用粉末衍射联合会国际数据中心（JCPDS-ICDD）提供的各种物质标准粉末衍射资料（PDF），并按照标准分析方法进行对照分析。4 种岩性的矸石充填材料矿物成分 X 射线衍射如图 3-3 所示。

由图 3-3 分析可知：

① 砂岩主要由石英、白云母、方钠石及绿泥石等组成。泥岩主要由石英、白云母、海绿石及绿泥石等组成。石灰岩主要由方解石、白云石、橄榄石及长石等组成。页岩主要由石英、白云母及长石组成。

② 砂岩、泥岩及页岩的主要矿物成分均为石英。而石灰岩的主要矿物成分为方解石。石英为比较稳定的矿物，可增加材料的强度，提高颗粒间的承载力。长石为最不稳定的矿物，长石的存在可降低矸石充填材料的强度。

（5）微观结构

矸石充填材料的矿物成分较为复杂，仅采用 X 射线粉末分析法进行分析并不充分，可

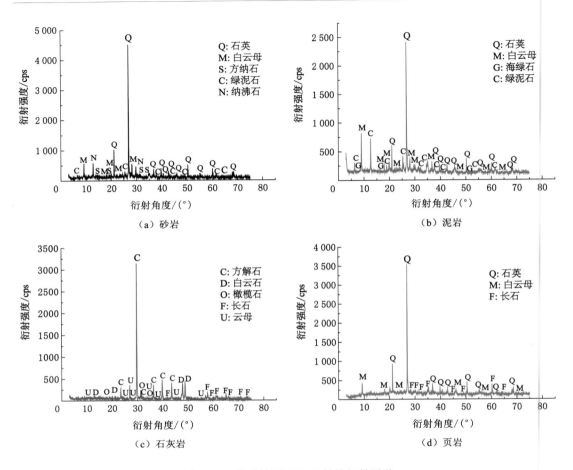

图 3-3　4 种岩性矸石的 X 射线衍射图谱

通过透射电镜产生的电子射线提高对材料的分辨能力，从而观察材料的微观形状及结构特征。因此，采用 Quanta250 型扫描电子显微镜对 4 种岩性的矸石充填材料微观结构进行测试，其测试结果如图 3-4 所示。

由图 3-4 分析可知：

① 4 种岩性的矸石表面凹凸不平，均存在一定的孔隙与裂隙。砂岩表面比较紧密，裂隙较少，仅存在一些微孔，整体完整性较好。泥岩表面的裂隙与孔隙较砂岩的多；裂隙与孔隙随机分布在泥岩表面，未贯通形成裂隙网络；泥岩完整性相对较好。

② 由于含有方解石、白云石等矿物成分，石灰岩表面的颗粒较大，且孔隙较多，未出现明显的裂隙，孔隙边缘与周围颗粒胶结较好。在 4 种岩性的矸石中，页岩表面的孔隙与裂隙较发育，裂隙与孔隙相贯通形成裂隙网络，且其表面颗粒之间较疏松，这将降低矸石本身的强度。

3.1.2.2　基本力学特性

（1）试件制备与试验方案

充填材料本身的基本力学参数对其瞬时压实及蠕变压实特性影响显著。因此，通过单轴压缩试验、巴西劈裂试验及变角剪切试验测试矸石试件的弹性模量、泊松比、抗压强度、抗拉强度与内聚力等基本力学参数，为研究充填材料的瞬时及蠕变压实特性提供基础试验数据。

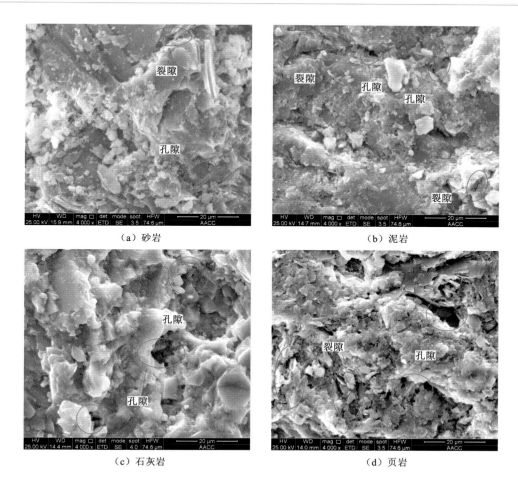

图 3-4 4 种岩性的矸石 SEM 图片

试件按照标准《煤和岩石物理力学性质测定方法》进行加工与测试,如图 3-5 所示。首先采用 ZS-100 型钻孔取样机钻取直径 50 mm 的岩芯,然后利用 QD-1 型岩石切割机将岩芯切割成高 25 mm、50 mm 和 100 mm 的圆柱体,最后在 SHM-200 型磨石机上将试件两端磨平。打磨试件时要求试件两端不平行度不应大于 0.001 mm,试件上下端直径的偏差不应大于 0.02 mm。试件表面应光滑,避免因不规则表面产生应力集中现象。

图 3-5 4 种岩性矸石的标准试件

试验仪器采用长春新特 WAW-1000D 电液伺服万能试验机。这种试验机最大可提供 1 000 kN 的轴向载荷，其行程范围为 0～250 mm。在单轴压缩试验中，电阻应变片与 BZ2205C 型静态应变仪被用于测量矸石试件的横向与轴向应变；巴西劈裂试验与变角剪切试验分别采用劈裂夹具与剪切夹具配合万能试验机完成。

① 单轴压缩试验。

制备每种岩性的试件不少于 3 块。试件为直径 50 mm、高 100 mm 的圆柱体。以 2 mm/min 的速率加载至试件破坏，记录加载过程中的压力与位移，并通过电阻应变片与静态应变仪监测轴向应变和横向应变。取数据平均值作为试验结果。

② 点载荷劈裂试验。

制备每种岩性的试件不少于 3 块。试件为直径 50 mm、高 25 mm 的圆柱体。在劈裂夹具内以 2 mm/min 的速率加载至试件破坏，记录加载过程中的压力与位移。取数据平均值作为试验结果。

③ 变角剪切试验。

制备每种岩性的试件不少于 12 块。试件为直径 50 mm、高 50 mm 的圆柱体。对每种岩性分别取 60°、65°和 70°共 3 种角度进行变角剪切试验。在剪切夹具内以 2 mm/min 的速率加载至试件破坏，记录加载过程中的压力与位移。取数据平均值作为试验结果。

矸石试件的基本力学特性试验如图 3-6 所示。

（a）单轴压缩　　　　　　　（b）巴西劈裂　　　　　　　（c）变角剪切

图 3-6　矸石基本力学特性试验

（2）试验结果及其分析

测试得到的 4 种岩性的矸石基本力学参数，见表 3-4。

表 3-4　4 种岩性的矸石基本力学参数

岩性	弹性模量 E/GPa	泊松比 μ	抗压强度 σ_c/MPa	抗拉强度 σ_t/MPa	黏聚力 c/MPa	内摩擦角 φ/(°)
砂岩	35.62	0.22	58.44	4.41	5.83	40.6
泥岩	24.54	0.27	37.19	2.89	3.67	37.5
石灰岩	28.78	0.25	43.28	3.64	4.25	38.4
页岩	17.51	0.31	29.97	1.56	2.91	29.5

由表 3-4 分析可知：

（a）4 种岩性矸石强度有所差别。砂岩的整体强度最高，而页岩的整体强度最低。4 种岩性矸石的基本力学试验结果与 4 种岩性矸石的微观结构分析结果基本一致。

（b）破碎砂岩的抗变形能力较强，需要施加较大的压力才能使其进一步滑移、旋转及破碎。而破碎页岩的抗变形能力较弱，致使其破碎的压力较低，从而在压实过程中产生的变形较大。

3.2 充填材料双向加载试验系统

3.2.1 双向加载试验系统工作原理

当充填材料被充填入工作面采空区后，充填采煤液压支架后部夯实机构首先对充填材料施加一定的夯实力，使充填材料达到一定的预压效果，然后在上覆岩层压力的作用下，充填材料逐渐被压实，如图 3-7 所示。充填材料主要经历夯实系统夯实力与上覆岩层压力的共同作用。夯实力作用的方向可分解为水平方向与垂直方向，但水平方向的分力对充填材料起主要夯实作用。而上覆岩层压力作用的方向一般为垂直方向。两者作用力的方向并不一致。

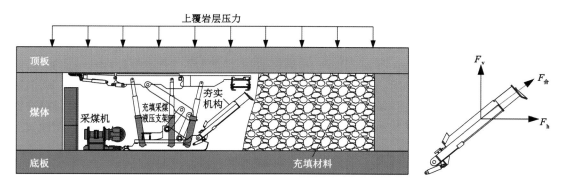

图 3-7　夯实系统与上覆岩层对充填材料作用示意图

由于夯实系统的角度能够调节，可实现对充填材料进行全断面夯实，并且夯实系统水平方向的分力对充填材料起主要压实作用。因此，兼顾试验的简便性，将夯实力简化为作用于充填材料的水平均布应力，如图 3-8 所示。

取图 3-8 中单元 I 进行受力分析，单元 I 为长方体。如图 3-9 所示，单元 I 左侧面与顶面分别受到侧向应力 σ_h 与轴向应力 σ_v 的作用。同时，为模拟充填材料在采空区的真实受力情况，其他面均施加位移约束。

由于目前散体充填材料压实特性没有专门的测试方法与测试仪器，所以本节参考粗粒土压缩试验规程的要求，即试样的最小尺寸与试样中最大颗粒粒径之比不小于 5。同时，结合测试的充填材料颗粒粒径（最大为 30 mm），确定双向加载试验系统的有效试样空间为长×宽×高＝250 mm×200 mm×200 mm。

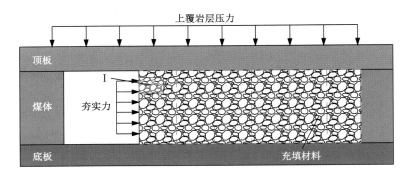

图 3-8　充填材料受力状态示意图

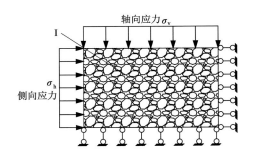

图 3-9　单元 I 受力分析

3.2.2　双向加载试验系统构成

基于试验系统的研制原理,研制散体充填材料双向加载试验系统。该系统主要由轴向加载系统、加载箱体、侧向加载系统和数据监测与采集系统 4 部分组成,如图 3-10 所示。

3.2.2.1　轴向加载系统

轴向加载系统是双向加载试验系统的基础,可为充填材料试样提供持续、稳定的轴向应力。采用 WAW-1000D 电液伺服万能试验机。该试验机最大可提供 1 000 kN 的轴向载荷,其行程范围为 0~250 mm,且其工作台尺寸较大,能够完全满足充填材料压实力学特性测试的要求。

3.2.2.2　加载箱体

加载箱体为充填材料提供装料空间,同时为加载油缸提供安装固定位置。加载箱体主要由底座、肋板、弧形支撑、前侧板、左右侧板、上盖板、侧压板、M18 螺栓等组成,如图 3-11 所示。

底座上焊接肋板与弧形支撑结构,将加载油缸固定于底座上,从而为充填材料提供侧向加载压力。加载油缸前端通过销子连接轮辐式压力传感器。轮辐式传感器直接作用于侧向压板上。侧向压板尺寸(长×宽×高)为 200 mm×20 mm×200 mm。为提高箱体的强度,左右侧板与前侧板均焊接加强筋,然后左右侧板、前侧板与上盖板通过 M18 螺栓连接,并与侧压板组成充填材料试样的装料空间。考虑到传感器、侧压板的厚度,有效的装料空间(长×宽×高)为 250 mm×200 mm×200 mm。

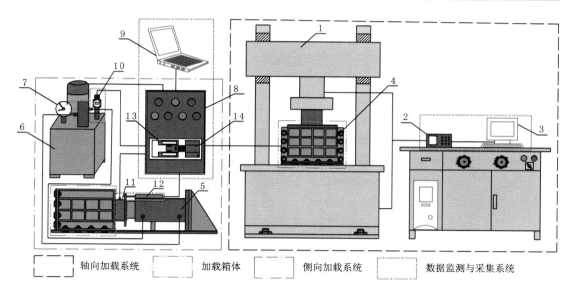

| 轴向加载系统 | 加载箱体 | 侧向加载系统 | 数据监测与采集系统 |

1—试验机；2—控制器；3—电脑；4—加载箱体；5—加载油缸；6—液压泵站；7—压力表；8—控制箱；
9—笔记本；10—压力变送器；11—压力传感器；12—位移传感器；13—PLC控制器；14—模拟量输入输出模块。

图 3-10　双向加载试验系统示意图

（a）加载箱体

①—底座；②—肋板；③—油缸；④—弧形支撑；⑤—侧压板；⑥—上盖板；⑦—侧板；⑧—前侧板；⑨—螺栓。

图 3-11　加载箱体及其结构

3.2.3 侧向加载系统

侧向加载系统主要由液压泵站、加载油缸、控制箱、压力表、液压油管和溢流阀等组成，如图 3-12 所示。

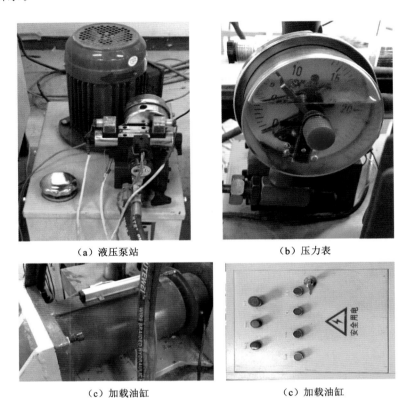

| （a）液压泵站 | （b）压力表 |
| （c）加载油缸 | （c）加载油缸 |

图 3-12　侧向加载系统设备组成

加载油缸可实现对充填材料试样侧向加载。油缸缸径为 125 mm，杆径为 90 mm，行程范围为 0～100 mm。油缸上加装单向节流阀，侧向加载后能够限制油缸的位移。油缸通过法兰与肋板连接与固定。同时，在活塞杆前段中心钻取孔径 16 mm、深度 30 mm 的孔，便于通过销子与传感器相连接。液压泵站能够为油缸提供加载动力，其额定压力为 21 MPa。液压泵站上装有压力表和溢流阀，两者相互配合可调节侧向加载的压力值。控制箱可控制电机的启动、加载油缸的加卸载。加载油缸的加卸载主要是通过液压泵站上的电磁阀进行控制。控制箱上设有急停按钮，可保证充填材料压实力学特性试验的安全开展。

3.2.4 数据监测与采集系统

数据采集装置主要由拉杆式位移传感器、轮辐式压力传感器、压力变送器、FX_{2N}-5a 模拟量输入输出模块、FX_{2N}-32MR 控制器、MCGS 组态软件和笔记本电脑组成，如图 3-13 所示。

位移传感器为拉杆式，被固定在加载油缸上部，其行程为 0～125 mm，可实时监测加载油缸的位移。轮辐式压力传感器量程为 0～30 t，通过销子被安装在加载油缸前端，可监测

（a）轮辐式压力传感器　　　　　　（b）压力变送器

（c）拉杆式位移传感器

（d）PLC控制器与模拟量输入输出模块

图 3-13　数据监测与采集系统设备组成

油缸的加载压力，且在进行轴向加载时，能够实时监测充填材料的侧向压力。压力变送器量程为 $0\sim30$ MPa，通过三通被安装在液压泵站上，可实时监测试验过程中的油压变化。

位移传感器、压力传感器与压力变送器均为 $4\sim20$ mA 电流输出，将位移、压力转化为电流信号，通过 FX_{2N}-5a 模拟量输入输出模块进行信号采集，并传输到 FX_{2N}-32MR 控制器，完成数据采集工作。将 PLC 与 MCGS 组态软件进行连接，建立数据通道，对数据进行存储，存储至数据库的数据可导入到 EXCEL 文件中，从而对数据进行处理，如图 3-14 所示。

3.3　充填材料双向加载试验流程

矸石充填材料压实特性的双向加载试验流程（见图 3-15）主要包括制备矸石充填材料试样、分层装样、侧向加卸载、轴向加载及逐级筛分等。在加载过程中主要监测充填材料的

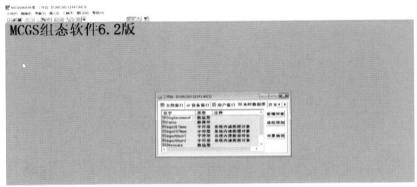

（a）MCGS组态软件

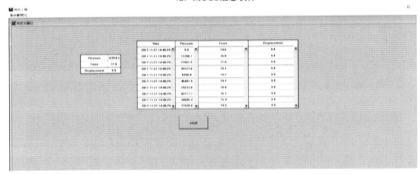

（b）数据监测与存储界面

图 3-14　MCGS 组态软件监测与存储数据

侧向压力、侧向位移、轴向压力及轴向位移等指标，并通过监测数据计算得到应力、应变及孔隙率等参数。

3.3.1　制备矸石充填材料试样

由于多因素正交试验考虑矸石充填材料粒径的影响，因此，兼顾破碎后充填材料的质量与试验的简便性，对于每种粒径的试样，均以质量比 1∶1 的比例均匀混合进行制备，例如：对于粒径级配 20～30 mm 的试样，以粒径（20～25 mm）∶（25～30 mm）＝1∶1 的比例均匀混合进行制备。典型试样制备方案见表 3-5。

表 3-5　典型试样制备方案

岩性	粒径级配/mm	每种粒径的质量比					
		0～5 mm	5～10 mm	10～15 mm	15～20 mm	20～25 mm	25～30 mm
砂岩	0～10	1	1	—	—	—	—
泥岩	10～20	—	—	1	1	—	—
石灰岩	20～30	—	—	—	—	1	1
页岩	0～30	1	1	1	1	1	1

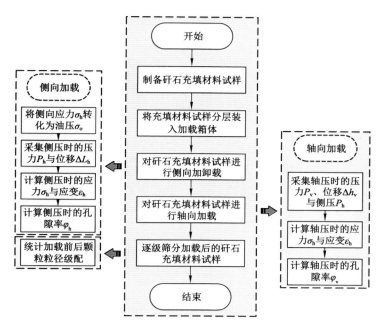

图 3-15 充填材料压实特性的双向加载试验流程

3.3.2 将制备的充填材料试样分层装入加载箱体

装料前需将加载箱体组装好,并将位移、压力传感器归零,然后将制备好的试样分 3～6 层装入加载箱体内;当装完每层后,对试样进行一定的预压,直到所有分层装料完毕,如图 3-16 所示。每组试验的装料总高度均为 200 mm,并记录每组试样的装料质量。当整个加载箱体装满后,通过螺栓将上盖板连接固定,并将加载箱体置于 WAW-1000D 电液伺服万能试验机的试台上。

图 3-16 试样分层装料

3.3.3 对矸石充填材料试样进行侧向加载

接通液压泵站电机、传感器与 PCL 等设备的电源,然后打开 MCGS 软件对压力、位移进行监测;根据此次试验方案所设定的侧向应力对应计算油压值,在压力表上将需要的油压值调好，通过控制箱对充填材料试样进行侧向加载（如图 3-17 所示），并实时监测与记录侧向加载过程中的侧向压力与位移。

（a）　　　　　　　　　　（b）

图 3-17　试样侧向加载

（1）侧向加载时侧向应力与油压的转化

加载油缸通过油压对矸石充填材料试样进行侧向加载。而试验方案中的侧向应力指的是充填材料试样受到的压应力。因此，需要将侧向应力转化为油压。通过设定压力表上的油压值，对不同侧向应力下的充填材料试样进行侧向加载。油压 σ_o 与侧向应力 σ_h 的关系式为：

$$\sigma_o = \frac{\sigma_h A_h}{A_o} = \frac{\sigma_h L_h h_h}{\pi r_o^2} \tag{3-5}$$

式中　A_h——侧压板的面积；

　　　L_h——侧压板的长度（200 mm）；

　　　h_h——侧压板的高度（200 mm）；

　　　A_o——加载油缸的截面积；

　　　r_o——加载油缸的半径（62.5 mm）。

由于侧压板的长度、侧压板的高度与加载油缸的半径均已知，所以将这些参数代入式（3-5）就可计算得到侧向应力所对应的油压。例如：侧向应力 0 MPa、1 MPa、2 MPa 与 3 MPa 所对应的油压分别为 0 MPa、3.3 MPa、6.5 MPa 与 9.8 MPa。

（2）计算侧向加载时试样的应力-应变

侧向加载时试样的侧向应力 σ_h 为侧向加载压力与侧压板面积的比值，其具体计算公式为：

$$\sigma_h = \frac{P_h}{A_h} = \frac{\sigma_o A_o}{A_h} = \frac{\sigma_o \pi r_o^2}{L_h h_h} \tag{3-6}$$

式中　P_h——试样的侧向加载压力。

侧向加载时试样的侧向应变 ε_h 为侧向加载位移与装料区域长度的比值，其具体计算公式为：

$$\varepsilon_h = \frac{\Delta L_h}{L_s} \tag{3-7}$$

式中　ΔL_h——试样的侧向加载位移；

L_s——装料区域的长度(250 mm)。

（3）计算侧向加载时试样的孔隙率

对充填材料试样进行侧向加载时,其孔隙率将不断发生变化。侧向加载时试样的侧向孔隙率 φ_h 为:

$$\varphi_h = \frac{V_h - V_0}{V_h} = 1 - \frac{m_s}{\rho_s(L_s - \Delta L_h)l_s h_s} \tag{3-8}$$

式中　V_h——试样侧向加载时的体积;

　　　V_0——试样未破碎前的体积;

　　　m_s——试样的质量;

　　　ρ_s——试样的质量密度;

　　　l_s——装料区域的宽度(200 mm);

　　　h_s——装料高度(200 mm)。

3.3.4　对矸石充填材料试样进行轴向加载

在侧向加载完毕后,需要将上盖板拆除,此时由于充填材料的微小回弹效应,充填材料的高度将略高于装料高度 200 mm,将上压板置于充填材料试样上方,通过试验机预压使试样的高度恢复至(200 mm),然后设定轴向加载时的压力。通过试验机对充填材料试样进行轴向加载,如图 3-18 所示。实时监测与记录在轴向加载过程中的侧向压力、轴向压力与轴向位移。

 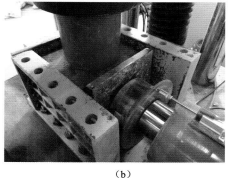

(a)　　　　　　　　　　　　　(b)

图 3-18　试样轴向加载

（1）计算轴向加载时试样的应力-应变

轴向加载时试样的轴向应力 σ_v 为轴向加载压力与上压板面积的比值,上压板的面积也可结合侧向位移进行确定。轴向应力具体计算公式为:

$$\sigma_v = \frac{P_v}{A_v} = \frac{P_v}{L_v l_v} = \frac{P_v}{(L_s - \Delta L_h)l_v} \tag{3-9}$$

式中　P_v——试样的轴向加载压力;

　　　A_v——上压板的面积;

　　　L_v——上压板的长度(由试样的侧向加载位移决定);

　　　l_v——上压板的宽度(200 mm)。

轴向加载时试样的轴向应变 ε_{v} 为轴向加载位移与装料高度的比值,其具体计算公式为:

$$\varepsilon_{\mathrm{v}} = \frac{\Delta h_{\mathrm{v}}}{h_{\mathrm{s}}} \tag{3-10}$$

式中 Δh_{v}——试样的轴向加载位移。

（2）计算轴向加载时试样的孔隙率

对充填材料试样进行轴向加载时,其孔隙率将不断发生变化。轴向加载时试样的轴向孔隙率 φ_{v} 为:

$$\varphi_{\mathrm{v}} = \frac{V_{\mathrm{v}} - V_0}{V_{\mathrm{v}}} = 1 - \frac{m_{\mathrm{s}}}{\rho_{\mathrm{s}}(L_{\mathrm{s}} - \Delta L_{\mathrm{h}})l_{\mathrm{s}}(h_{\mathrm{s}} - \Delta h_{\mathrm{v}})} \tag{3-11}$$

式中 V_{v}——试样轴向加载时的体积。

（3）逐级筛分加载后的矸石充填材料试样

当试样轴向加载完毕后,采用石子筛对试样进行逐级筛分,统计试样加载前后的颗粒破碎与粒径级配情况,如图 3-19 所示。

（a）　　　　　　　　　　　（b）

图 3-19　试样压实后颗粒分布情况

3.4　充填材料瞬时压实本构模型

3.4.1　充填材料瞬时压实特性试验

结合研制的散体充填材料双向加载试验系统,通过设计单因素轮换与多因素正交试验,分析充填材料岩性、粒径级配、侧向应力与侧压次数 4 种主控因素对瞬时压实特性的影响规律,建立多因素耦合作用下充填材料瞬时压实变形本构方程,其基本形式见下式。

$$\sigma_{\mathrm{v}} = \varepsilon_{\mathrm{v}}(\sigma_{\mathrm{c}}, B_{\mathrm{g}}, \sigma_{\mathrm{h}}, n) \tag{3-12}$$

式中 σ_{c}——充填材料的单轴抗压强度（反映岩性特征）;

B_{g}——粒径级配参量（反映粒径级配特征）;

σ_{h}——侧向应力;

n——侧压次数。

由于充填材料主要以破碎矸石为主,选取砂岩、泥岩、石灰岩与页岩 4 种典型岩性的矸石;根据筛分的不同粒径、岩性的矸石充填材料,分别制备粒径 0～10 mm、10～20 mm、20～30 mm 与 0～30 mm 的试样;结合充填采煤现场情况,侧向应力分别设定为 0 MPa、1 MPa、2 MPa 与 3 MPa,而侧压次数分别设定为 1 次、3 次、5 次与 7 次。

单因素轮换、多因素正交试验具体测试内容与方案如下所述。

3.4.1.1 单因素轮换试验

由不同岩性、粒径级配的充填材料制备单因素轮换试验试样,分析充填材料岩性、粒径级配、侧向应力与侧压次数对瞬时压实特性的影响规律。单因素轮换试验方案见表 3-6。

表 3-6 单因素轮换试验方案

试样编号	岩性	粒径级配/mm	侧向应力/MPa	侧压次数/次
i-1	砂岩			
i-2	泥岩	0～30	2	5
i-3	石灰岩			
i-4	页岩			
i-5		0～10		
i-6	砂岩	10～20	2	5
i-7		20～30		
i-8		0～30		
i-9			0	
i-10	砂岩	0～30	1	5
i-11			2	
i-12			3	
i-13				1
i-14	砂岩	0～30	2	3
i-15				5
i-16				7

① 保持试样的粒径级配、侧向应力与侧压次数恒定,通过不同岩性的试样间接调整试样本身的强度,分析岩性对充填材料瞬时压实特性的影响(对应表 3-6 中试样 i-1～i-4)。设定试样的粒径级配为 0～30 mm,侧向应力为 2 MPa,侧压次数为 5 次,试样的岩性分别为砂岩、泥岩、石灰岩与页岩。

② 保持试样的岩性、侧向应力与侧压次数恒定,通过改变试样的粒径级配,分析粒径级配对充填材料瞬时压实特性的影响(对应表 3-6 中试样 i-5～i-8)。试样的岩性为砂岩,侧向应力为 2 MPa,侧压次数为 5 次,粒径级配分别为 0～10 mm、10～20 mm、20～30 mm 与 0～30 mm。

③ 保持试样的岩性、粒径级配与侧压次数恒定,通过改变试样的侧向应力,分析侧向应力对充填材料瞬时压实特性的影响(对应表 3-6 中试样 i-9～i-12)。试样的岩性为砂岩,粒

径级配为 0～30 mm,侧压次数为 5 次,侧向应力分别为 0 MPa、1 MPa、2 MPa 与 3 MPa。

④ 保持试样的岩性、粒径级配与侧向应力恒定,通过改变试样的侧压次数,分析侧压次数对充填材料瞬时压实特性的影响(对应表 3-6 中试样 i-13～i-16)。试样的岩性为砂岩,粒径级配为 0～30 mm,侧向应力为 2 MPa,侧压次数分别为 1 次、3 次、5 次与 7 次。

3.4.1.2　多因素正交试验

试验设计是数理统计学的一个重要分支,主要讨论如何合理地安排试验以及对试验所得的数据如何分析等。试验设计中的析因设计用于分析两个或多个因素的主效应和交互效应。当试验只有 2 个因素时,k 个变量的两水平全析因设计需要进行 2^k 次试验,因素或水平数的增多会增加析因设计的试验次数。为减少试验次数,从析因设计的水平组合中选择一部分有代表性的水平组合进行试验,从而出现了分式析因设计。正交试验设计是分式析因设计的主要方法。根据正交性从全面试验中挑选出部分"均匀分散,齐整可比"的有代表性的点进行试验,只用较少的试验次数就可以找出因素水平间的最优搭配或由试验结果通过计算推断出最优搭配。

单因素轮换试验只能确定各个因素的变化对充填材料瞬时压实特性的影响趋势,未能体现出各因素间影响效果的先后顺序及最佳参数组合。因此,采用正交试验法设计充填材料瞬时压实特性试验。以充填材料岩性、粒径级配、侧向应力、侧压次数作为正交设计的 4 个因素。每个因素设置 4 个水平,见表 3-7。若对全析因设计,则 4 因素 4 水平需要进行 $4^4=256$ 次试验。若采用正交设计试验,则选择 $L_{16}(4)^5$ 正交表,只需要进行 16 次试验。多因素正交试验方案见表 3-8。

表 3-7　正交试验因素水平

水平	因素			
	岩性	粒径级配/mm	侧向应力/MPa	侧压次数/次
1	砂岩	0～10	0	1
2	泥岩	10～20	1	3
3	石灰岩	20～30	2	5
4	页岩	0～30	3	7

表 3-8　多因素正交试验方案

试样编号	岩性	粒径级配/mm	侧向应力/MPa	侧压次数/次
ii-1	砂岩	0～10	0	1
ii-2	砂岩	10～20	1	3
ii-3	砂岩	20～30	2	5
ii-4	砂岩	0～30	3	7
ii-5	泥岩	10～20	0	5
ii-6	泥岩	0～10	1	7
ii-7	泥岩	0～30	2	1
ii-8	泥岩	20～30	3	3

表 3 8(续)

试样编号	岩性	粒径级配/mm	侧向应力/MPa	侧压次数/次
ii-9	石灰岩	20~30	0	7
ii-10	石灰岩	0~30	1	5
ii-11	石灰岩	0~10	2	3
ii-12	石灰岩	10~20	3	1
ii-13	页岩	0~30	0	3
ii-14	页岩	20~30	1	7
ii-15	页岩	10~20	2	7
ii-16	页岩	0~10	3	5

3.4.2 充填材料单因素轮换瞬时压实特性

3.4.2.1 岩性与瞬时压实特性的关系

（1）侧向加载

由试样 i-1~i-4 侧向加载时的试验数据及式(3-6)至式(3-8)的计算结果,得到侧向加载时不同岩性下充填矸石的侧向应变及侧向孔隙率变化曲线,如图 3-20 所示。

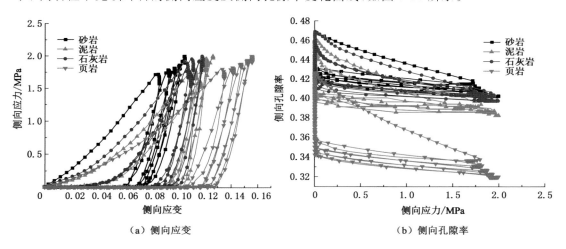

（a）侧向应变 （b）侧向孔隙率

图 3-20　试样 i-1~i-4 侧向应变及侧向孔隙率变化曲线

由图 3-20 分析可知:

① 第 1 次侧向加载后,矸石充填材料试样侧向应变的增幅最高;之后,随着侧向加载次数的增加,侧向应变增大的幅度不断降低,同时,侧向孔隙率减小的幅度也逐渐降低。由此表明:侧向加载能够明显降低充填材料的孔隙率,提高充填材料的密实度,但随着侧向加载次数的增加,侧向加载对侧向应变及侧向孔隙率的影响程度不断降低。

② 在每次侧向压力加卸载后,4 种岩性下矸石充填材料试样均出现"回弹"效应,但侧向回弹变形量较小,占侧向总变形的比例较低,而侧向塑性变形(不可恢复变形)所占的比例较高。

③ 岩性强度较低试样的侧向孔隙率降幅较大。例如,破碎页岩试样的侧向孔隙率由0.425减小至0.344,降幅达到0.081;而破碎砂岩、泥岩及石灰岩试样的侧向孔隙率降幅分别为0.044、0.063及0.057,说明在侧向加载时破碎砂岩试样的侧向变形较小,而破碎页岩试样的侧向变形较大。

④ 岩性强度较高试样的侧向应变较小。4种岩性下矸石充填材料试样侧向应变从大到小为页岩、泥岩、石灰岩与砂岩。例如,破碎砂岩试样的侧向应变仅为0.068,而破碎页岩试样的达到0.122,这是由于破碎砂岩试样本身的强度较高。在侧向加载时,破碎砂岩试样颗粒抵抗破碎、滑移及旋转的能力较强,而破碎页岩试样颗粒较易发生破碎、滑移,从而其产生的侧向变形较大。

（2）轴向加载

由试样i-1～i-4轴向加载时的试验数据及式(3-9)至式(3-11)的计算结果,得到轴向加载时不同岩性下充填矸石的轴向应变、轴向孔隙率变化曲线,如图3-21所示。

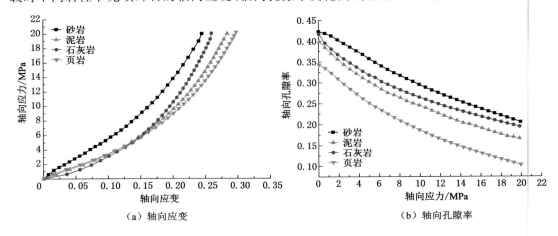

（a）轴向应变 （b）轴向孔隙率

图3-21 试样i-1～i-4轴向应变及轴向孔隙率变化曲线

由图3-21分析可知:

① 岩性强度较高试样的轴向孔隙率降低幅度较小。例如,破碎砂岩试样的轴向孔隙率由0.422减小至0.205,降幅仅为0.217;而破碎泥岩、石灰岩及页岩试样的孔隙率降幅分别达到0.229、0.225及0.237,说明在轴向加载时破碎砂岩试样的轴向变形较小,而破碎页岩试样的轴向变形较大。

② 岩性强度较低试样的轴向应变较大。4种岩性下矸石充填材料试样轴向应变从大到小为页岩、泥岩、石灰岩与砂岩。例如,破碎砂岩试样的轴向应变仅为0.239,而破碎页岩试样的达到0.295,这是由于破碎砂岩试样的强度较高。在轴向加载时,破碎砂岩试样颗粒抵抗破碎、滑移及旋转的能力较强,而破碎页岩试样颗粒较易发生破碎、滑移,从而其产生的轴向变形较大。

3.4.2.2 粒径级配与瞬时压实特性的关系

（1）侧向加载

由试样i-5～i-8侧向加载时的试验数据及式(3-6)至式(3-8)的计算结果,得到侧向加载时不同粒径级配下充填矸石的侧向应变及侧向孔隙率变化曲线,如图3-22所示。

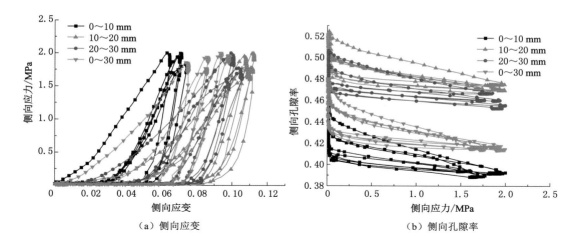

（a）侧向应变　　　　　　　　　（b）侧向孔隙率

图 3-22　试样 i-5～i-8 侧向应变及侧向孔隙率变化曲线

由图 3-22 分析可知：

① 粒径级配对侧向加载时充填材料侧向孔隙率的影响较明显。例如，粒径级配 10～20 mm 试样的侧向孔隙率由 0.525 减小至 0.482，降幅达到 0.043，而粒径级配 0～10 mm、20～30 mm 及 0～30 mm 试样的侧向孔隙率降幅分别为 0.036、0.041 及 0.038，说明在侧向加载时粒径级配 0～10 mm 试样的侧向变形较小，而粒径级配 10～20 mm 试样的侧向变形较大。

② 试样的粒径级配不同，其侧向应变也有所差别。4 种粒径级配下矸石充填材料试样侧向应变的大小分别为 10～20 mm，20～30 mm、0～30 mm 与 0～10 mm。例如，粒径级配 0～10 mm 试样的侧向应变仅为 0.053，而粒径级配 10～20 mm 试样的达到 0.086，这是由于粒径级配 0～10 mm 试样的初始孔隙率较低。在侧向加载时，粒径级配 0～10 mm 试样颗粒的侧向变形较小，而粒径级配 10～20 mm 试样的初始孔隙率较高，同时，大颗粒之间没有小颗粒进行填充，从而其产生的侧向变形较大。对于粒径级配 20～30 mm 的试样，其颗粒尺寸较大，可形成骨架结构，导致其侧向应变比粒径级配 10～20 mm 试样的小。

（2）轴向加载

由试样 i-5～i-8 轴向加载时的试验数据及式（3-9）至式（3-11）的计算结果，得到轴向加载时不同粒径级配下充填矸石的轴向应变、轴向孔隙率变化曲线，如图 3-23 所示。

由图 3-23 分析可知：

① 粒径级配对轴向加载时充填材料轴向孔隙率的影响较明显。例如，粒径级配 0～10 mm 试样的轴向孔隙率由 0.409 减小至 0.198，降幅仅为 0.211；而粒径级配 10～20 mm、20～30 mm 及 0～30 mm 试样的轴向孔隙率降幅分别达到 0.289、0.273 及 0.231，说明粒径级配 0～10 mm 试样的侧向变形较小，而粒径级配 10～20 mm 试样的侧向变形较大。

② 试样的粒径级配不同，其轴向应变也有所差别。4 种粒径级配下矸石充填材料轴向应变的大小分别为 10～20 mm，20～30 mm、0～30 mm 与 0～10 mm。例如，粒径级配 0～10 mm 试样的轴向应变仅为 0.241，而粒径级配 10～20 mm 试样的达到 0.338，这是由于粒径级配 0～10 mm 试样的初始孔隙率较低。在轴向加载时，粒径级配 0～10 mm 试样颗粒

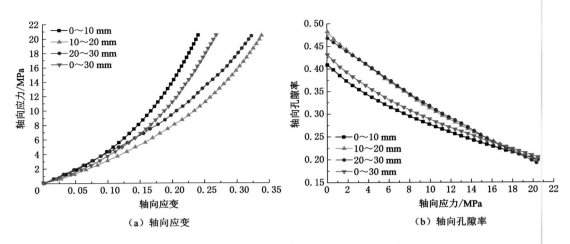

图 3-23　试样 i-5～i-8 轴向应变及轴向孔隙率变化曲线

的轴向变形较小,而粒径级配 10～20 mm 试样的初始孔隙率较高,同时,大颗粒之间没有小颗粒进行填充,从而其产生的轴向变形较大。对于粒径级配 20～30 mm 的试样,其颗粒尺寸较大,可形成骨架结构,导致其轴向应变比粒径级配 10～20 mm 试样的小。

3.4.2.3　侧向应力与瞬时压实特性的关系

（1）侧向加载

由试样 i-9～i-12 侧向加载时的试验数据及式(3-6)至式(3-8)的计算结果,得到侧向加载时不同侧向应力下充填矸石的应变及孔隙率变化曲线,如图 3-24 所示。

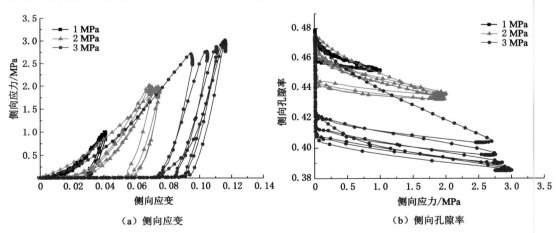

图 3-24　试样 i-9～i-12 侧向应变及侧向孔隙率变化曲线

由图 3-24 分析可知:

① 侧向应力较高试样的侧向孔隙率降低幅度较大。例如,侧向应力 3 MPa 试样的侧向孔隙率由 0.475 减小至 0.408,降幅达到 0.067;而侧向应力 1 MPa 及 2 MPa 试样的侧向孔隙率降幅分别为 0.021 及 0.033,说明在侧向加载时侧向应力 1 MPa 试样的侧向变形较小,而侧向应力 3MPa 试样的侧向变形较大。

② 侧向应力较低试样的侧向应变较小。侧向应力分别为 3 MPa、2 MPa 与 1 MPa 时，矸石充填材料试样侧向应变逐渐减少。例如，侧向应力 1 MPa 试样的侧向应变仅为 0.031，而侧向应力 3 MPa 试样的侧向应变达到 0.092，这是由于施加于试样的侧向应力越高，试验系统对充填材料的做功越多，因此，在侧向加载时，侧向应力 3 MPa 试样的颗粒更易发生破碎、滑移及旋转，从而其产生的侧向变形较大。

（2）轴向加载

由试样 i-9～i-12 轴向加载时的试验数据及式(3-9)至式(3-11)的计算结果，得到轴向加载时不同侧向应力下充填矸石的应变、孔隙率变化曲线，如图 3-25 所示。

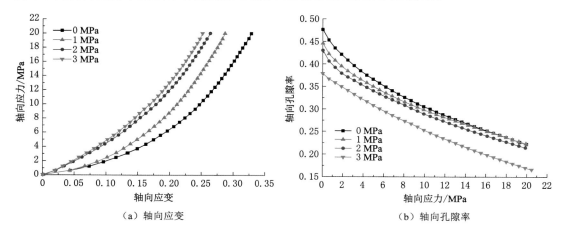

（a）轴向应变 　　　（b）轴向孔隙率

图 3-25 试样 i-9～i-12 轴向应变及轴向孔隙率变化曲线

由图 3-25 分析可知：

① 侧向应力较低试样的轴向孔隙率降低幅度较大。例如，侧向应力 0 MPa 试样的孔隙率由 0.476 减小至 0.225；降幅达到 0.251，而侧向应力 1 MPa、2 MPa 及 3 MPa 试样的轴向孔隙率降幅分别为 0.223、0.216 及 0.211，说明在轴向加载时侧向应力 0 MPa 试样的轴向变形较大，而侧向应力 3 MPa 试样的轴向变形较小。

② 侧向应力较高试样的轴向应变较小。侧向应力分别为 0 MPa、1 MPa、2 MPa 与 3 MPa时，矸石充填材料试样轴向应变逐渐减小。例如，侧向应力 3 MPa 试样的轴向应变仅为0.251，而侧向应力 0 MPa 试样的达到 0.328，这是由于侧向应力 3 MPa 试样的侧向变形较大，降低了充填材料的孔隙率，提高了充填材料的密实度。因此，在轴向加载时，侧向应力 3 MPa 试样产生的轴向变形较小。

3.4.2.4 侧压次数与瞬时压实特性的关系

（1）侧向加载

由试样 i-13～i-16 侧向加载时的试验数据及式(3-6)至式(3-8)的计算结果，得到侧向加载时不同侧压次数下充填矸石的侧向应变及侧向孔隙率变化曲线，如图 3-26 所示。

由图 3-26 分析可知：

① 侧压次数较多试样的侧向孔隙率降低幅度较大。例如，侧压次数 7 次试样的侧向孔隙率由 0.435 减小至 0.378，降幅达到 0.057；而侧压次数 1 次、3 次及 5 次试样的侧向孔隙率降幅分别为 0.043、0.047 及 0.053，说明在侧向加载时侧压次数 1 次试样的侧向变形较

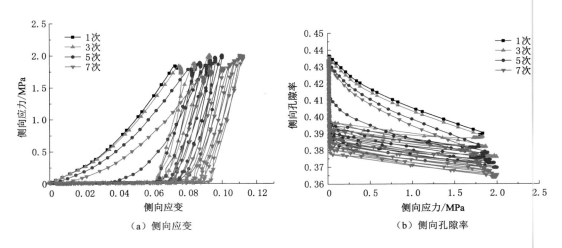

图 3-26　试样 i-13～i-16 侧向应变及侧向孔隙率变化曲线

小,而侧压次数 7 次试样的侧向变形较大。

② 侧压次数较少试样的侧向应变较小。侧压次数分别为 7 次、5 次、3 次与 1 次时,矸石充填材料试样侧向应变逐渐减小。例如,侧压次数 1 次试样的侧向应变仅为 0.072,而侧压次数 7 次试样的达到 0.093,这是由于侧压次数越多,试验系统对试样做功也越多。因此,在侧向加载时,7 次侧压次数试样的颗粒更易发生破碎、滑移及旋转,从而其产生了较大的侧向变形,降低了矸石充填材料的孔隙率。

（2）轴向加载

由试样 i-13～i-16 轴向加载时的试验数据及式(3-9)至式(3-11)的计算结果,得到轴向加载时不同侧压次数下充填矸石的轴向应变、轴向孔隙率变化曲线,如图 3-27 所示。

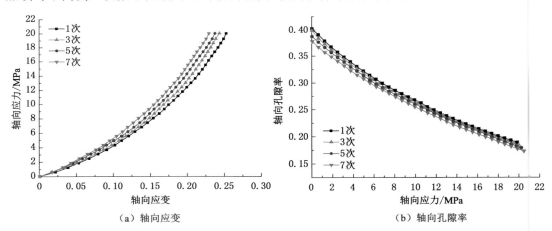

图 3-27　试样 i-13～i-16 轴向应变及轴向孔隙率变化曲线

由图 3-27 分析可知:

① 侧压次数较少试样的轴向孔隙率降低幅度较大。例如,侧压次数 1 次试样的轴向孔隙率由 0.401 减小至 0.186,降幅达到 0.215;而侧压次数 3 次、5 次及 7 次试样的孔隙率降幅分别为 0.212、0.209 及 0.202,说明在轴向加载时侧压次数 1 次试样的轴向变形较大,而

侧压次数 7 次试样的轴向变形较小。

②　侧压次数较多试样的轴向应变较小。侧压次数分别为 1 次、3 次、5 次与 7 次时,矸石充填材料试样轴向应变逐渐减小。例如,侧压次数 7 次试样的轴向应变仅为 0.229,而侧压次数 1 次试样的达到 0.253,这是由于侧压次数越多,孔隙率的降幅越大,从而提高了充填材料的密实度。因此,在轴向加载时,侧压次数 7 次的试样的抗变形能力较强,产生的轴向变形较小。

3.4.3　充填材料多因素正交试验瞬时压实特性

3.4.3.1　正交试验分析方法

根据多因素正交试验方案,结合散体充填材料双向加载试验系统,得到了多因素正交试验的测试结果,见表 3-9;选用直观分析(或称极差分析)和方差分析两种方法对充填材料瞬时压实的多因素正交试验结果进行分析。

表 3-9　正交试验结果

试样编号	轴向应力/MPa			
	5	10	15	20
ii-1	0.197 6	0.261 4	0.300 2	0.328 3
ii-2	0.207 4	0.302 9	0.362 4	0.396 3
ii-3	0.140 2	0.225 7	0.282 3	0.321 7
ii-4	0.124 2	0.196 6	0.243 0	0.276 5
ii-5	0.267 0	0.353 0	0.402 0	0.438 0
ii-6	0.166 8	0.237 7	0.278 4	0.308 5
ii-7	0.178 5	0.264 8	0.318 4	0.353 4
ii-8	0.153 5	0.250 0	0.305 9	0.346 6
ii-9	0.201 4	0.292 7	0.349 1	0.386 8
ii-10	0.180 7	0.262 8	0.310 0	0.339 8
ii-11	0.154 5	0.229 2	0.274 9	0.309 1
ii-12	0.149 9	0.253 6	0.311 1	0.346 0
ii-13	0.238 9	0.310 9	0.355 5	0.387 5
ii-14	0.287 3	0.374 4	0.420 0	0.448 0
ii-15	0.186 0	0.275 0	0.323 0	0.361 0
ii-16	0.141 0	0.215 0	0.261 0	0.292 0

直观分析法与方差分析法的基本原理具体如下所述。

（1）直观分析法

一般地,假定采用正交表共进行 N 个元素的试验,每个因素的水平为 m,每个水平做 r 次试验,则试验的总次数为 $q=m×r$。因素 j 第 i 个水平的试验结果为 X_{ij},X_{ij} 是服从正态分布的随机变量。则各因素不同水平下试验结果之和 K_{ij} 为:

$$K_{ij} = \sum_{k=1}^{q} X_{ijq} \qquad (3-13)$$

式中　X_{ijq}——因素 j 在第 i 个水平下的第 q 个试验结果。

极差是一组数据中的最大数据与最小数据的差,反映一组数据的离散程度。其具体表达式为：

$$R_N = \max\{K_{1j}, K_{2j}, \cdots, K_{kj}\} - \min\{K_{1j}, K_{2j}, \cdots, K_{kj}\} \quad (3\text{-}14)$$

极差可作为评价因素显著性的参数，其数值表明该因素的水平改变对试验结果的影响程度。极差越大，说明该因素的水平改变对试验结果影响也越大。极差最大的因素也就是最主要的因素。极差越小的因素虽然不能说是不重要因素，但至少可以肯定当该因素在所选用的范围内变化时，对该指标的影响不大。在实际分析中，通常使用 K_{ij}、R_N 的平均值对试验结果进行评价。

（2）方差分析法

在室内试验测试中，试验结果不可避免地会出现误差。为了将因素水平变化引起的试验结果的差异与误差波动所引起的试验结果间的差异区分开来，还将进行方差分析。方差分析是把试验观察数据总的波动分解为反映因素水平变化引起的波动和反映试验误差引起的波动两部分，也即把观察数据的总偏差平方和分解为反映必然性的各个因素偏差平方和与反映偶然性的误差偏差平方和，并计算比较它们的平均偏差平方和，以找出对观察数据起决定性影响的因素作为定量分析判断的依据。

总的偏差平方和 S_T 为：

$$S_T = \sum_{i=1}^{m} \sum_{j=1}^{r} (x_{ij})^2 - \frac{1}{q} \left(\sum_{i=1}^{m} \sum_{j=1}^{r} x_{ij} \right)^2 = \sum_{i=1}^{m} \sum_{j=1}^{r} (x_{ij})^2 - \frac{T^2}{q} \quad (3\text{-}15)$$

因素的偏差平方和 S_f 为：

$$S_f = \frac{1}{r} \sum_{i=1}^{m} \left(\sum_{j=1}^{r} x_{ij} \right)^2 - \frac{T^2}{q} \quad (3\text{-}16)$$

误差的偏差平方和 S_e 为：

$$S_e = \sum_{i=1}^{m} \sum_{j=1}^{r} (x_{ij})^2 - \frac{1}{r} \sum_{i=1}^{m} \left(\sum_{j=1}^{r} x_{ij} \right)^2 \quad (3\text{-}17)$$

将因素和误差的偏差平方分别除以各自的自由度得到因素和误差平均偏差平方和。总自由度等于各因素自由度与误差自由度之和，则试验的总自由度 f_T 为：

$$f_T = q - 1 \quad (3\text{-}18)$$

各因素自由度 f_f 为：

$$f_f = m - 1 \quad (3\text{-}19)$$

试验的误差自由度 f_e 为：

$$f_e = f_T - \sum f_f \quad (3\text{-}20)$$

将各因素的平均偏差平方和与误差的平均偏差平方和相比，得到 F 值。F 值反映了各因素水平变化对试验指标影响程度。通过给定的显著水平 α（置信度），根据自由度从 F 分布表中查找临界值 $F_\alpha(f_f, f_e)$，最终根据 F 值与 F_α 值的比值判定因素改变对指标的显著性影响。F 值的具体计算表达式为：

$$F = \frac{S_f / f_f}{S_e / f_e} \quad (3\text{-}21)$$

3.4.3.2 试验结果直观分析

直观分析可对轴向应变影响因素的重要性做定性比较。以轴向应力分别为 5 MPa、10 MPa、15 MPa 及 20 MPa 时的轴向应变作为指标进行直观分析。

（1）轴向应变（轴向应力为 5 MPa）

5 MPa 轴向应力时轴向应变的直观分析结果见表 3-10。

表 3-10　5 MPa 轴向应力时轴向应变的直观分析

指标	因素			
	岩性	粒径级配/mm	侧向应力/MPa	侧压次数/次
$\bar{K}_{1j}$	0.158	0.156	0.214	0.191
$\bar{K}_{2j}$	0.181	0.193	0.197	0.178
$\bar{K}_{3j}$	0.163	0.181	0.155	0.172
$\bar{K}_{4j}$	0.199	0.171	0.135	0.161
$\bar{R}_{N}$	0.041	0.037	0.079	0.030
水平主次	1 3 2 4	1 4 3 2	4 3 2 1	4 3 2 1
因素主次	侧向应力　岩性　粒径级配　侧压次数			

以各影响因素的水平值为横坐标，以 5 MPa 轴向应力时轴向应变的平均值为纵坐标，得到轴向应变影响因素敏感性分析曲线，如图 3-28 所示。

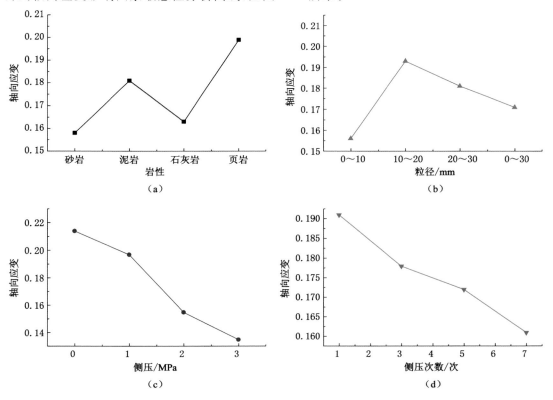

图 3-28　5 MPa 轴向应力时轴向应变的影响因素敏感性分析

由表 3-10 与图 3-28 分析可知：

① 影响 5 MPa 轴向应力时轴向应变的各因素的主次顺序分别为侧向应力、岩性、粒径级配与侧压次数。当轴向应力加载至 5 MPa 时，侧向应力起主导作用，其次是岩性，这是由于轴向应力较低，充填材料颗粒破碎较少，侧向应力占轴向应力的比值较大，同时，强度较高的岩性具有较好的抗变形能力。

② 在影响 5 MPa 轴向应力时轴向应变各水平的主次顺序中，砂岩、粒径级配 0～10 mm、侧向应力 3 MPa 及侧压次数 7 次对 5 MPa 轴向应力时轴向应变的影响较大，可初步将这些水平作为 5 MPa 轴向应力时轴向应变的最优组合。

（2）轴向应变（轴向应力为 10 MPa）

10 MPa 轴向应力时轴向应变的直观分析结果见表 3-11。

表 3-11　10 MPa 轴向应力时轴向应变的直观分析

指标	因素			
	岩性	粒径级配/mm	侧向应力/MPa	侧压次数/次
$\bar{K}_{1j}$	0.232	0.224	0.288	0.274
$\bar{K}_{2j}$	0.260	0.285	0.274	0.257
$\bar{K}_{3j}$	0.247	0.264	0.234	0.246
$\bar{K}_{4j}$	0.275	0.242	0.220	0.237
$\bar{R}_N$	0.043	0.061	0.068	0.037
水平主次	1 3 2 4	1 4 3 2	4 3 2 1	4 3 2 1
因素主次	侧向应力　粒径级配　岩性　侧压次数			

以各影响因素的水平值为横坐标，以 10 MPa 轴向应力时轴向应变的平均值为纵坐标，得到轴向应变影响因素敏感性分析曲线，如图 3-29 所示。

由表 3-11 与图 3-29 分析可知：

① 影响 10 MPa 轴向应力时轴向应变的各因素的主次顺序分别为侧向应力、粒径级配、岩性与侧压次数。当轴向应力加载至 10 MPa 时，侧向应力起主导作用，其次是粒径级配，与影响 5 MPa 轴向应力时轴向应变的岩性不同，这是由于此时轴向应力较低，侧向应力占轴向应力的比值仍然较大，但充填材料颗粒破碎的数量增加，合理的粒径级配能够提高矸石充填材料的抗变形能力。

② 在影响 10 MPa 轴向应力时轴向应变各水平的主次顺序中，砂岩、粒径级配 0～10 mm、侧向应力 3 MPa 及侧压次数 7 次对 10 MPa 轴向应力时轴向应变的影响较大，可初步将这些水平作为 10 MPa 轴向应力时轴向应变的最优组合。

（3）轴向应变（轴向应力为 15 MPa）

15 MPa 轴向应力时轴向应变的直观分析结果见表 3-12。

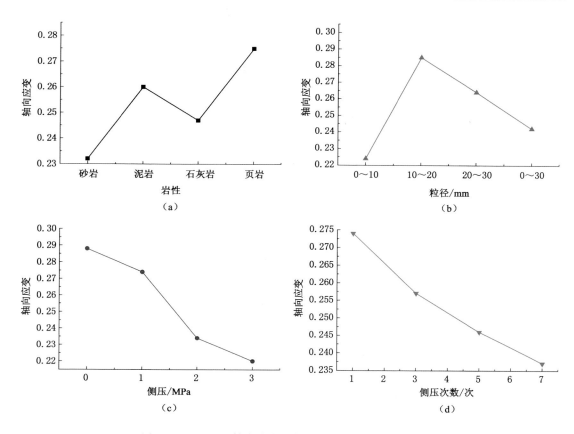

图 3-29　10 MPa 轴向应力时轴向应变的敏感性因素分析

表 3-12　15 MPa 轴向应力时应变的直观分析

指标	因素			
	岩性	粒径级配/mm	侧向应力/MPa	侧压次数/次
$\overline{K}_{1j}$	0.278	0.261	0.328	0.315
$\overline{K}_{2j}$	0.308	0.334	0.320	0.305
$\overline{K}_{3j}$	0.296	0.314	0.283	0.297
$\overline{K}_{4j}$	0.317	0.290	0.267	0.282
$\overline{R}_N$	0.039	0.073	0.061	0.033
水平主次	1 3 2 4	1 4 3 2	4 3 2 1	4 3 2 1
因素主次	粒径级配　侧向应力　岩性　侧压次数			

　　以各影响因素的水平值为横坐标,以 15 MPa 轴向应力时轴向应变的平均值为纵坐标,得到轴向应变影响因素敏感性分析曲线,如图 3-30 所示。

　　由表 3-12 与图 3-30 分析可知:

　　① 影响 15 MPa 轴向应力时轴向应变的各因素的主次顺序分别为粒径级配、侧向应力、岩性与侧压次数。当轴向应力加载至 15 MPa 时,粒径级配起主导作用,其次是侧向应力,

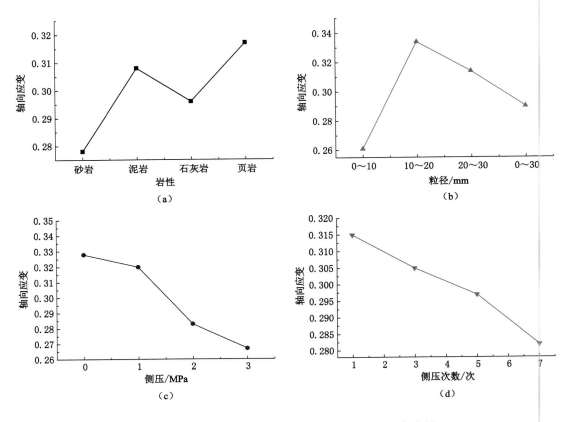

图 3-30　15 MPa 轴向应力时轴向应变的敏感性因素分析

与影响 10 MPa 轴向应力时轴向应变的情况相反，这是由于此时充填材料颗粒破碎数量继续增加，合理的粒径级配能够提高矸石充填材料的抗变形能力，同时，轴向应力增大，侧向应力占轴向应力的比值减小，侧向应力的作用被弱化。

　　② 在影响 15 MPa 轴向应力时轴向应变各水平的主次顺序中，砂岩、粒径级配 0～10 mm、侧向应力 3 MPa 及侧压次数 7 次对 15 MPa 轴向应力时轴向应变的影响较大，可初步将这些水平作为 15 MPa 轴向应力时轴向应变的最优组合。

　　（4）轴向应变（轴向应力为 20MPa）

　　20 MPa 轴向应力时轴向应变的直观分析结果见表 3-13。

表 3-13　20 MPa 轴向应力时轴向应变的直观分析

指标	因素			
	岩性	粒径级配/mm	侧向应力/MPa	侧压次数/次
$\overline{K}_{1j}$	0.313	0.293	0.365	0.348
$\overline{K}_{2j}$	0.342	0.368	0.349	0.340
$\overline{K}_{3j}$	0.328	0.349	0.318	0.329

表 3-13(续)

指标	因素			
	岩性	粒径级配/mm	侧向应力/MPa	侧压次数/次
$\overline{K}_{4j}$	0.349	0.322	0.301	0.315
$\overline{R}_{N}$	0.036	0.075	0.064	0.033
水平主次	1 3 2 4	1 4 3 2	4 3 2 1	4 3 2 1
因素主次	粒径级配　侧向应力　岩性　侧压次数			

　　以各影响因素的水平值为横坐标，以 20 MPa 轴向应力时轴向应变的平均值为纵坐标，得到轴向应变影响因素敏感性分析曲线，如图 3-31 所示。

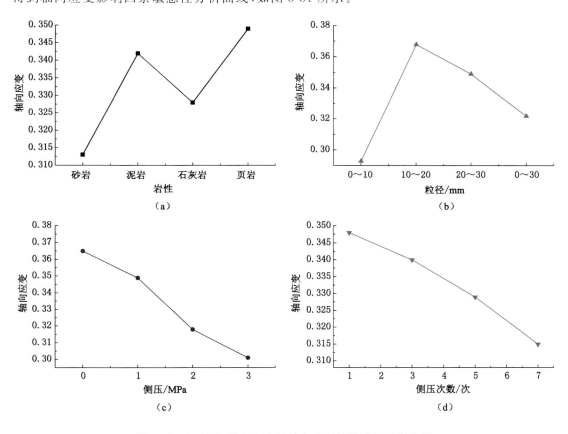

图 3-31　20 MPa 轴向应力时轴向应变的敏感性因素分析

　　由表 3-13 与图 3-31 分析可知：

　　① 影响 20 MPa 轴向应力时轴向应变的各因素的主次顺序分别为粒径级配、侧向应力、岩性与侧压次数。当轴向应力加载至 20 MPa 时，粒径级配起主导作用，其次是侧向应力，与影响 15 MPa 轴向应力时轴向应变的情况相同，这是由于此时充填材料颗粒破碎数量较多，合理的粒径级配能够提高矸石充填材料的抗变形能力，同时，轴向应力继续增大，侧向应

力占轴向应力的比值减小,侧向应力的作用进一步被弱化。

② 在影响 20 MPa 轴向应力时轴向应变各水平的主次顺序中,砂岩、粒径级配 0～10 mm、侧向应力 3 MPa 及侧压次数 7 次对 20 MPa 轴向应力时轴向应变的影响较大,可初步将这些水平作为 20 MPa 轴向应力时轴向应变的最优组合。

3.4.3.3 试验结果方差分析

方差分析可对轴向应变影响因素的重要性做定量比较。以轴向应力分别为 5 MPa、10 MPa、15 MPa 及 20 MPa 时的轴向应变为指标进行方差分析。

选取显著性水平 0.05,当 $F > F_{0.05}(f_f, f_e)$ 时,称为比较显著;当 $F < F_{0.05}(f_f, f_e)$ 时,称为一般显著。根据 F 值的大小用 * 号标注以反映显著性程度。误差的来源可能为操作误差、环境误差或试验仪器误差等。因此,选取空白列与侧压次数列作为误差列,以减少误差的影响。采用 SPSS 统计分析软件对正交试验结果进行方差分析。正交试验结果的方差分析见表 3-14。

表 3-14　正交试验结果的方差分析

指标	因素	偏差平方和	F 值	显著性	程度
轴向应变 (5 MPa 轴向应力)	岩性	0.004	2.146	一般显著	* * *
	粒径级配	0.003	1.470	一般显著	* *
	侧向应力	0.016	7.900	比较显著	* * * *
	侧压次数	0.002	0.949	一般显著	*
轴向应变 (10 MPa 轴向应力)	岩性	0.004	2.547	一般显著	* *
	粒径级配	0.012	5.309	比较显著	* * *
	侧向应力	0.008	7.761	比较显著	* * * *
	侧压次数	0.003	1.903	一般显著	*
轴向应变 (15 MPa 轴向应力)	岩性	0.004	2.386	一般显著	* *
	粒径级配	0.012	8.137	比较显著	* * * *
	侧向应力	0.010	7.043	比较显著	* * *
	侧压次数	0.002	1.553	一般显著	*
轴向应变 (20 MPa 轴向应力)	岩性	0.003	2.686	一般显著	* *
	粒径级配	0.013	11.149	比较显著	* * * *
	侧向应力	0.010	9.047	比较显著	* * *
	侧压次数	0.002	2.058	一般显著	*

由表 3-14 分析可知:

① 对于 5 MPa 轴向应力时的轴向应变,侧向应力的影响比较显著,其次分别是岩性、粒径级配与侧压次数;对于 10 MPa 轴向应力时的轴向应变,侧向应力与粒径级配的影响均比较显著,但侧向应力的显著性高于粒径的,其次分别是岩性与侧压次数;对于 15 MPa 轴向应力时的轴向应变,粒径级配与侧向应力的影响均比较显著,但粒径级配的显著性高于侧压的,其次分别是岩性与侧压次数;对于 20 MPa 轴向应力时的轴向应变,粒径级配与侧向应力的影响均比较显著,但粒径级配的显著性高于侧向应力的,其次分别是岩性与侧压次数。

② 可根据不同轴向应力下各因素的显著性调整水平值,来提高矸石充填材料的抗变形能力,降低充填材料的压实变形量。当矸石充填材料处于较低应力状态下时,应重点优化设计侧向应力;当矸石充填材料处于高应力状态下时,应重点优化设计侧向应力与粒径级配;当矸石充填材料处于较高应力状态下时,应重点优化设计粒径级配与侧向应力。

3.4.4 多因素耦合作用下矸石充填材料瞬时压实本构方程

3.4.4.1 矸石充填材料瞬时压实应力-应变关系

上一节采用多因素正交试验测试了矸石充填材料的瞬时压实特性,得到了充填材料岩性、粒径级配、侧向应力及侧压次数 4 种因素对瞬时压实特性的影响规律,但要进一步建立 4 种主控因素与瞬时压实变形之间的关系方程,需要将充填材料岩性、粒径级配转化为数值表示。对于充填材料岩性,岩性能够间接反映出充填材料本身的强度,因此,可采用单轴抗压强度代替。对于粒径,为了更合理描述不同的粒径级配,定义一种新的参量进行表示,并命名为粒径级配参量,其具体表达式为:

$$B_g = \frac{1}{M_B + 1} \sum_{k=1}^{M_B} \left(\frac{B_{k\min} + B_{k\max}}{2} \right) \eta_k \tag{3-22}$$

式中 B_g——粒径级配参量;

M_B——粒径级配的粒径范围组成个数;

$B_{k\min}$——第 k 组粒径范围的最小粒径;

$B_{k\max}$——第 k 组粒径范围的最大粒径;

η_k——第 k 组粒径范围所占的质量百分比。

依据测试得到的 4 种岩性矸石的单轴抗压强度及粒径制备方案,采用以上方法,得到充填材料岩性、粒径级配转化后的数值,见表 3-15。

表 3-15 岩性、粒径级配转化后的数值

名称	水平			
岩性	砂岩	泥岩	石灰岩	页岩
单轴抗压强度/MPa	58.44	37.19	43.28	29.97
粒径/mm	0~10	10~20	20~30	0~30
粒径级配参量/mm	1.67	5.00	8.33	2.14

基于转化后的数值,由正交试验结果直观分析结果,回归得到岩性、粒径级配、侧向应力及侧压次数 4 种主控因素与轴向应变的关系方程,如图 3-32 所示。

由图 3-32 分析可知:

① 4 种主控因素与矸石充填材料轴向应变呈现不同的变化规律。但对试验数据进行回归后,各主控因素与轴向应变的相关系数均较高,拟合效果较好。

② 试样的轴向应变随着单轴抗压强度的增加而减小,但减小幅度逐渐降低,并且轴向应变与单轴抗压强度呈幂函数关系,其具体方程如图 3-32(a)所示。随着粒径级配参量的增加,试样的轴向应变呈现先增加后减小的趋势,并且轴向应变与粒径级配参量呈多项式函数关系,其具体方程如图 3-32(b)所示。试样的轴向应变随着侧向应力的增加而减小,并且轴

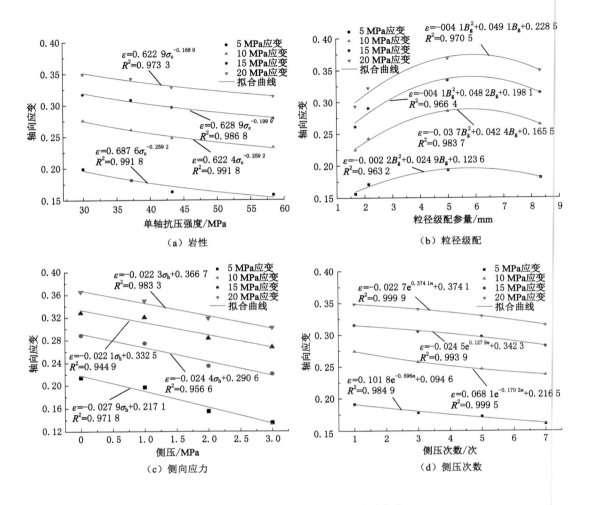

图 3-32　4 种因素与轴向应变的关系曲线

向应变与侧向应力呈线性函数关系，其具体方程如图 3-32（c）所示。试样的轴向应变随着侧压次数的增加而减小，并且轴向应变与侧压次数呈指数函数关系，其具体方程如图 3-32（d）所示。

　　为综合分析岩性、粒径级配、侧向应力及侧压次数 4 种主控因素对轴向应变的影响，基于图 3-32 所示的回归结果，建立以下轴向应变 ε_v 与岩性 σ_c、粒径级配 B_g、侧向应力 σ_h 及侧压次数 n 的关系方程：

$$\varepsilon_v = a\sigma_c^b + cB_g^2 + dB_g + e\sigma_h + f\mathrm{e}^{gn} + h \qquad (3-23)$$

式中　$a, b \cdots h$——待定参数。

　　基于矸石充填材料瞬时压实的正交试验数据，利用式（3-23）回归得到 5 MPa、10 MPa、15 MPa 与 20 MPa 轴向应力下充填材料轴向应变与岩性、粒径级配、侧向应力及侧压次数的关系方程：

$$\begin{cases} 5\ \mathrm{MPa}: \varepsilon_{\mathrm{v}} = 389.607\ 4\sigma_{\mathrm{c}}^{-2.617\ 8} - 0.002\ 2B_{\mathrm{g}}^2 + 0.025\ 3B_{\mathrm{g}} - \\ \qquad\quad 0.027\ 8\sigma_{\mathrm{h}} + 0.115\ 2\mathrm{e}^{-0.051\ 4n} + 0.042\ 3 \qquad R^2 = 0.947\ 3 \\ 10\ \mathrm{MPa}: \varepsilon_{\mathrm{v}} = 2.107\ 8\sigma_{\mathrm{c}}^{-0.907\ 3} - 0.003\ 7B_{\mathrm{g}}^2 + 0.042\ 4B_{\mathrm{g}} - \\ \qquad\quad 0.024\ 4\sigma_{\mathrm{h}} + 0.070\ 3\mathrm{e}^{-0.156\ 7n} + 0.087\ 6 \qquad R^2 = 0.961\ 8 \\ 15\ \mathrm{MPa}: \varepsilon_{\mathrm{v}} = -0.028\ 4\sigma_{\mathrm{c}}^{0.429\ 5} - 0.004\ 2B_{\mathrm{g}}^2 + 0.048\ 6B_{\mathrm{g}} - \\ \qquad\quad 0.022\ 2\sigma_{\mathrm{h}} - 0.020\ 8\mathrm{e}^{0.140\ 9n} + 0.409\ 6 \qquad R^2 = 0.956\ 8 \\ 20\ \mathrm{MPa}: \varepsilon_{\mathrm{v}} = -0.009\ 3\sigma_{\mathrm{c}}^{0.611\ 3} - 0.004\ 2B_{\mathrm{g}}^2 + 0.048\ 9B_{\mathrm{g}} - \\ \qquad\quad 0.022\ 5\sigma_{\mathrm{h}} - 0.024\ 9\mathrm{e}^{0.126\ 9n} + 0.396\ 4 \qquad R^2 = 0.970\ 6 \end{cases} \qquad (3\text{-}24)$$

由式(3-24)分析可知,式(3-23)能够较好地描述不同轴向应力下充填材料轴向应变与岩性、粒径级配、侧向应力及侧压次数的关系,并且相关系数均较高,拟合效果较好。

而对于矸石充填材料的轴向应力 σ_{v}-轴向应变 ε_{v} 关系方程,可采用对数函数进行描述,并取得了较好的拟合效果,其具体方程为:

$$\varepsilon_{\mathrm{v}} = A\ln(B\sigma_{\mathrm{v}} + C) \qquad (3\text{-}25)$$

式中　A,B,C——待定参数。

式(3-24)拟合得到了不同轴向应力下矸石充填材料轴向应变与岩性、粒径级配、侧向应力及侧压次数的关系方程,但同一轴向应力对应多个轴向应变值,不能反映轴向应力与轴向应变一一对应的关系。因此,为了将轴向应力引入式(3-23),采用将式(3-23)与式(3-25)相除的方法,得到以下轴向应力-轴向应变的关系方程:

$$\varepsilon_{\mathrm{v}} = \frac{a\sigma_{\mathrm{c}}^b + cB_{\mathrm{g}}^2 + dB_{\mathrm{g}} + e\sigma_{\mathrm{h}} + f\mathrm{e}^{gn} + h}{\ln(A\sigma_{\mathrm{v}} + B)} \qquad (3\text{-}26)$$

3.4.4.2　矸石充填材料瞬时压实变形本构方程

基于充填材料瞬时压实的正交试验数据,得到不同轴向应力下充填材料轴向应变的变化曲线,如图 3-33 所示。

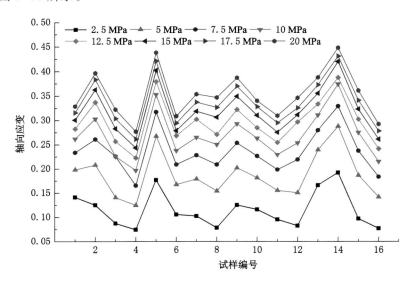

图 3-33　不同轴向应力下充填材料轴向应变的变化曲线

由图 3-33 分析可知,不同轴向应力下矸石充填材料的轴向应变呈现相似的变化规律。因此,采用式(3-26)对充填材料的轴向应变进行回归,可得到不同轴向应力下轴向应力-轴向应变关系方程的待定参数。并且随着轴向应力的增加,待定参数必定会呈现一定的变化规律。

进一步利用式(3-26)回归得到不同轴向应力下的待定参数 a、b、$\cdots$、B,并得到了待定参数与轴向应力的关系方程,如图 3-34 所示。

由图 3-34 分析可知:

① 不同的待定参数与轴向应力呈现不同的变化规律。但对数据进行回归后,各待定参数与轴向应力的相关系数均较高,拟合效果较好。

② 参数 a 随着轴向应力的增加而增大,并且增大幅度逐渐升高;同时,参数 a 与轴向应力呈指数函数关系,其具体方程如图 3-34(a)所示。参数 b 随着轴向应力的增加而减小,并且参数 b 与轴向应力呈线性函数关系,其具体方程如图 3-34(b)所示。参数 c 随着轴向应力的增加而减小,并且减小幅度逐渐升高;同时,参数 c 与轴向应力呈多项式函数关系,其具体方程如图 3-34(c)所示。参数 d 随着轴向应力的增加而增大,并且增大幅度逐渐升高;同时,参数 d 与轴向应力呈多项式函数关系,其具体方程如图 3-34(d)所示。

③ 参数 e 随着轴向应力的增加而减小,并且减小幅度逐渐升高;同时,参数 e 与轴向应力呈指数函数关系,其具体方程如图 3-34(e)所示。参数 f 随着轴向应力的增加而减小,并且减小幅度逐渐升高;同时,参数 f 与轴向应力呈指数函数关系,具体方程如图 3-34(f)所示;参数 g 随着轴向应力的增加而减小,并且参数 g 与轴向应力呈多项式函数关系,具体方程如图 3-34(g)所示;参数 h 随着轴向应力的增加而增大,并且参数 h 与轴向应力呈对数函数关系,具体方程如图 3-34(h)所示;参数 A 随着轴向应力的增加而增大,并且参数 A 与轴向应力呈线性函数关系,具体方程如图 3-34(i)所示;参数 B 随着轴向应力的增加而减小,并且减小幅度逐渐升高,同时,参数 B 与轴向应力呈多项式函数关系,具体方程如图 3-34(j)所示。

将各待定参数与轴向应力的关系方程代入式(3-26),得到多因素耦合作用下矸石充填材料的压实变形本构方程:

$$
\begin{aligned}
\varepsilon_v = \big[& (2.877\,4e^{0.043\,3\sigma_v} - 2.308\,5)\sigma_c^{(-0.003\,8\sigma_v - 0.238\,6)} + \\
& (-2.594\,3 \times 10^{-5}\sigma_v^2 - 6.135\,2 \times 10^{-4}\sigma_v - 0.003\,6)B_g^2 + \\
& (3.206\,1 \times 10^{-4}\sigma_v^2 + 0.007\,6\sigma_v + 0.043\,9)B_g + \\
& (112\,074.076\,5e^{-6.923\,1 \times 10^{-8}\sigma_v} - 112\,074.083\,8)\sigma_h + \\
& (476\,924.208\,9e^{-8.906\,0 \times 10^{-8}\sigma_v} - 476\,924.167\,0)e^{(0.036\,3\sigma_v^3 - 1.270\,4\sigma_v^2 - 6.965\,7\sigma_v - 13.793\,1)n} + \\
& 44\,019.722\,9\ln(4.078\,7 \times 10^{-7}\sigma_v + 0.999\,9)\big]/\ln(2.721\,6\sigma_v^2 - 36.536\,4\sigma_v + 148.480\,8)
\end{aligned}
$$

$$(3-27)$$

式(3-27)中数值只保留小数点后 4 位,但在实际计算中,为保证计算结果的准确性,数值不进行四舍五入。

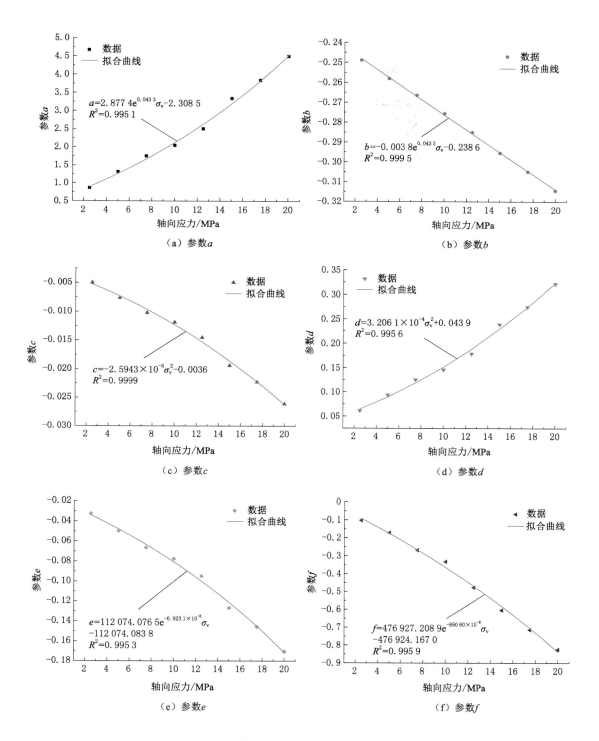

图 3-34 待定参数与轴向应力的关系曲线

（a）参数 a

（b）参数 b

（c）参数 c

（d）参数 d

（e）参数 e

（f）参数 f

$a=2.8774e^{0.0433}\sigma_v-2.3085$
$R^2=0.9951$

$b=-0.0038e^{0.0433}\sigma_v-0.2386$
$R^2=0.9995$

$c=-2.5943\times10^{-5}\sigma_v^2-0.0036$
$R^2=0.9999$

$d=3.2061\times10^{-4}\sigma_v^2+0.0439$
$R^2=0.9956$

$e=112\,074.0765e^{-6.9231\times10^{-8}\sigma_v}-112\,074.0838$
$R^2=0.9953$

$f=476\,927.2089e^{-890\,60\times10^{-8}\sigma_v}-476\,924.1670$
$R^2=0.9959$

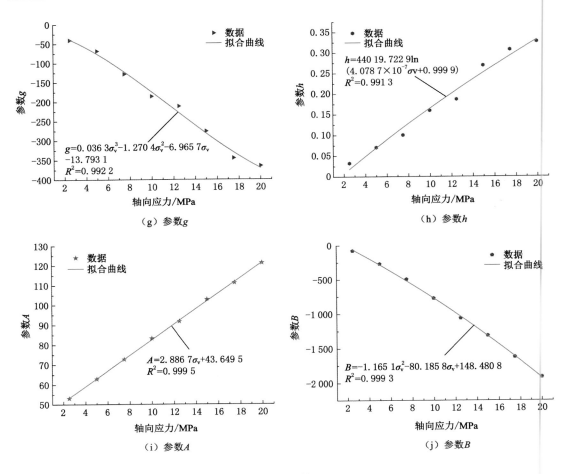

图 3-34（续）

3.5　充填材料蠕变压实本构模型

3.5.1　充填材料蠕变压实特性试验

3.5.1.1　试验内容与方案

　　基于分级加载方式的实用性,采用分级加载方式对矸石充填材料蠕变压实特性进行测试,试验设备采用自主研制的散体充填材料双向加载试验系统。由3.3节可知,同一岩性、不同粒径级配条件下矸石充填材料的瞬时压实变形规律类似,因此,矸石充填材料蠕变压实特性试验只考虑岩性的影响。依然选取砂岩、泥岩、石灰岩与页岩4种典型岩性的矸石;结合充填采煤现场情况,侧向应力设定为2 MPa,而侧压次数设定为5次;兼顾不同埋深煤层的原岩应力,蠕变压实试验共进行4级加载,加载应力分别为5 MPa、10 MPa、15 MPa与20 MPa,具体试验方案见表3-16。

表 3-16　蠕变压实试验方案

试样编号	岩性	粒径级配/mm	侧向应力/MPa	侧压次数/次	加载应力水平/MPa			
iii-1	砂岩	0～30	2	5	5	10	15	20
iii-2	泥岩	0～30	2	5	5	10	15	20
iii-3	石灰岩	0～30	2	5	5	10	15	20
iii-4	页岩	0～30	2	5	5	10	15	20

　　分级加载所得到的充填材料的蠕变曲线是阶梯状的,需要将其转化为分别加载的蠕变曲线才能进行使用。目前主要有"Boltzmann 叠加方法"和"陈氏加载法"两种转化方法。(a) Boltzmann 叠加方法是解决岩石线性黏弹性行为的一种处理方法。该方法假定每一级应力水平对试样最终变形的贡献都是独立的,最终变形是各级应力水平所引起的变形的线性叠加。因而该方法一般只适用于线性蠕变。(b) 陈氏加载法是由陈宗基教授提出并由其学生发展起来的一种蠕变曲线处理方法。通过采用适当的试验技术与方法,用做图法建立真实变形过程的叠加关系,不论这种后效影响是线性的还是非线性的均适用。相对于 Boltzmann 叠加方法,陈氏加载法的适用范围更广。

　　陈氏加载法的基本原理如图 3-35 所示。假设对矸石充填材料试样进行分级加载,每级应力增量为 $\Delta\sigma$,对试样进行第一级加载并达到蠕变稳定阶段(即从时间 $t=t_0$ 到 $t=t_1$),若试验进行到时间 t_1 时不施加下一级应力,则由于此时试样已进入稳态蠕变,试样变形将继续沿虚线进行。因此,对试样施加应力 $\Delta\sigma$ 的效果是发生了虚线与实线之间的附加变形[如图 3-35(b)所示]。以第一级应力在时间 $t=t_0$ 到 $t=t_1$ 阶段引起的变形作为基础,在其上叠加下一级应力作用下产生的附加变形,得到一次性加载应力 $2\Delta\sigma$ 下在时间 $t=t_0$ 到 $t=t_1$ 阶段的蠕变曲线;继续进行梯级加载,可在前一级的蠕变曲线上做同样的处理,得到一次性加载为 $\sigma_n=n\Delta\sigma$ 的蠕变曲线,最终可由一个试样的分级加载蠕变曲线得到 n 个不同应力作用下的分别加载蠕变曲线。

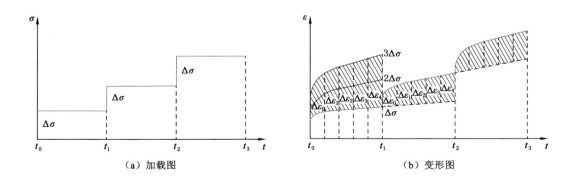

（a）加载图　　　　　　　　　　　（b）变形图

图 3-35　陈氏加载法基本原理示意图

3.5.1.2　试验方法与步骤

　　矸石充填材料蠕变压实特性试验流程如图 3-36 所示,其具体步骤如下所述。

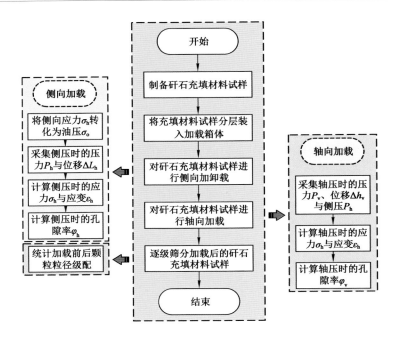

图 3-36　矸石充填材料蠕变压实特性试验流程

① 制备矸石充填材料试样。由于矸石充填材料蠕变压实特性试验仅考虑岩性的影响，为了兼顾破碎的充填材料质量与试验的方便性，对于每种岩性的试样，均以各粒径质量比1∶1的比例均匀混合进行试样制备。蠕变压实验试样制备方案见表 3-17。

表 3-17　蠕变压实试验试样制备方案

粒径范围 /mm	岩性	每种粒径的质量比					
		0～5 mm	5～10 mm	10～15 mm	15～20 mm	20～25 mm	25～30 mm
0～30	砂岩	1	1	1	1	1	1
	泥岩	1	1	1	1	1	1
	石灰岩	1	1	1	1	1	1
	页岩	1	1	1	1	1	1

② 将制备的充填材料试样分层装入加载箱体。

③ 对矸石充填材料试样进行侧向加载。

④ 对矸石充填材料试样进行轴向分级加载。

⑤ 逐级筛分加载后的矸石充填材料试样。

试验步骤②～⑤可参考矸石充填材料压实特性的双向加载试验流程。但步骤④的轴向加载应为轴向分级加载，并相对应设置试验的控制参数。

3.5.1.3　试验结果与分析

岩土材料的蠕变曲线一般分为两种类型，如图 3-37 所示。

由图 3-37 分析可知：

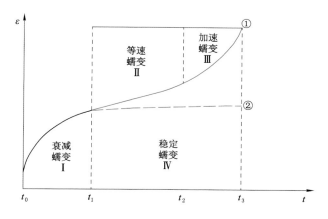

图 3-37 岩土材料蠕变过程曲线

① 当应力水平较低时,岩土材料在经历较短时间的衰减蠕变Ⅰ后,蠕变变形趋于稳定,从而进入稳定蠕变阶段Ⅳ。当加载多级应力水平时,岩土材料蠕变变形将经历衰减蠕变Ⅰ、等速蠕变Ⅱ及加速蠕变Ⅲ三个阶段,直到试样发生破坏;同时,对应的材料蠕变速率变化也包括三个阶段:蠕变速率衰减、稳定与加速阶段。

② 在蠕变速率衰减阶段,随着时间的增加,蠕变速率逐渐减小至某一常量;在蠕变速率稳定阶段,随着时间的增加,蠕变速率基本保持为零或大于零的常量;而在蠕变速率加速阶段,随着时间的增加,蠕变速率急速增高,直至岩土材料发生破坏。

根据 4.1 节的分级加载试验方案,开展了矸石充填材料蠕变压实试验,得到了矸石充填材料的分级加载曲线,如图 3-38 所示。

由图 3-38 分析可知:

① 矸石充填材料表现出明显的蠕变特性,且蠕变曲线均表现出一定的非线性特征;在相同的加载应力水平下,不同岩性下矸石充填材料试样的蠕变特性有所区别。

② 在各级加载应力水平下,矸石充填材料试样的蠕变曲线包括瞬时变形、衰减蠕变变形与稳定蠕变变形;在加载应力水平较低时,蠕变曲线在经历瞬时变形后速率开始衰减,经过一段时间后进入速率为零的稳定蠕变阶段,蠕变变形量不再变化;在加载应力水平较高时,蠕变曲线在经历瞬时变形后速率开始衰减,经过一段时间后进入速率不为零的稳定蠕变阶段(速率较低、变形幅度较小)。

③ 矸石充填材料试样的蠕变曲线未出现加速蠕变阶段,这是由于为真实反映现场充填材料的受力状态,散体充填材料双向加载试验系统边界设置为侧限。矸石充填材料试样未表现出类似于粗粒料三轴压缩时的剪切破坏现象。

通过"陈氏加载法"处理蠕变试验数据得到了不同加载应力下矸石充填材料蠕变曲线簇,如图 3-39 所示。

不同加载应力水平下矸石充填材料蠕变变形指标见表 3-18。

由图 3-39 与表 3-18 分析可知:

① 在相同加载应力水平下,4 种岩性矸石充填材料试样瞬时应变的大小分别为页岩、泥岩、石灰岩与砂岩,该结果表明破碎砂岩试样的抗变形能力最强,破碎页岩试样的抗变形能力最弱。这是由于砂岩本身的强度较高,而页岩裂隙与孔隙较发育、强度较低。

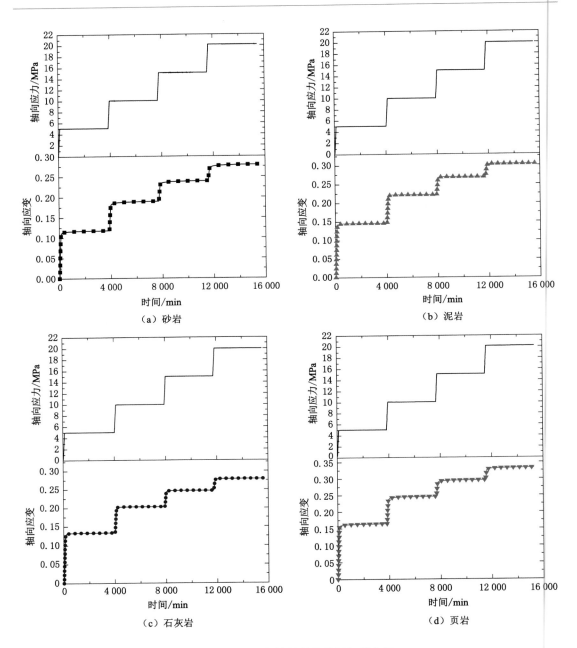

图 3-38　矸石充填材料的分级加载曲线

② 在相同加载应力水平下，4 种岩性矸石充填材料试样蠕变应变的大小分别为页岩、泥岩、石灰岩与砂岩，该结果表明破碎砂岩试样的蠕变变形最小，破碎页岩试样的蠕变变形最大。这是由于页岩本身的强度较低，其在蠕变压实时进一步发生块体旋转、滑移及破碎，从而产生较大的蠕变变形，而砂岩本身的强度较高，抗变形能力较强，其在后期的蠕变变形较小。

③ 对于同一种岩性的矸石充填材料，随着加载应力水平不断增加，试样的瞬时与蠕变

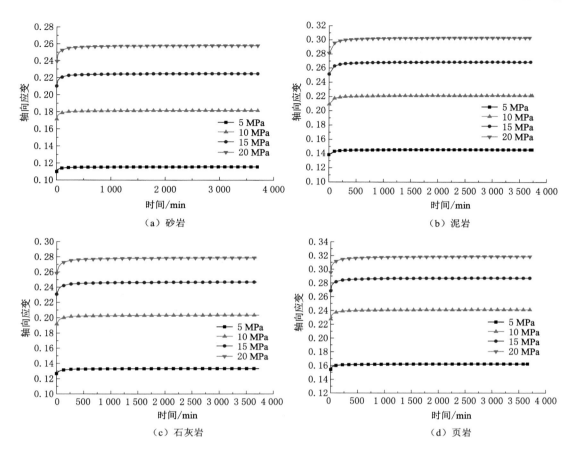

图 3-39 不同加载应力下矸石充填材料蠕变曲线簇

应变均逐渐增大。以破碎砂岩试样为例,当加载应力水平从 5 MPa 增加到 10 MPa、15 MPa
及 20 MPa 时,瞬时应变增加至 5 MPa 时的 1.56 倍、1.91 倍及 2.17 倍,而蠕变应变增加至
5 MPa 时的 1.79 倍、2.53 倍及 3.26 倍。由此可见,对于同一种岩性的试样,由于加载应力
水平的增加,试样的瞬时与蠕变应变均有不同程度的增加。

表 3-18 不同加载应力水平下矸石充填材料蠕变变形指标

岩性	加载应力水平/MPa	瞬时应变	蠕变应变
砂岩	5	0.109 8	0.005 8
	10	0.171 2	0.010 4
	15	0.210 1	0.014 7
	20	0.239 3	0.018 9
泥岩	5	0.138 4	0.007 2
	10	0.208 9	0.012 5
	15	0.251 3	0.017 6
	20	0.281 2	0.022 1

表 3-18(续)

岩性	加载应力水平/MPa	瞬时应变	蠕变应变
石灰岩	5	0.126 6	0.006 8
	10	0.191 7	0.011 6
	15	0.230 6	0.016 2
	20	0.258 3	0.020 3
页岩	5	0.154 1	0.009 8
	10	0.227 3	0.018 7
	15	0.268 4	0.027 4
	20	0.295 2	0.037 6

3.5.2 充填材料蠕变压实本构模型

目前,对于建立岩土材料蠕变本构模型的方法,应用最为广泛的是元件组合法。该方法基于各种力学元件,采用串并联原理,通过元件组合建立相应的岩土材料的蠕变本构模型。力学元件具有明确的物理意义,能够通过元件组合成任意蠕变本构模型。因此,基于元件组合法的适用性与实用性,采用该方法建立矸石充填材料的蠕变压实本构模型。

3.5.2.1 矸石充填材料分数阶 Burgers 模型

由矸石充填材料蠕变压实特性试验结果可知,对于不同岩性的矸石充填材料,其在不同加载应力水平下的蠕变曲线可划分为两个阶段:衰减蠕变阶段与稳定蠕变阶段,未出现明显的加速蠕变阶段。整数阶 Burgers 模型具有弹-黏-黏弹性特征,由 Maxwell 模型与 Kelvin 模型串联组合而成,能够综合反映岩土材料的瞬时弹性变形、衰减蠕变及变形速率为常数的稳定蠕变特征。但矸石充填材料在蠕变压实过程中颗粒之间容易发生破碎与滑移等现象,随时间变化的蠕变效应较为显著。虽然整数阶 Burgers 模型能够描述矸石充填材料蠕变压实特性,却不能反映加载应力水平下力学元件参数随着时间的增加而不断变化的性质。因此,将整数阶 Burgers 模型中的黏壶替换为 Abel 黏壶,可以更好地描述矸石充填材料蠕变曲线的非线性渐变过程,从而借助分数阶阶数来反映力学元件参数随着时间的增加而不断变化的性质。

改进的分数阶 Burgers 模型由分数阶 Maxwell 模型与分数阶 Kelvin 模型组成,其结构如图 3-40 所示。

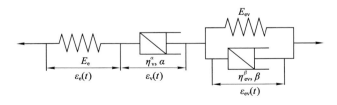

图 3-40 分数阶 Burgers 模型示意图

根据基本元件组合原理,分数阶 Burgers 模型的总应变 ε 为分数阶 Maxwell 模型与分数阶 Kelvin 模型的应变之和,而总应力 σ 与分数阶 Maxwell 模型、分数阶 Kelvin 模型的应力相等。分数阶 Burgers 模型的状态方程为:

$$
\begin{cases}
\sigma_e = E_e \varepsilon_e(t) \\
\sigma_v = \eta_v^\alpha \dfrac{d^\alpha \varepsilon_v(t)}{dt^\alpha} \ 0 \leqslant \alpha \leqslant 1 \\
\sigma_v = E_{ev} \varepsilon_{ev}(t) + \eta_{ev}^\beta \dfrac{d^\beta \varepsilon_{ev}(t)}{dt^\beta} \ 0 \leqslant \beta \leqslant 1 \\
\varepsilon = \varepsilon_e + \varepsilon_v + \varepsilon_{ev} \ \sigma = \sigma_e = \sigma_v = \sigma_{ev}
\end{cases} \tag{3-28}
$$

对式(3-28)进行求解,得到分数阶 Burgers 模型的本构方程为:

$$
\left[E_{ev} + \beta \frac{d^\beta}{dt^\beta} + \frac{E_e \alpha(\frac{d^\alpha}{dt^\alpha})}{E_e + \alpha(\frac{d^\alpha}{dt^\alpha})} \right] \sigma(t) = \left[\frac{(E_{ev} + \beta(\frac{d^\beta}{dt^\beta})) E_e \alpha(\frac{d^\alpha}{dt^\alpha})}{E_e + \alpha(\frac{d^\alpha}{dt^\alpha})} \right] \varepsilon(t) \tag{3-29}
$$

当 $\sigma(t) = \sigma_0$ 时,求解式(3-29)得到分数阶 Burgers 模型的蠕变方程为:

$$
\varepsilon(t) = \frac{\sigma_0}{E_e} + \frac{\sigma_0}{\eta_v^\alpha} \frac{t^\alpha}{\Gamma(1+\alpha)} + \frac{\sigma_0}{\eta_{ev}^\beta} t^\beta E_{\beta,\beta+1}\left(-\frac{E_{ev}}{\eta_{ev}^\beta} t^\beta\right) \tag{3-30}
$$

当元件串联时,总应变为各部分应变之和,而蠕变柔量也为各部分蠕变柔量之和,其具体表达式为:

$$
\varepsilon(t) = \sum \varepsilon_i(t) = J(t)\sigma_0 = \left(\sum J_i(t)\right)\sigma_0 \tag{3-31}
$$

进一步得到分数阶 Burgers 模型的蠕变柔量为:

$$
J(t) = \frac{1}{E_e} + \frac{1}{\eta_v^\alpha} \frac{t^\alpha}{\Gamma(1+\alpha)} + \frac{1}{\eta_{ev}^\beta} t^\beta E_{\beta,\beta+1}\left(-\frac{E_{ev}}{\eta_{ev}^\beta} t^\beta\right) \tag{3-32}
$$

同时,Mittag-Leffler 函数满足以下性质:

$$
\begin{cases}
E_{1,1}(z) = e^z \\
E_{\alpha,\beta}(z) = \dfrac{1}{\Gamma(\beta)} + z E_{\alpha,\alpha+\beta}(z)
\end{cases} \tag{3-33}
$$

联立式(3-32)与式(3-33),可得到分数阶 Burgers 模型的蠕变柔量为:

$$
J(t) = \frac{1}{E_e} + \frac{1}{\eta_v^\alpha} \frac{t^\alpha}{\Gamma(1+\alpha)} + \frac{1}{E_{ev}}\left[1 - E_{\beta,1}\left(-\frac{E_{ev}}{\eta_{ev}^\beta} t^\beta\right)\right] \tag{3-34}
$$

当 α、β 都为 1 时,式(3-34)就退化为整数阶 Burgers 模型的蠕变柔量:

$$
J(t) = \frac{1}{E_e} + \frac{t}{\eta_v^\alpha} + \frac{1}{E_{ev}}\left(1 - e^{-\frac{E_{ev}}{\eta_{ev}^\beta} t}\right) \tag{3-35}
$$

由式(3-34)、式(3-35)分别得到分数阶 Burgers 模型与整数阶 Burgers 模型的蠕变方程为:

$$
\begin{cases}
\varepsilon(t) = \dfrac{\sigma_0}{E_e} + \dfrac{\sigma_0}{\eta_v^\alpha} \dfrac{t^\alpha}{\Gamma(1+\alpha)} + \dfrac{\sigma_0}{E_{ev}}\left[1 - E_{\beta,1}\left(-\dfrac{E_{ev}}{\eta_{ev}^\beta} t^\beta\right)\right] \\
\varepsilon(t) = \dfrac{\sigma_0}{E_e} + \dfrac{\sigma_0 t}{\eta_e} + \dfrac{\sigma_0}{E_{ev}}\left(1 - e^{\frac{E_{ev}}{\eta_{ev}} t}\right)
\end{cases} \tag{3-36}
$$

对比整数阶与分数阶 Burgers 模型可知,整数阶 Burgers 模型中黏壶的黏性系数为常数,而分数阶 Burgers 模型中两个黏壶的黏性系数均随着时间不断变化。因此,分数阶 Burgers 模型能较好地描述矸石充填材料蠕变曲线的非线性渐变过程,并借助分数阶阶数来反映力学元件参数随着时间的增加而不断变化的性质。

由于式(3-34)中含有 Gamma 函数,形式较为复杂,应用不方便,且计算速度较慢,所以对式(3-34)进行简化。

令 $\beta = 1 - \gamma_\beta$,且 $0 \leqslant \gamma_\beta < 1$,则式(3-34)变为:

$$J(t) = \frac{1}{E_e} + \frac{1}{\eta_v^a} \frac{t^a}{\Gamma(1+\alpha)} + \frac{1}{E_{ev}}\left[1 - \sum_{p=0}^{\infty} \frac{\left(-\dfrac{E_{ev}}{\eta_{ev}^\beta} t^{(1-\gamma_\beta)}\right)^n}{\Gamma(\gamma_\beta p + 1)}\right] \tag{3-37}$$

由于矸石充填材料的蠕变过程与时间密切相关,因此,保留蠕变柔量的指数系数,仅对无穷级数内的 Gamma 函数进行简化,令 $\gamma_\beta = 0$,则式(3-37)变为:

$$J(t) = \frac{1}{E_e} + \frac{1}{\eta_v^a} \frac{t^a}{\Gamma(1+\alpha)} + \frac{1}{E_{ev}}\left[1 - \sum_{p=0}^{\infty} \frac{\left(-\dfrac{E_{ev}}{\eta_{ev}^\beta} t^{(1-\gamma_\beta)}\right)^n}{\Gamma(p + 1)}\right] \tag{3-38}$$

结合 Mittag-Leffler 函数的性质,最终得到分数阶 Burgers 模型蠕变方程为:

$$\varepsilon(t) = \frac{\sigma_0}{E_e} + \frac{\sigma_0}{\eta_v^a} \frac{t^a}{\Gamma(1+\alpha)} + \frac{\sigma_0}{E_{ev}}\left(1 - e^{\frac{E_{ev}}{\eta_{ev}^\beta} t^\beta}\right) \tag{3-39}$$

3.5.2.2　分数阶 Burgers 模型的三维蠕变方程

由弹塑性力学可知,三维应力状态下岩土材料的应力 σ_{ij} 可分解为各向等值应力(球应力张量 σ_m 与偏应力张量 S_{ij}),其具体表达式为:

$$\begin{cases} \sigma_m = \dfrac{1}{3}(\sigma_1 + \sigma_2 + \sigma_3) = \dfrac{1}{3}\sigma_{kk} \\[2mm] S_{ij} = \sigma_{ij} - \delta_{ij}\sigma_m = \sigma_{ij} - \dfrac{1}{3}\delta_{ij}\sigma_{kk} \\[2mm] \sigma_{ij} = S_{ij} + \dfrac{1}{3}\delta_{ij}\sigma_{kk} \end{cases} \tag{3-40}$$

同理,应变张量 ε_{ij} 也可分解为球应变张量 ε_m 与偏应变张量 e_{ij},其具体表达式为:

$$\begin{cases} \varepsilon_m = \dfrac{1}{3}\varepsilon_{kk} \\[2mm] e_{ij} = \varepsilon_{ij} - \dfrac{1}{3}\delta_{ij}\varepsilon_{kk} \\[2mm] \varepsilon_{ij} = e_{ij} + \delta_{ij}\varepsilon_m \end{cases} \tag{3-41}$$

式中,δ_{ij} 为 Kronecker 符号;σ_{kk}、ε_{kk} 为应力与应变第一不变量的张量形式。

球应力 σ_m 引起岩土材料的体积应变,而偏应力 S_{ij} 引起岩土材料的形状改变(偏应变)。Hoke 定律三维状态下的应力张量形式为:

$$\begin{cases} \sigma_m = 3K\varepsilon_m \\[2mm] S_{ij} = 2G e_{ij} \end{cases} \tag{3-42}$$

式中　K——体积模量;

　　　G——剪切模量。

体积、剪切模量与弹性模量 E、泊松比 μ 满足以下关系:

$$\begin{cases} K = \dfrac{E}{3(1-2\mu)} \\[2mm] G = \dfrac{E}{2(1+\mu)} \end{cases} \tag{3-43}$$

联立式(3-39)至式(3-43),得到三维状态下分数阶 Burgers 模型的蠕变方程为:

$$\varepsilon_{ij} = \frac{\sigma_m}{3K} + \frac{S_{ij}}{2G_e} + \frac{S_{ij}}{\eta_v^a} \frac{t^a}{\Gamma(1+\alpha)} + \frac{S_{ij}}{2G_{ev}}(1 - e^{-\frac{G_{ev}}{\eta_{ev}^\beta}t^\beta}) \tag{3-44}$$

在矸石充填材料蠕变压实过程中,近似认为 x 与 y 方向性质相同,则满足以下关系:

$$\sigma_v = \sigma_1 = \lambda\sigma_2 = \lambda\sigma_3 \tag{3-45}$$

式中 λ——侧压系数,可通过蠕变压实试验测得。

将式(3-45)代入式(3-44),可得分数阶 Burgers 模型的三维蠕变方程为:

$$\varepsilon(t) = \frac{\sigma_v(1+2\lambda)}{9K_e} + \frac{\sigma_v(1-\lambda)}{3G_e} + \frac{2\sigma_v(1-\lambda)}{3\eta_v^a} \frac{t^a}{\Gamma(1+\alpha)} + \frac{\sigma_v(1-\lambda)}{3G_{ev}}(1 - e^{-\frac{G_{ev}}{\eta_{ev}^\beta}t^\beta})$$

$$\tag{3-46}$$

3.5.2.3 分数阶 Burgers 模型参数辨识

由于分数阶 Burgers 模型蠕变方程式(3-46)中含有 Gamma 函数,所以其形式较为复杂。因此,采用 1stOpt 软件对分数阶 Burgers 模型的参数进行辨识。基于分数阶 Burgers 模型蠕变方程式(3-38),利用 1stOpt 软件中的通用全局优化算法对矸石充填材料蠕变数据进行非线性拟合。同时,为了验证分数阶 Burgers 模型对矸石充填材料蠕变特征的适用性与合理性,与整数阶 Burgers 模型进行对比分析。4 种岩性矸石充填材料蠕变数据拟合曲线如图 3-41 至图 3-44 所示。

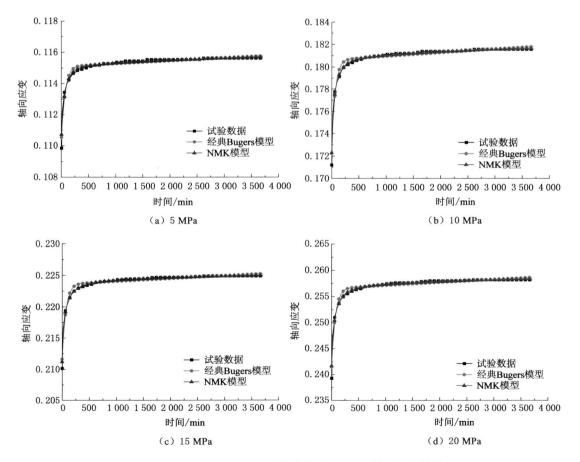

图 3-41　砂岩试样蠕变压实试验与分数阶 Burgers 模型拟合结果对比

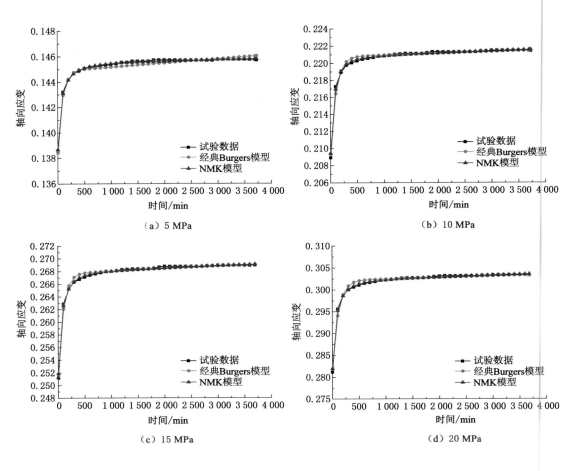

图 3-42　泥岩蠕变压实试验与分数阶 Burgers 模型拟合结果对比

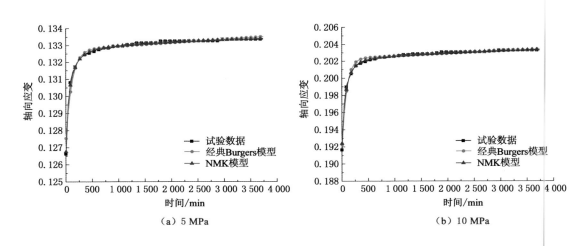

图 3-43　石灰岩蠕变压实试验与分数阶 Burgers 模型拟合结果对比

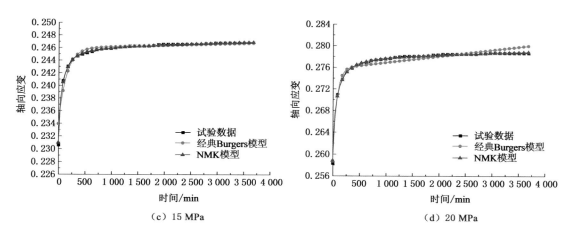

（c）15 MPa   （d）20 MPa

图 3-43 （续）

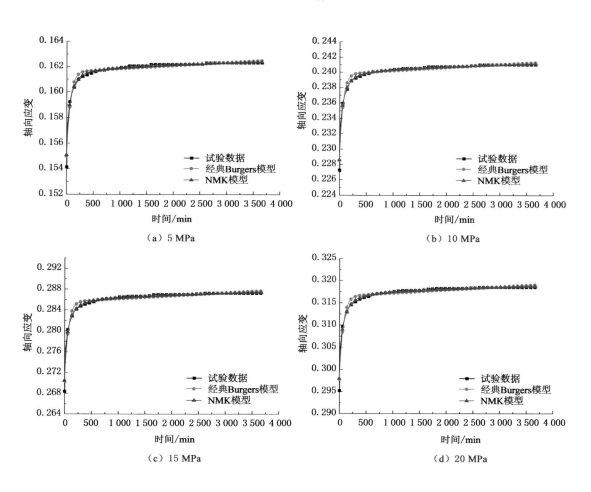

（a）5 MPa   （b）10 MPa

（c）15 MPa   （d）20 MPa

图 3-44 页岩蠕变压实试验与分数阶 Burgers 模型拟合结果对比

由图3-41至图3-44分析可知,整数阶Burgers模型与分数阶Burgers模型均能够反映矸石材料蠕变特性线的变化趋势。但相比较而言,利用分数阶Burgers模型获得的理论曲线与试验数据吻合度更高,说明建立的分数阶Burgers模型对矸石充填材料蠕变特征具有很好的适用性,从而进一步验证了分数阶Burgers模型的合理性。

3.5.2.4　4种岩性矸石充填材料蠕变数据的参数辨识结果

4种岩性矸石充填材料蠕变数据的参数辨识结果见表3-19。

表 3-19　分数阶 Burgers 模型参数辨识结果

岩性	加载应力水平/MPa	模型参数						
		K_e/MPa	G_e/MPa	η_e^α/MPa·min	α	G_{ev}/MPa	η_{ev}^β/MPa·min	β
砂岩	5	51.71	11.08	40 565.17	0.36	208.63	4 745.79	0.77
	10	74.61	15.99	71 385.55	0.38	267.21	3 454.55	0.66
	15	94.79	20.31	100 886.91	0.38	286.92	2 580.14	0.56
	20	115.26	24.69	91 656.83	0.38	320.48	4 405.27	0.65
泥岩	5	42.96	9.21	102 200.91	0.41	160.38	2 423.35	0.62
	10	63.05	13.51	94 408.95	0.41	225.64	7 560.23	0.80
	15	80.79	17.31	102 691.82	0.41	249.72	5 842.25	0.73
	20	99.67	21.36	119 849.65	0.42	276.31	5 880.19	0.70
石灰岩	5	46.43	9.95	39 469.59	0.35	185.16	3 535.08	0.68
	10	68.28	14.63	83 881.61	0.41	247.42	6 544.21	0.76
	15	87.52	18.75	77 833.25	0.37	271.31	4 387.80	0.65
	20	108.09	23.16	91 279.32	0.38	300.42	4 747.21	0.64
页岩	5	39.96	8.56	39 397.74	0.37	161.78	2 443.74	0.68
	10	59.43	12.74	57 574.21	0.38	216.12	2 590.17	0.64
	15	78.03	16.72	70 716.36	0.38	244.79	3 002.75	0.63
	20	96.88	20.76	81 490.26	0.38	271.68	3 470.95	0.63

3.6　充填材料颗粒破碎分形特征

3.6.1　颗粒破碎分形模型

颗粒堆积体的压实与颗粒破碎是一个能量耗散的过程,具有自相似的特征。因此可考虑用分形模型描述矸石的粒径分布。通过颗粒数量与特征尺度的联系,分形的一种基本定义为:

$$N \propto r^{-D} \tag{3-47}$$

其中 N 为特征尺度(如颗粒半径)大于 r 的颗粒的数量, D 为分形维数。若记 r_m 为最小半径, N_m 为半径大于 r_m 的颗粒数量(即颗粒总数),由式(3-47)可知:

$$\frac{N}{N_\mathrm{m}} = \left(\frac{r}{r_\mathrm{m}}\right)^{-D} \tag{3-48}$$

根据粒径和对应颗粒的数量频率可求出分形维数 D，但是筛分试验一般是按照质量比例计算粒径级配，统计各粒径对应的颗粒数量并不方便。因此需要找出粒径与质量的关系。Turcotte 引入了质量比例服从 Weibull 分布的假设，即满足：

$$\frac{M(r)}{M_\mathrm{T}} = 1 - \exp\left(-\left(\frac{r}{\sigma}\right)^\alpha\right) \tag{3-49}$$

其中，$M(r)$ 为半径小于 r 的颗粒质量；M_T 为总质量；σ 与平均尺寸相关。假设 $r/\sigma \ll 1$，则式（3-49）可按级数展开后简化为：

$$\frac{M(r)}{M_\mathrm{T}} = \left(\frac{r}{\sigma}\right)^\alpha \tag{3-50}$$

对式（3-50）求导：

$$\mathrm{d}M \propto r^{\alpha-1}\mathrm{d}r \tag{3-51}$$

同样对式（3-47）求导：

$$\mathrm{d}N \propto r^{-D-1}\mathrm{d}r \tag{3-52}$$

颗粒数量与质量的关系为：

$$\mathrm{d}N \propto r^{-3}\mathrm{d}M \tag{3-53}$$

由式（3-51）至式（3-52）可知：

$$\alpha = 3 - D \tag{3-54}$$

至此可求出分形维数 D，以上由 Turcotte 给出的推导中包含了 $r/\sigma \ll 1$ 的假设，可能会限制适用性。为排除该假设，仍然从颗粒数量与粒径的分形关系出发，重写式（3-47），粒径大于 d 的颗粒数量为：

$$N(x > d) = Cd^{-D} \tag{3-55}$$

其中 C 为比例系数，粒径小于 d 的颗粒质量可表示为：

$$M_d(x < d) = \int_{d_\mathrm{m}}^{d} s\rho x^3\mathrm{d}N(x) \tag{3-56}$$

其中，s 为颗粒形状系数；r 为密度；d_m 为最小粒径。注意到：

$$\mathrm{d}N(x) = CDx^{-D-1}\mathrm{d}x \tag{3-57}$$

将式（3-57）代入式（3-56）有：

$$M_d(x < d) = \frac{CDs\rho}{3 - D}(d^{3-D} - d_\mathrm{m}^{3-D}) \tag{3-58}$$

记 d_M 为最大粒径，则试样总质量为：

$$M_\mathrm{T} = M_d(x < d_\mathrm{M}) = \frac{CDs\rho}{3 - D}(d_\mathrm{M}^{3-D} - d_\mathrm{m}^{3-D}) \tag{3-59}$$

粒径级配曲线上的累积质量比例可表示为：

$$\frac{M_d(x < d)}{M_\mathrm{T}} = \frac{d^{3-D} - d_\mathrm{m}^{3-D}}{d_\mathrm{M}^{3-D} - d_\mathrm{m}^{3-D}} \tag{3-60}$$

假设最小粒径 $d_\mathrm{m} = 0$，对于破碎矸石和煤颗粒，该假设是合理的，式（3-60）变为：

$$\frac{M_d(x < d)}{M_\mathrm{T}} = \left(\frac{d}{d_\mathrm{M}}\right)^{3-D} \tag{3-61}$$

式（3-61）表示在双对数坐标下，$\lg(M_d/M_\mathrm{T})$-$\lg(d/d_\mathrm{M})$ 直线的斜率为 $3-D$。由筛分数据拟

合 $\lg(M_d/M_T)-\lg(d/d_M)$ 直线后即可求得 D。

3.6.2 颗粒破碎分形规律

3.6.2.1 试验仪器

矸石的分形特性试验使用长春科新 YAS-5000 型液压试验机。该试验机最大试验力 5 000 kN,其主机为移动横梁式结构,其压缩空间可调节。下压板制成小车式可沿着导轨运动,便于大型试件的装卸。

为盛放矸石试样并实现侧限压缩条件,设计了圆柱形压实钢筒。厚壁圆筒承受内压时,筒壁内最大切向应力为:

$$\sigma_\theta = \frac{\frac{b^2}{a^2}+1}{\frac{b^2}{a^2}-1}q_a \tag{3-62}$$

式中,a、b 分别为圆筒内径、外径,q_a 为筒壁承受的内压。

固体充填采煤技术中常用的矸石最大粒径为 50 mm,一般认为容器尺寸应不小于颗粒最大粒径的 5 倍,故选定筒壁内径为 250 mm。设计试验轴向应力最大为 20 MPa,侧压系数取 0.7。把这些参数代入式(3-62)计算得壁厚为 11.5 mm 时筒壁内最大切向应力为 159.48 MPa,按屈服极限 235 MPa 计算,其安全系数为 1.47,故最终采用外径 273 mm、壁厚 12 mm 的无缝钢管加工筒身。为便于清理试样,底座和筒身采用法兰连接。钢筒深 305 mm,用于传递压力的活塞板厚 40 mm,最大有效装料高度为 265 mm。YAS-5000 液压试验机和压实钢筒如图 3-45 所示。试验前后的试样筛分使用 JGJ-52 方孔石子筛完成。

图 3-45　YAS-5000 液压试验机和压实钢筒

3.6.2.2 试验方案和试样

将三种大块完整煤岩样捣碎成粒径不超过 50 mm 的破碎试样,用公称粒径 2.5 mm、10 mm、16 mm、20 mm、25 mm、31.5 mm 和 40 mm 的方孔石子筛逐级筛分,并称量筛余质量,计算每一级筛面上试样的质量占总质量的百分比,其结果见表 3-20。

表 3-20 试样初始粒径级配

岩性	粒级/mm	2.5～10 0～10(煤)	10～16	16～20	20～25	25～31.5	31.5～40	40～50
砂岩	质量/kg	19.62	24.58	19.48	62.64	45.80	52.70	45.00
	比例/%	7.27	9.11	7.23	23.22	16.97	19.54	16.67
砂质泥岩	质量/kg	18.64	20.78	12.56	43.02	37.64	52.70	59.88
	比例/%	7.60	8.48	5.12	17.54	15.35	21.49	24.42
煤	质量/kg	36.20	21.64	11.58	22.86	15.42	23.08	35.64
	比例/%	21.75	13.01	6.96	13.73	9.26	13.86	21.42

为研究轴向应力、岩性和级配情况对压实特性的影响规律,对每一种破碎岩样进行了多种级配和多种轴向应力条件下的压实试验,共进行了 48 次试验。破碎矸石的压实力学特性试验方案如表 3-21 所示。

表 3-21 破碎矸石的压实力学特性试验方案

岩性	粒径范围/mm	轴向应力/MPa				
砂岩 砂质泥岩	2.5～50(人工破碎级配)	2	5	10	15	20
	2.5～16(均匀混合)	—	—	10	15	20
	20～31.5(均匀混合)	2	5	10	15	20
	31.5～50(均匀混合)	2	5	10	15	20
煤	0～50(人工破碎级配)	2	5	10	—	—
	0～16(均匀混合)	2	5	10	—	—
	20～31.5(均匀混合)	2	5	10	—	—
	31.5～50(均匀混合)	2	5	10	—	—

注:此处"均匀混合"是指各粒级含量相同。

根据表 3-21 所示的要求,将破碎岩样按照表 3-20 中的比例混合成人工破碎级配试样,等比例混合成均匀混合试样。为减小试样与压实钢筒内侧壁的摩擦带来的影响,首先在内壁充分涂抹润滑脂,然后将混合后的试样经充分摇匀后自然倾倒入压实钢筒,最后抹平表面,盖上盖板,测量试样装料高度。

设置 YAS-5000 液压试验机以 1 kN/s 的速率加载至设计的轴向应力,并记录加载过程中的位移和试验力。试验结束后取出试样,再次使用方孔石子筛逐级筛分和称量,得到压实后的粒径级配情况。

3.6.2.3 分形维数变化规律

在每次压实试验中,均有颗粒破碎现象发生。即使单轴抗压强度较强的砂岩,在经过

2 MPa应力的侧限压缩后，仍可观察到较为明显的颗粒破碎，如图 3-46 所示。

（a）压实前　　　　　　　（b）压实后（应力为2 MPa）

图 3-46　矸石压实的颗粒破碎现象

根据压实后筛分称量的数据，以筛网孔径为横坐标，以过筛率（通过某一级筛网的试样质量/试样总质量）为纵坐标，在半对数坐标中画出压实前后的粒径级配曲线，如图 3-47 至图 3-49所示。

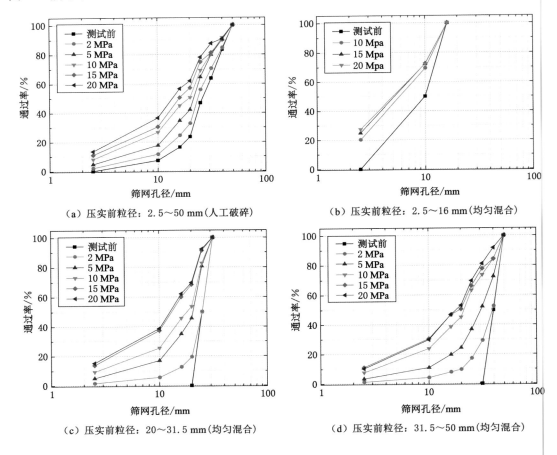

（a）压实前粒径：2.5～50 mm（人工破碎）　　　（b）压实前粒径：2.5～16 mm（均匀混合）

（c）压实前粒径：20～31.5 mm（均匀混合）　　　（d）压实前粒径：31.5～50 mm（均匀混合）

图 3-47　砂岩压实前后的粒径级配曲线

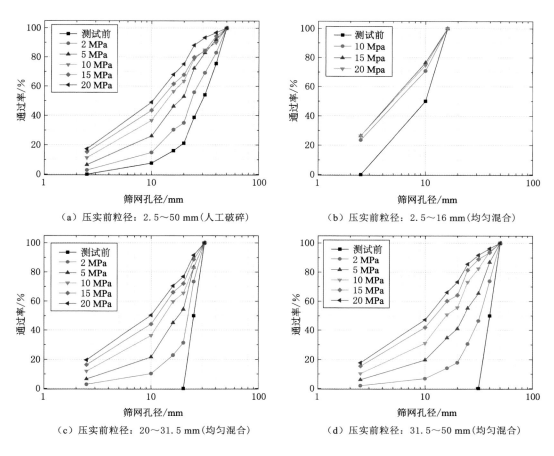

（a）压实前粒径：2.5～50 mm（人工破碎）

（b）压实前粒径：2.5～16 mm（均匀混合）

（c）压实前粒径：20～31.5 mm（均匀混合）

（d）压实前粒径：31.5～50 mm（均匀混合）

图 3-48　砂质泥岩压实前后的粒径级配曲线

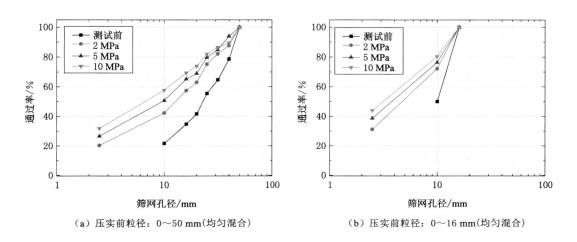

（a）压实前粒径：0～50 mm（均匀混合）

（b）压实前粒径：0～16 mm（均匀混合）

图 3-49　煤压实前后的粒径级配曲线

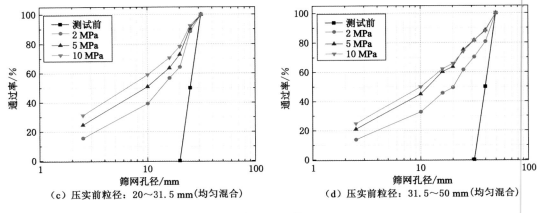

（c）压实前粒径：20～31.5 mm（均匀混合）　　（d）压实前粒径：31.5～50 mm（均匀混合）

图 3-49　（续）

从图 3-47 至图 3-49 可知，各试样的粒径级配曲线在压实后均较压实前向上偏移，表明细颗粒含量增加，有颗粒破碎现象发生，且颗粒破碎程度随应力增大加剧，颗粒的单轴抗压强度越低，颗粒破碎程度就越高。

采用分形模型描述试样的颗粒压实破碎现象。重新整理粒径级配数据后，按式（3-61）进行拟合，得到三种岩性试样在不同压实应力水平下的分形维数，见表 3-22 至表 3-24。

表 3-22　破碎砂岩的粒径级配分形维数

压实前粒径范围/mm	应力水平/MPa	级配分形维数 D	R^2
2.5～50（人工破碎）	0	1.719	0.968
	2	1.945	0.968
	5	2.167	0.955
	10	2.309	0.971
	15	2.391	0.969
	20	2.473	0.959
2.5～16（均匀混合）	10	2.172	0.999
	15	2.272	0.999
	20	2.303	1.000
20～31.5（均匀混合）	2	−0.200	0.995
	5	1.507	0.981
	10	1.834	0.986
	15	2.000	1.000
	20	2.252	0.984
31.5～50（均匀混合）	2	0.352	0.997
	5	1.554	0.998
	10	2.194	0.988
	15	2.310	0.990
	20	2.346	0.976

表 3-23 破碎砂质泥岩的粒径级配分形维数

压实前粒径范围/mm	应力水平/MPa	级配分形维数 D	R^2
2.5～50(人工破碎)	0	1.534	0.992
	2	1.995	0.983
	5	2.333	0.956
	10	2.467	0.958
	15	2.532	0.962
	20	2.611	0.908
2.5～16(均匀混合)	10	2.235	1.000
	15	2.328	0.993
	20	2.313	0.997
20～31.5(均匀混合)	2	0.934	0.973
	5	1.792	0.987
	10	2.152	0.996
	15	2.319	0.994
	20	2.416	0.991
31.5～50(均匀混合)	5	2.077	0.993
	10	2.391	0.966
	15	2.524	0.952
	20	2.594	0.928

表 3-24 破碎煤样的粒径级配分形维数

压实前粒径范围/mm	应力水平/MPa	级配分形维数 D	R^2
0～50(人工破碎)	0	2.073	0.997
	2	2.498	0.991
	5	2.598	0.989
	10	2.654	0.987
0～16(均匀混合)	2	2.353	0.998
	5	2.475	0.998
	10	2.552	1.000
20～31.5(均匀混合)	2	2.188	0.987
	5	2.403	0.989
	10	2.528	0.994
31.5～50(均匀混合)	2	2.281	0.993
	5	2.522	0.993
	10	2.556	0.996

表 3-23 至表 3-24 中的相关系数 R^2 为 0.908～1.000，表明各试样破碎后的粒径级配具有较好的分形特征。三种岩性试样经人工破碎（人工捣碎）后的粒径级配表现出分形特征。表 3-23 中出现了－0.200 的分形维数，可能是筛分称量误差所致，排除该数值后，各试样破碎后分形维数范围为 0.352～2.654。

分形维数与应力的关系如图 3-50 至图 3-52 所示。

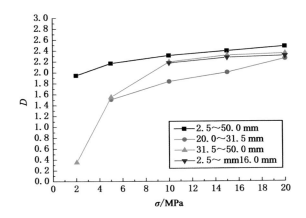

图 3-50　砂岩粒径级配分形维数随应力的变化规律

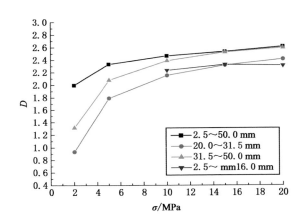

图 3-51　砂质泥岩粒径级配分形维数随应力的变化规律

由图 3-50 至图 3-52 可知，对于砂岩和砂质泥岩，20～31.5 mm 和 31.5～50 mm 粒径试样的 D 值在应力小于 10 MPa 时增加较快，应力超过 10 MPa 之后其增长趋于平缓。在相同粒径级配、相同应力的条件下，D 值随岩石抗压强度降低而升高，其中煤的 D 值在应力为 2 MPa 时即可达到 2.0 以上，在 10 MPa 时即与砂岩和砂质泥岩的相当。随着应力升高，各试样的 D 值均升高，但都趋向于 2.5 附近的定值，表明若应力继续升高，各试样的粒径级配将趋于一致，颗粒破碎也将不再大量发生。这是因为当颗粒破碎发展到一定程度时，试样中的粒径级配接近于某一理想分布，试样进入密实状态，该状态下颗粒之间建立了充分的接触,经过破碎后颗粒形状也有所改善,颗粒破碎难以继续发生,颗粒间的紧密接触也使颗粒重新排列变得困难,随后试样整体变形将缓慢增长。

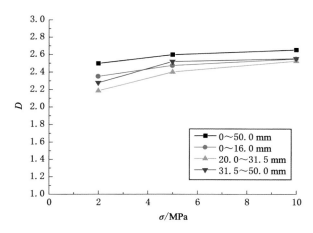

图 3-52　煤粒径级配分形维数随应力的变化规律

4 深部充填开采岩层移动和地表沉陷规律

在深部围岩环境影响下,充填材料压实过程将呈现出更加复杂的力学行为特征。当充填材料被充填入井下采空区后,其作为主要承载体与充填采煤液压支架协同控制顶板变形、上覆岩层运动及地表沉陷。因此,分析深部充填开采岩层移动特征,研究深部充填开采地表沉陷规律,提出深部充填开采岩层控制质量保障方法,能够为深部充填开采岩层移动与地表沉陷控制提供理论支撑。

4.1 深部围岩环境材料力学行为

4.1.1 深部围岩环境特征

深部煤炭资源开采进入 1 000～2 000 m 后,其围岩环境发生显著变化。由于深部岩体承受着上覆岩层自重产生的垂直应力以及地质构造产生的构造应力,最终导致较高的地应力,并随之产生较高的渗透压。深部条件下的地温也将越来越高。深部围岩环境具有高地应力、高地温及高渗透压(三高)特征。同时,在"三高"环境作用下,深部岩体易发生大变形,开采扰动性极强。因此,与浅部开采相比,深部开采围岩环境具有"三高一扰动"的基本特征(如图 4-1 所示),这给深部煤炭资源安全开采带来巨大挑战。

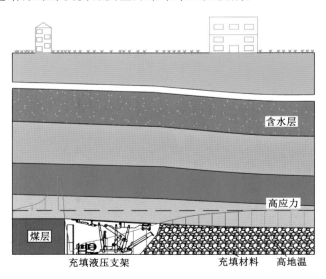

图 4-1 深部围岩环境示意图

4.1.1.1 高地应力

进入深部开采以后,仅重力引起的垂直原岩应力(>20 MPa)通常就超过岩体的抗压强度,而由于深部煤炭资源开采所引起的集中应力大小(>40 MPa)则更是远大于岩体的强度。同时,深部岩体形成地质年代久远,留有远古构造运动的痕迹,其中存有构造应力场或残余构造应力场。二者的叠合累积形成高应力区,在深部岩体中产生了异常地应力场。深部高地应力环境会使得充填材料的压缩变形量比浅部充填的更加明显,如图 4-2 所示。

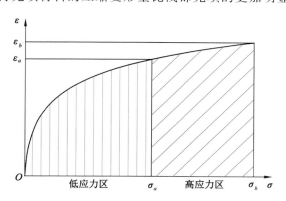

图 4-2 深部高地应力环境下充填材料应力-应变示意图

4.1.1.2 高地温

岩体地温随深度增加呈现增大趋势,其地温梯度一般为 $3\sim5$ ℃/hm;在常规情况下其地温梯度为 3 ℃/hm。岩体在超出常规温度环境下,表现出的力学、变形性质与常规环境条件下差别较大。地温可以使岩体热胀冷缩破碎,而且岩体内温度变化 1 ℃可产生 $0.4\sim0.5$ MPa 的地应力变化。温度升高导致的地应力变化对岩体的力学特性产生显著的影响。深部高地温环境使得充填材料微裂隙发育、微孔隙扩展及热胀冷缩破碎,相比常温环境充填材料压缩变形量较大,如图 4-3 所示。

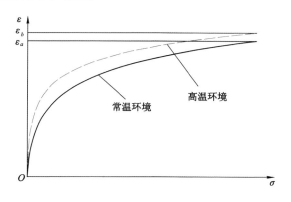

图 4-3 深部高地温环境下充填材料应力-应变示意图

4.1.1.3 高渗透压

进入深部以后,地应力增大,同时伴随着渗透压的升高。在开采深度超过 1 000 m 的深部,渗透压高达 7 MPa。渗透压的升高,将使得深部岩体结构的有效应力升高,并驱动裂隙扩展,导致矿井突水、瓦斯突出等重大工程灾害。高渗透压促进充填材料颗粒间空隙扩展,使其整体骨架结构重排,从而影响充填材料承载力学性能。

4.1.1.4 强开采扰动

深部开采巷道在承受高地应力的同时,经受数倍、甚至近十倍于原岩应力的支承压力作用,深部岩体呈现出大变形、大地压、难支护的特征。浅部原岩体多处于弹性应力状态,而深部原岩体处于塑性状态,即有各向不等压的原岩应力引起的压、剪应力超过岩石的强度,造成岩石的破坏。强开采扰动将引起扰动应力或冲击应力波,影响充填材料的整体结构稳定性,对充填材料承载变形及性能产生影响。

由于目前开采深度下地温对充填材料力学行为影响较小,只研究高地应力、高渗透压对充填材料力学行为的影响规律。

4.1.2 高地应力影响充填材料力学行为

为研究深部高地应力影响充填材料力学行为,开展了充填材料承载压缩特性试验。通过改变轴向应力和加载速率2个主控因素,分析不同应力加载条件下的充填材料力学响应规律。

4.1.2.1 试验装置

结合国家能源行业标准《固体充填材料压实特性测试方法》,并参考粗粒土压缩试验规程要求,试样整体的最小尺寸与试样中最大颗粒粒径之比不小于5。当散体充填材料颗粒最大粒径为30 mm时,有效试样空间的长、宽、高均应大于150 mm。充填材料承载压缩试验系统如图4-4所示。该系统主要由轴向加载系统、加载箱体和数据监测与采集系统三部分组成。

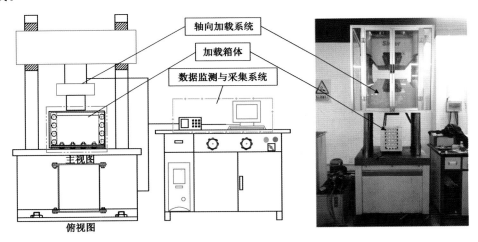

图 4-4　充填材料承载压缩试验系统

4.1.2.2 试验方案

单因素轮换试验具体测试内容详见表4-1。其中,轴向应力设置 5 MPa、10 MPa、15 MPa、20 MPa四个水平;加载速率设置 1 kN/s、5 kN/s、10 kN/s、15 kN/s四个水平。

表 4-1　单因素轮换试验方案

试样编号	轴向应力/MPa	加载速率/(kN/s)
i-1	5	
i-2	10	
i-3	15	1
i-4	20	
i-5		1
i-6	20	5
i-7		10
i-8		15

4.1.2.3　轴向应力影响充填材料力学行为

（1）不同轴向应力下的压缩变形规律

根据试样 i-1～i-4 承载压缩时的试验数据，绘制如图 4-5(a)所示不同轴向应力下散体充填材料的应力-应变曲线，同时并将承载压缩试验后拆除加载箱体 4 块侧板后的各试样表面孔隙分布照片整理汇总，如图 4-5(b)所示。

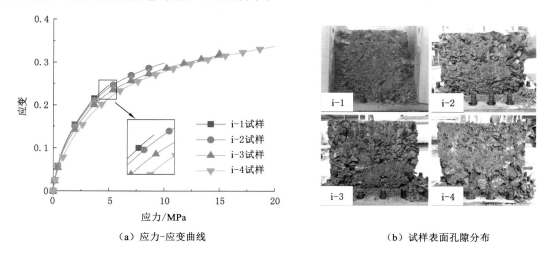

（a）应力-应变曲线　　　　　　　　　　（b）试样表面孔隙分布

图 4-5　试样 i-1～i-4 的应力-应变曲线及表面孔隙分布

由图 4-5(a)分析可知：试样 i-1～i-4 的应力-应变曲线变化规律类似，且四条曲线几乎重合，这主要由于轴向应力的大小是影响试样轴向应变的直接因素。i-1、i-2、i-3 三组试样的轴向应力属于 i-4 试样轴向应力的一部分，因此，其应力-应变曲线也与 i-4 试样的前期类似。根据 i-1 试样试验结果可知在 5 MPa 应力下试样应变约为 0.25，其曲线基本属于快速变形阶段；根据 i-2 试样试验结果可知在 10 MPa 应力下试样应变约为 0.3，其曲线进入缓慢变形阶段；根据 i-3 试样试验结果可知在 15 MPa 应力下试样应变约为 0.32，其曲线已经进入缓慢变形阶段。试样的应变随着应力的增加逐渐增加，但其增加量在逐渐减小。

根据图 4-5(b)试样实拍照片可知：随着轴向应力的增加，试样表面的孔隙逐渐减小，表面逐渐致密;在i-4试样的表面明显出现了试样颗粒因与压实箱体侧板摩擦、滑移而产生的磨平现象,其形成的方块体稳定性强,颗粒间咬合力大。i-1试样的表面照片显示:试样因轴向应力较低,颗粒间未形成足够的咬合力,不能形成稳定的方块体结构,表面颗粒在加压箱体撤掉侧板后迅速滑落,所形成的孔隙也很多,压实效果较差。

（2）不同轴向应力下的颗粒破碎行为

充填材料在承载压缩过程中发生了颗粒破碎现象,进而导致矸石颗粒粒径分布发生变化。i-1～i-4试样压缩前后各粒组质量占比情况如图4-6所示。

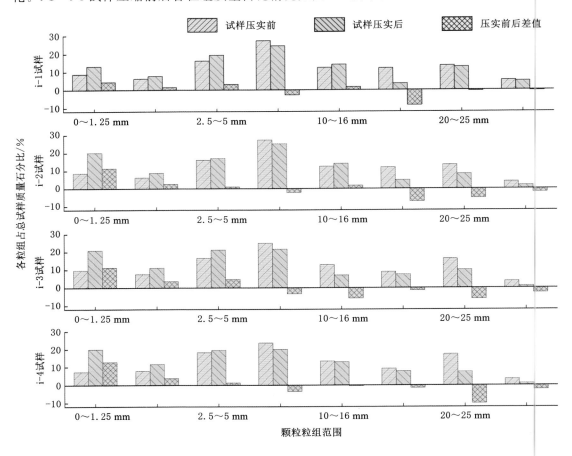

图 4-6　i-1～i-4 试样压缩前后各粒组质量占比

由图 4-6 分析可知:随着轴向应力增加,颗粒破碎量呈现增加趋势。对于 i-1 试样（最大轴向应力为 5 MPa）和 i-2 试样（最大轴向应力为 10 MPa）,16～20 mm 粒组在压缩前后变化均较大,这说明轴向应力小于等于 10 MPa 时 16～20 mm 粒组为"主消耗粒组",该区间颗粒破碎明显。对于 i-3 试样（最大轴向应力为 15 MPa）和 i-4 试样（最大轴向应力为 20 MPa）,随着轴向应力的增加,"主消耗粒组"由 16～20 mm 粒组转变为 20～25 mm 粒组。同时,除 10～15 mm 粒组外,小于 5 mm 的粒组在 i-1～i-4 试样试验中均保持净增;随着轴向应力的增加,0～1.25 mm 粒组的净增量呈现不断增加并趋于稳定的趋势,而 2.5～5 mm 粒组的净增量呈现减小趋势。以上分析在一定程度上表明,散体充填材料在轴向加压过程中,最先破碎的粒组为 16～20 mm,此时 20 mm 以上粒径的散体充填材料表现出相比 16～20 mm 粒组更强的承压能力,而 20 mm 以上粒径的散体充填材料主要在轴压大于等于 10 MPa 时发生破碎。

4.1.2.4　加载速率影响充填材料力学行为

（1）不同加载速率下的压缩变形规律

根据试样 i-5～i-8 承载压缩时的试验数据,绘制如图 4-7（a）所示不同加载速率下散体充填材料的应力-应变曲线,同时并将承载压缩试验后拆除加载箱体 4 块侧板后的各试样表面孔隙分布照片整理汇总,如图 4-7（b）所示。

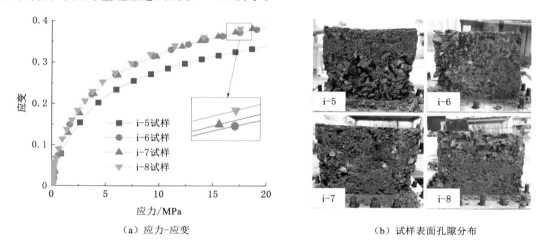

（a）应力-应变　　　　　　　　　　　（b）试样表面孔隙分布

图 4-7　试样 i-5～i-8 应力-应变曲线及表面孔隙分布

由图 4-7（a）分析可知:试样 i-5～i-8 的应力-应变曲线变化规律类似;加载速率越低,试样在相同应力水平下应变越小。在 20 MPa 轴向应力水平下,各试样轴向应变为 i-5（1 kN/s）＜ i-6（5 kN/s）＜i-7（15 kN/s）＜i-8（20 kN/s）。除 i-5 试样外,i-6、i-7、i-8 三组试样应力-应变曲线几乎重合,这表明当加载速率大于 5 kN/s 时,其速率变化对试样应变值影响较小。通过图 4-7（a）放大图可以看出,在应力达到 20 MPa 时,随着加载速率的增大,应变也随之增加。这主要是较小的加载速率,导致试样颗粒间的相对运动缓慢,容易形成稳定的接触结构,因而应变较小;而较大的加载速率,产生对颗粒的冲击作用,导致颗粒间的相对运动变快,难以形成颗粒间接触结构,因而变形较大。因此,在相同的应力水平下,加载速率越大,矸石充填材料应变越大。

从图 4-7（b）试样实拍照片可知:i-5 试样表面存在较多的颗粒滑脱表面,形成了较多的孔隙结构;随着加载速率的增加,试样表面孔隙逐渐减少,且形成的方块体结构也更加稳定,这说明了试样"应变越大,孔隙越小,咬合力越强"的规律。

（2）不同加载速率下的颗粒破碎行为

充填材料在承载压缩过程中发生了颗粒破碎现象,进而导致矸石颗粒粒径分布发生变化。i-5～i-8 试样压缩前后各粒组质量占比情况如图 4-8 所示。

由图 4-8 可知:随着加载速率的增大,颗粒破碎量越来越少。对于 i-5～i-8 四个试样,0～5 mm 范围内粒组均保持"净增加"状态,10～30 mm 范围内粒组均保持"净消耗"状态;

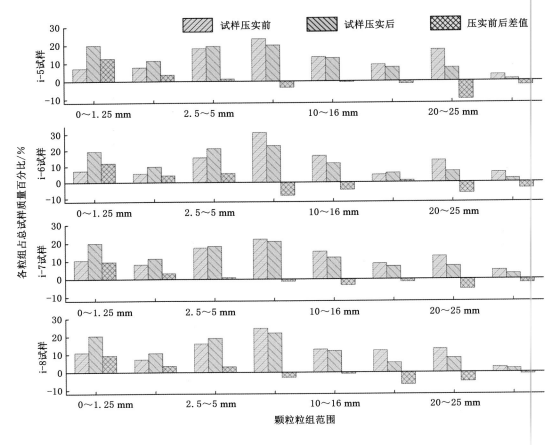

图 4-8　试样 i-5～i-8 压缩前后各粒组质量占比

其中,0～1.25 mm 粒组为主要增加的粒组;这说明矸石颗粒破碎主要发生在 10～30 mm 范围内的粒组,破碎后的粒径大小主要为 0～1.25 mm。在保持"净消耗"状态的 10～30 mm 范围中,在 i-5～i-7 试样试验中的"主消耗粒组"均为 20～25 mm 粒组,但随着加载速率的增加,20～25 mm 粒组的净消耗量逐渐下降,直至加载速率增加为 15 kN/s 后(见 i-8 试样),其净消耗量已小于 16～20 mm 粒组。随着加载速率增加,16～20 mm 粒组相较 20～25 mm 粒组表现出更高的破碎率。当加载速率大于 10 kN/s 时,16～20 mm 粒组为"主消耗粒组"。这表明较低的加载速率有利于大粒径颗粒(＞20 mm)的破碎,而在较高的加载速率情况下,16～20 mm 粒组将更易发生破碎。

4.1.3　高渗透压影响充填材料力学行为

为研究高渗透压影响充填材料力学行为,采用实验室试验与数值模拟相结合的手段开展散体充填材料渗流-力学耦合作用研究,主要分析轴压和水压共同作用影响充填材料力学响应规律。

4.1.3.1　充填材料渗流-力学试验研究

结合深部高岩溶水压环境,设计充填材料渗流-力学耦合测试试验,分析轴压和水压对充填材料力学行为的影响规律。

（1）试验装置

散体充填材料渗流-力学耦合测试系统由加载系统、水压供给及控制系统、渗透仪系统、数据采集与分析系统等组成，结构示意如图 4-9 所示。

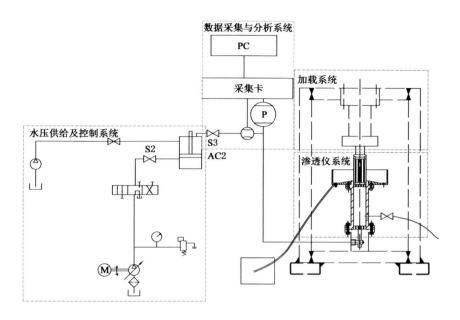

图 4-9　散体充填材料渗流-力学耦合测试系统

（2）试验方案

充填材料渗流-力学试验方案详见表 4-2。其中，轴压设置 4 MPa、6 MPa、8 MPa、10 MPa、16 MPa、20 MPa 六个水平，水压设置 2 MPa、3 MPa、4 MPa、5 MPa、6 MPa、7 MPa、8 MPa 七个水平。根据以上轴压和水压分别对 0～5 mm、5～10 mm、10～15 mm、15～20 mm 四种粒径矸石试样逐级施加，所选轴压范围从 4 MPa 到 20 MPa，所选水压范围从 2 MPa 到 8 MPa，以满足地下承压水的水压范围。轴压采用循环加载的方式，即一级轴压下的渗流完毕后，接着加载下一级别的轴压进行渗流试验。当所加水压在 7 MPa 下仍不过水（水流量稳态时为零，稳态指短时间内流量达到一个稳定值）即可停止加载轴压。为满足后续对渗透率和非达西因子的拟合，每次轴压下至少需要加四级水压。为节省时间，当满足上述要求，水流量又没有突变时，即可进行下一级轴压的加载。

表 4-2　充填材料渗流-力学试验方案

试验序号	矸石粒径/mm	轴压/MPa	水压/MPa
i-1	0～5	4、6、8、10、16、20	2、3、4、5、6、7、8
i-2	5～10	4、6、8、10、16、20	2、3、4、5、6、7、8
i-3	10～15	4、6、8、10、16、20	2、3、4、5、6、7、8
i-4	15～20	4、6、8、10、16、20	2、3、4、5、6、7、8

（3）水压与轴压耦合作用下孔隙率及渗流参数变化规律

每次轴向加载后,充填材料都会产生一定位移。根据渗透仪中充填材料的初始高度和产生新的位移以及装料的质量和密度,可以计算其每一级轴压下的孔隙率:

$$\varphi = 1 - (m/\rho)/\pi \cdot R^2 \cdot (H_0 - S_0) \qquad (4\text{-}1)$$

式中　φ——压实后的孔隙率;

　　　m——装料质量;

　　　R——渗透仪的半径;

　　　H_0——初始高度;

　　　S_0——每一级轴压下对应的位移。

试样渗流时,设 P_1 为渗流入口端孔隙压力,P_2 为渗流出口端孔隙压力,且 $P_2 = 0$,则煤矸石试样在高度为 h 时的压力梯度为:

$$G_p = -\frac{P_2 - P_1}{h} = \frac{P_1}{h} \qquad (4\text{-}2)$$

式中　G_p——每级水压下的孔压梯度,Pa/m。

渗透率 k 和非达西因子 β 可根据 Forchheimer 非达西定律公式得到:

$$-G_p = \frac{\mu v}{k} + \rho \beta v^2 \qquad (4\text{-}3)$$

式中　μ——流体的黏滞系数,Pa·s;

　　　v——渗流速度,m/s;

　　　k——渗透率,m^2;

　　　ρ——渗透液密度,kg/m^3;

　　　β——非达西因子,m^{-1}。

不同粒径矸石在不同轴压下孔隙率的变化曲线如图 4-10 所示。

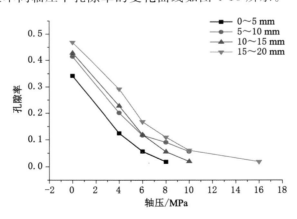

图 4-10　不同粒径矸石孔隙率随轴压的变化曲线

从图 4-10 中分析可知:不同粒径矸石孔隙率随轴压的变化趋势一致;随着轴压的增大,孔隙率越来越小。在 0～6 MPa 范围内孔隙率变化幅度较大,6 MPa 后孔隙率变化较为平缓。矸石的粒径越大,相同轴压水平下孔隙率越大,这表明粒径大的矸石内部初始空隙较多。

不同粒径矸石渗透率、非达西因子与轴压的关系曲线如图 4-11 所示:

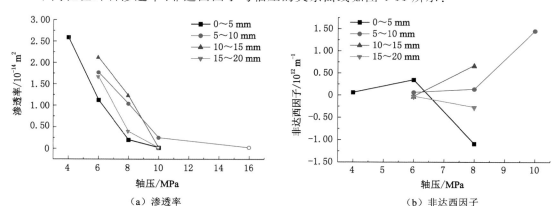

（a）渗透率　　　　　　　　　　（b）非达西因子

图 4-11　不同粒径矸石渗透率、非达西因子与轴压的关系曲线

从图 4-11 中分析可知:渗透率随着轴压的增加而降低,渗透率量级在 $10^{-14} \sim 10^{-15}$ m²,达到充填隔水的渗透率要求。非达西因子有正有负,但非达西因子的绝对值随着粒径的增加有减小趋势,说明小粒径试样的密实度较高,颗粒间孔隙小,随着水压力梯度的增加,流速增加减慢,而大粒径试样的密实程度较低,颗粒间孔隙大,在水压力增大到一定情况下更容易形成新的渗流通道,从而产生较大的渗流速度。

4.1.3.2　充填材料渗流-力学模拟研究

（1）模拟方法和方案

充填材料渗流-力学耦合模拟是通过 COMSOL 软件中固体力学物理场和多孔介质地下水流体中的 Brinkman 物理场实现。由试验的所用钢桶尺寸建立高 0.21 m、直径 0.1 m 的二维模型,如图 4-12 所示。模型两侧设定辊支撑边界,为不可流动边界;模型下端设定固定约束,上端为自由边界,并可以对钢桶施加相应的轴向压力。根据不同轴向压力下产生的形变,将是转换为充填材料相应的杨氏模量和泊松比。根据模型压缩产生的位移对充填材料孔隙率改变的方程、渗透率与孔隙率的拟合公式附入模型中,实现模型参数适时调整。同时在模型下边界施加不同的水压力,进行应力-渗流耦合模拟,可以得到不同水压下模型内部的渗流情况。充填材料渗流-力学耦合模拟模型如图 4-12 所示。该模型共划分 4 162 个域单元和 172 个边界单元。

模拟时选用 5～10 mm 粒径矸石,保持轴压 8 MPa 不变。按照 2 MPa、3 MPa、4 MPa、5 MPa、6 MPa、7 MPa 逐级递增水压,来分析不同水压下充填材料的渗流特性。

（2）不同水压下充填材料渗流特性

通过对 5～10 mm 粒径矸石施加 8 MPa 轴向应力,然后对模拟模型施加不同的水压力,得到如图 4-13 和图 4-14 所示的渗流场演化规律。

由图 4-13 和图 4-14 可知:水压越大,渗流速度越大,渗透压也越大。但是渗流速度高于实验室测试结果,这是因为实验室测试样品的非均质性更强,相同水压下渗流通道更复杂,渗流速度也就更大。随着水压越大,模拟模型上部出口水压力越大,压力梯度也越大,这说明水压对于渗流场分布起到了重要作用。

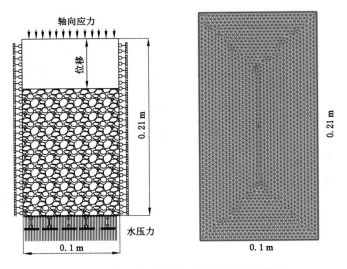

图 4-12　充填材料渗流-力学耦合模拟模型

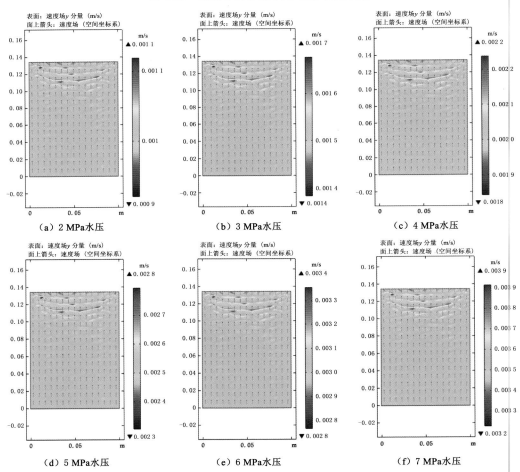

图 4-13　不同水压下渗流场流速分布

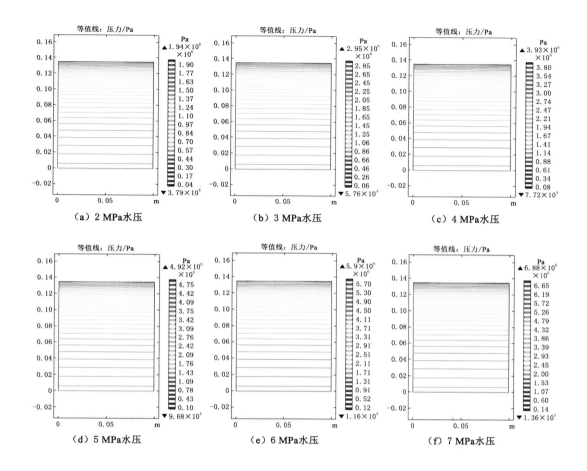

图 4-14　不同水压下渗流场压力分布

4.2　深部充填开采岩层移动特征

4.2.1　充填体协同支架控顶理论分析

基于充填材料力学行为,通过构建充填开采煤壁-充填支架-充填体耦合控顶力学模型,求解充实率与支架工作阻力的关系,分析不同充实率、覆岩破断形态、顶板厚度、顶板岩性等对支架阻力及顶板挠度的影响规律,以期揭示充填体协同支架控顶机制。

4.2.1.1　充填充实率与岩层破断关系

岩层破断高度是岩层破断程度在竖直方向上的直观表征。破断岩块长度或岩层破断跨距是岩层破断程度在水平方向上的直观表征。垂直和水平方向两个维度共同决定了破断岩层向下施加的自重载荷。采矿活动将煤体从完整岩层中剥离,致使围岩受到不同程度的扰动,进而形成应力的重新分布。采用垮落法处理采空区时,上覆岩层在工作面推进方向上发生周期性破断,同时在垂直方向上形成垮落带、裂隙带和弯曲下沉带。采用充填法处理采空区时,充填体取代煤体重新占据采空区空间,使得其岩层移动特征发生了本质变化,而充填体充实率的大小决定了上覆岩层的运动特征及垮落形态。充填体充实率较低时,充填开采后的岩层破坏形态具有垮落带、裂隙带和弯曲下沉带;充填体充实率较高时,充填开采后的岩层破坏形态只有裂隙带和弯曲下沉带。

当充填体充实率较低时,充填开采工作面煤壁上方岩层发生破断形成砌体梁结构,煤壁、充填支架与充填体的受力主要来源于高度 H_1 和长度 l_1 的覆岩结构[如图 4-15(a)所示];当充填体充实率较高时,煤壁、充填支架与充填体的受力主要同样来源于高度 H_2 和长度 l_2 的覆岩结构[如图 4-15(b)所示]。由高、低充实率下的覆岩结构可以看出,高度 H_2 小于 H_1,长度 l_2 大于 l_1,该结构形式决定了工作面上方受到的载荷。高充实率下的充填体承载性能大于低充实率的充填体承载性能,充填材料的承载特性将影响岩层变形,进而影响到工作面支架工作阻力。因此,充填支架的工作阻力主要取决于上覆岩层破断形式与充填体的承载特性,需要建立煤壁-充填支架-充填体耦合控顶力学模型,分析不同充实率下支架的合理工作阻力。

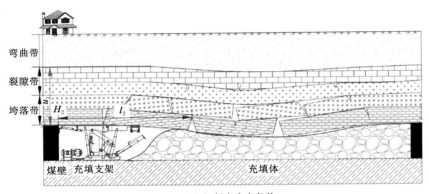

（a）低充实率条件

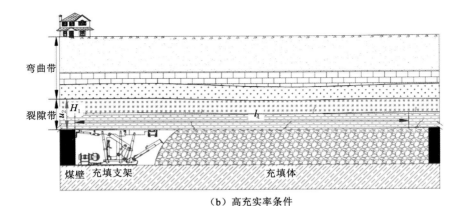

（b）高充实率条件

图 4-15　不同充实率下岩层破断情况对比图

4.2.1.2　充填开采煤壁-充填支架-充填体耦合控顶模型

（1）煤壁-充填支架-充填体耦合控顶力学模型

煤壁-充填支架-充填体耦合控顶模型可以简化为由弹性地基支撑的煤壁、抛物线载荷形式的充填支架、空顶区及弹性地基支撑充填体四部分组成的梁模型，如图 4-16 所示。煤壁上方的载荷可简化为一次函数的形式 $q_1(x)$；采空区及支架上方载荷可简化为均布载荷形式 $q_c(x)$；煤壁与充填体的弹性地基系数分别为 k_c 与 k_g；充填支架前顶梁的载荷形式为 $q_2(x)$；充填支架后顶梁的载荷形式为 $q_3(x)$。基于图 4-16 中不同充实率岩层破断形态，高、低充实率的主要区别在于梁的右侧边界条件（自由端、固支端）、充填体地基系数 k_g、均布载荷 $q_c(x)$ 及采空区悬顶长度 L_5。

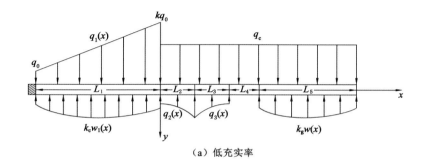

图 4-16　煤壁-充填支架-充填体耦合控顶力学模型

在 $-L_1 \leqslant x \leqslant 0$ 段，顶板的挠度微分方程为：

$$EI \frac{\mathrm{d}^4 w_1(x)}{\mathrm{d}x^4} + k_c w_1(x) = q_1(x) \tag{4-4}$$

式中　E——顶板弹性模量，GPa；

　　　I——梁的惯性矩；

　　　k_c——煤的地基系数，N·m^{-3}；

　　　$q_1(x)$——梁受到的载荷，N·m^{-2}。

顶板上方的载荷 $q_1(x)$ 形式可写为：

$$q_1(x) = \frac{(k-1)q_0}{L_1}x + kq_0 \tag{4-5}$$

式中　k——应力集中系数，无量纲。

特征系数取 $\alpha = \sqrt[4]{\dfrac{k_c}{4EI}}$，求解微分方程式（4-5），可得 $-L_1 \leqslant x \leqslant 0$ 段顶梁挠度为：

$$w_1(x) = e^{-\alpha x}[A_1 \cos(\alpha x) + B_1 \sin(\alpha x)] +$$

$$e^{\alpha x}[C_1 \cos(\alpha x) + D_1 \sin(\alpha x)] + \frac{(k-1)q_0 x + L_1 k q_0}{k_c L_1} \tag{4-6}$$

在 $0 < x \leqslant L_2$ 段，顶梁的挠度的微分方程为：

$$EI \frac{d^4 w_2(x)}{dx^4} + q_2(x) = q_c \tag{4-7}$$

其中，$q_2(x)$ 的表达式如下：

$$q_2(x) = a_1 x^2 + b_1 x + c_1 \tag{4-8}$$

可得在 $0 < x \leqslant L_2$ 段顶梁的挠度为：

$$w_2(x) = -\frac{a_1 x^6 + 3b_1 x^5 + 15c_1 x^4 - 15q_c x^4}{360EI} +$$

$$\frac{A_2 x^3}{6} + \frac{B_2 x^2}{2} + C_2 x + D_2 \tag{4-9}$$

同理在 $L_2 < x \leqslant L_2 + L_3$ 段、$L_2 + L_3 < x \leqslant L_2 + L_3 + L_4$ 段、$L_2 + L_3 + L_4 < x \leqslant L_2 + L_3 + L_4 + L_5$ 段，顶梁的挠度方程 $w_3(x)$、$w_4(x)$、$w_5(x)$ 分别为：

$$\begin{cases} w_3(x) = -\dfrac{a_2 x^6 + 3b_2 x^5 + 15c_2 x^4 - 15q_c x^4}{360EI} + \\ \qquad \dfrac{A_3 x^3}{6} + \dfrac{B_3 x^2}{2} + C_3 x + D_3 \\ w_4(x) = \dfrac{q_c}{24EI} + \dfrac{A_4 x^3}{6} + \dfrac{B_4 x^2}{2} + C_4 x + D_4 \\ w_5(x) = e^{-\beta x}[A_5 \cos(\beta x) + B_5 \sin(\beta x)] + \\ \qquad e^{\beta x}[C_5 \cos(\beta x) + D_5 \sin(\beta x)] + \dfrac{q_c}{k_g} \end{cases} \tag{4-10}$$

其中，特征系数取 $\beta = \sqrt[4]{\dfrac{k_g}{4EI}}$，$k_g$ 为充填材料的地基系数，$N \cdot m^{-3}$。

弹性地基系数的定义如下：

$$k_g = \frac{E_g}{h_g} \tag{4-11}$$

式中　E_g——岩层弹性模量，GPa；

　　　　h_g——岩层厚度，m。

顶梁任意截面的转角 $\theta(x)$，弯矩 $M(x)$ 以及剪力 $Q(x)$ 与挠度 $w(x)$ 的关系式为：

$$\begin{cases} \theta(x) = \dfrac{dw(x)}{dx} \\ M(x) = -EI \dfrac{dw^2(x)}{dx^2} \\ Q(x) = -EI \dfrac{dw^3(x)}{dx^3} \end{cases} \tag{4-12}$$

由顶梁各段之间的边界条件、连续性条件，可得：

$$\begin{cases} w_1(0) = 0 \\ \theta_1(0) = 0 \\ w_1(0) = w_2(0) \\ \theta_1(0) = \theta_2(0) \\ M_1(0) = M_2(0) \\ Q_1(0) = Q_2(0) \\ w_2(L_2) = w_3(L_2) \\ \theta_2(L_2) = \theta_3(L_2) \\ M_2(L_2) = M_3(L_2) \\ Q_2(L_2) = Q_3(L_2) \\ w_3(L_2 + L_3) = w_4(L_2 + L_3) \\ \theta_3(L_2 + L_3) = \theta_4(L_2 + L_3) \\ M_3(L_2 + L_3) = M_4(L_2 + L_3) \\ Q_3(L_2 + L_3) = Q_4(L_2 + L_3) \\ w_4(L_2 + L_3 + L_4) = w_5(L_2 + L_3 + L_4) \\ \theta_4(L_2 + L_3 + L_4) = \theta_5(L_2 + L_3 + L_4) \\ M_4(L_2 + L_3 + L_4) = M_5(L_2 + L_3 + L_4) \\ Q_4(L_2 + L_3 + L_4) = Q_5(L_2 + L_3 + L_4) \end{cases} \tag{4-13}$$

图 4-16 模型中右侧高、低密实率情况的边界条件分别如下:

$$\begin{cases} w_5(L_2 + L_3 + L_4 + L_5) = 0 \\ \theta_5(L_2 + L_3 + L_4 + L_5) = 0 \end{cases} \quad \begin{cases} M_5(L_2 + L_3 + L_4 + L_5) = 0 \\ Q_5(L_2 + L_3 + L_4 + L_5) = 0 \end{cases} \tag{4-14}$$

由式(4-12)、(4-13)、(4-14),代入具体的工程参数,可解得各段参数 A_1,B_1,A_2,B_2,C_2,D_2,A_3,B_3,C_3,D_3,A_4,B_4,C_4,D_4,A_5,B_5,C_5,D_5,并由此可得到梁各处的挠度及应力大小。

(2) 支架合理阻力

充填支架顶梁受到的载荷形式为二次抛物线的形式,如图 4-17 所示。

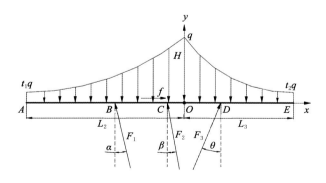

图 4-17　支架前、后顶梁均受凹曲线载荷形式示意图

根据几何关系,具有以下关系:

$$\begin{cases} -\dfrac{b_1}{2a_1} = -L_2 \\ q_1(-L_2) = t_1 q \\ q_1(0) = q \\ -\dfrac{b_2}{2a_2} = L_3 \\ q_2(L_2) = t_2 q \\ q_2(0) = q \end{cases} \qquad (4\text{-}15)$$

由上式(4-15),可得:

$$\begin{cases} a_1 = \dfrac{(t_1-1)}{3L_1^2}q, b_1 = \dfrac{2(t_1-1)}{3L_1^2}q, c_1 = q \\ a_2 = \dfrac{(t_2-1)}{3L_2^2}q, b_2 = \dfrac{2(t_2-1)}{3L_2^2}q, c_2 = q \end{cases} \qquad (4\text{-}16)$$

由支架平衡状态方程,可得:

$$q = \begin{cases} \dfrac{F_1\cos(\alpha)}{0.50+4.22t_1+0.51t_2} \\ \dfrac{F_2\cos(\beta)}{1.09-1.51t_1-2.11t_2} \\ \dfrac{F_3\cos(\theta)}{0.69+3.47t_2} \end{cases} \qquad (4\text{-}17)$$

支架的工作阻力在顶板即将发生破断时急剧增大。合理的工作阻力应能承载顶板发生破断时产生的应力,即满足:

$$M_2(-L_2) = \dfrac{2[\sigma]I_z}{h} \qquad (4\text{-}18)$$

由式(4-13)、式(4-16)、式(4-17)、式(4-18),可求得支架工作阻力表达式为:

$$\begin{cases} F_1 = \dfrac{0.18L_1^2(2EHL_2I_zA_2-2EHI_zB_2-L_2^2Hq_c-4[\sigma]I_z)(442t_1+51t_2+50)}{HL_2^2\cos\alpha(t_1L_2^2+18L_1^2-L_2^2-4t_1L_2+4L_2)} \\ F_2 = \dfrac{0.18L_1^2(2EHL_2I_zA_2-2EHI_zB_2-L_2^2Hq_c-4[\sigma]I_z)(442t_1+51t_2+50)}{HL_2^2\cos\alpha(t_1L_2^2+18L_1^2-L_2^2-4t_1L_2+4L_2)} \\ F_3 = \dfrac{0.18L_1^2(2EHL_2I_zA_2-2EHI_zB_2-L_2^2Hq_c-4[\sigma]I_z)(69+347t_2)}{HL_2^2\cos\alpha(t_1L_2^2+18L_1^2-L_2^2-4t_1L_2+4L_2)} \end{cases}$$

$$(4\text{-}19)$$

4.2.1.3　充填体协同支架控顶关键因素分析

在充填开采中主要由煤壁、支架与充填体耦合协同控制顶板变形及运动。本节主要分析讨论上覆岩层载荷集度 q_c、煤壁地基系数 k_c、支架前立柱阻力 F_1 对顶板变形的影响规律,揭示煤壁-支架-充填体耦合协同控顶机理。

（1）上覆岩层载荷集度 q_c 对顶板变形影响

取上覆岩层载荷集度 q_c 范围为 $1\times10^5\sim2.5\times10^6$ N·m^{-2},可得高、低充实率下顶梁挠度、弯矩与上覆岩层载荷的三维分布如图 4-18 和图 4-19 所示。

由图 4-18(a)可以看出,高充实率下顶梁挠度分布呈抛物曲面状,并在采空区中部位置达到最大值;随着 q_c 由 1.3×10^5 N·m^{-2} 增至 2.5×10^6 N·m^{-2},顶梁挠度随之呈非线性增

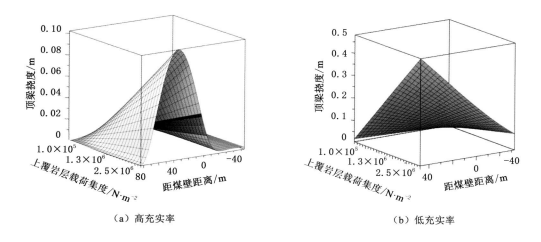

（a）高充实率　　　　　　　　　　　　（b）低充实率

图 4-18　不同充实率下上覆岩层载荷集度与顶梁挠度关系

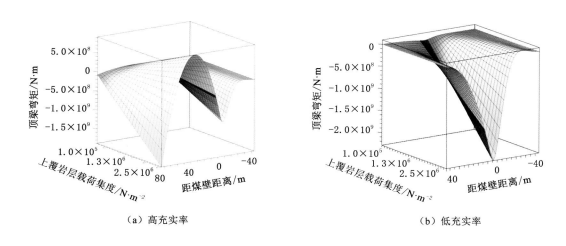

（a）高充实率　　　　　　　　　　　　（b）低充实率

图 4-19　不同充实率下上覆岩层载荷集度与顶梁弯矩关系

大；距煤壁 30 m 位置顶梁挠度增幅达 78%。对比图 4-18（a）和图 4-18（b）可知，采空区中部位置高充实率下顶梁挠度最大值是低充实率下相同位置的 1/3。

由图 4-19 可以看出，高、低充实率下的顶梁弯矩分布形态具有明显差异性：高充实率下顶梁最大弯矩发生在充填段末端（由于边界条件固支的原因），而充实率较低下顶梁最大弯矩发生在煤壁前方。在高充实率条件下，随着 q_c 由 1.3×10^5 N·m^{-2} 增至 2.5×10^6 N·m^{-2}，顶梁弯矩随之呈非线性增大，充填段末端顶梁弯矩增幅达 138%，而低充实率下距煤壁 -6 m 位置顶梁弯矩增幅为 92%。由此可见，不同充实率下上覆岩层破断结构形态不同，所形成的不同载荷集度将直接影响顶板的变形和受力分布特征，从而影响支架立柱载荷。

（2）煤壁地基系数 k_c 对顶板变形影响

取煤壁地基系数 k_c 范围为 $1 \times 10^7 \sim 1 \times 10^8$ N·m^{-3}，可得高、低充实率下顶梁挠度、弯矩与煤壁地基系数的三维分布如图 4-20 和图 4-21 所示。

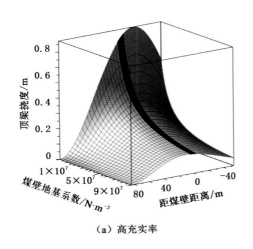

（a）高充实率

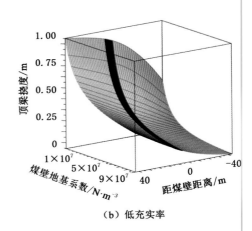

（b）低充实率

图 4-20　不同充实率下煤壁地基系数与顶梁挠度关系

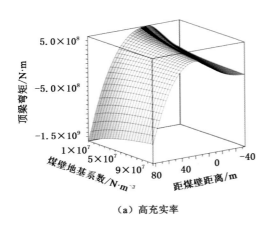

（a）高充实率

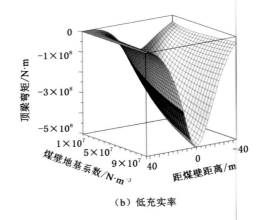

（b）低充实率

图 4-21　不同充实率下煤壁地基系数与顶梁弯矩关系

由图 4-20 可知，在高充实率下，当煤壁地基系数小于充填地基系数时，顶梁挠度最大位置将向煤壁内部转移；当 k_c 由 1×10^7 N·m^{-3} 增至 1×10^8 N·m^{-3} 时，高充实率下距煤壁 4 m 处顶梁挠度减幅为 76%。在低充实率下，煤壁地基系数 k_c 对顶梁挠度的影响较小，其主要原因是充填段边界为自由端，其挠度远大于煤壁段挠度。

由图 4-21 可知，高充实率下顶梁最大弯矩发生在充填段末端（由于边界条件是固支）；当 k_c 由 1×10^7 N·m^{-3} 增至 1×10^8 N·m^{-3} 时，充填段末端顶梁弯矩非线性减小，其减幅仅为 31%。而当充实率较低时，顶梁最大弯矩发生在煤壁前方；当 k_c 由 1×10^7 N·m^{-3} 增至 1×10^8 N·m^{-3} 时，顶梁弯矩随之呈非线性增大，距煤壁 -8 m 位置顶梁弯矩增幅达 235%。

（3）支架前立柱阻力 F_1 对顶板变形影响

取支架前立柱阻力 F_1 范围为 $5 \times 10^5 \sim 2 \times 10^6$ N，可得高、低充实率下顶梁挠度、弯矩与

支架前立柱阻力 F_1 的三维分布如图 4-22 和图 4-23 所示。

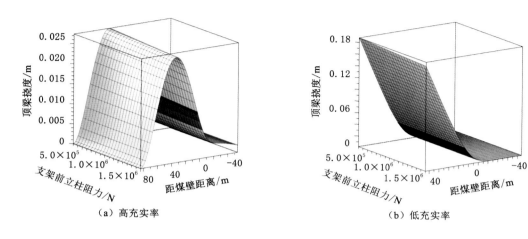

（a）高充实率　　　　　　　　　（b）低充实率

图 4-22　不同充实率下支架前立柱阻力与顶梁挠度关系

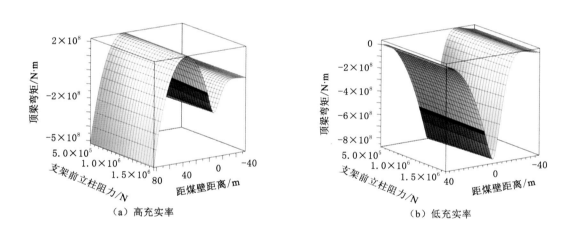

（a）高充实率　　　　　　　　　（b）低充实率

图 4-23　不同充实率下支架前立柱阻力与顶梁弯矩关系

由图 4-22 和图 4-23 可知,支架前立柱阻力 F_1 在所研究取值范围内对顶梁变形、弯矩的影响较小;随着 F_1 从 5×10^5 N 增至 2×10^6 N,高、低充实率下在距煤壁 4 m 处顶梁挠度减幅仅为 32%、7%,高、低充实率下相同位置顶梁弯矩增幅仅为 52%、2%。支架前立住阻力对顶板的变形、受力分布特征影响程度较小主要是由于支架所承载顶板的范围相对于整个顶板模型长度较小。

4.2.2　深部充填采场矿压显现数值分析

由充填体协同支架控顶理论分析可知,充填体可有效控制上覆顶板移动与破断,进而影响着工作面矿压显现特征。矿井进入深部开采后,高地应力条件下充填工作面矿压显现规律尚不明确。采用数值模拟的手段研究深部充填采场矿压显现规律。选用 FLAC^{3D} 数值模拟软件,模拟某深部煤矿充填工作面在充实率为 40％、60％、80％、90％等条件下矿压显现规律,分析深部充填工作面应力场分布特征及迁移规律。模型尺寸(长×宽×高)为 350 m× 225 m×200 m,工作面推进长度为 250 m,工作面宽度为 115 m,四边分别留 50 m 宽的边界煤柱。模型岩层力学参数见表 4-3。分别在煤层中部、基本顶中部以及煤层上覆岩层 35 m 处顶板沿推进方向布置了测线(测线 1、2、3)。每条测线上每隔 5 m 布置一个测点,如图 4-24 所示。

表 4-3 模型岩层力学参数

岩性	力学特征						
	体积模量 /GPa	剪切模量 /GPa	密度 10³ /kg·m⁻³	抗拉强度 /MPa	内聚力 /MPa	内摩擦角 /(°)	厚度 /m
细砂岩	26.52	13.67	2.6	2.5	3.1	30	20
粉砂岩	24.36	15.32	2.6	1.1	1.26	32	4
石灰岩	30.95	15.12	2.7	3	4	38	8
粉砂岩	20.99	13.82	2.6	1.1	1.26	32	16
泥岩	8.93	6.15	2.1	2.1	2.26	30	3
粉砂岩	13.58	8.94	2.6	1.1	1.26	36	5
细砂岩	16.67	10.48	2.5	2.5	3.1	34	4
粉砂岩	22.46	12.20	2.6	1.1	1.26	32	4
泥岩	6.90	4.96	2.2	2.1	2.26	30	2
3 煤	4.76	3.28	1.38	1.8	1.96	28	3
粉砂岩	18.67	11.20	2.4	1.1	1.26	30	21
细砂岩	27.19	11.83	2.5	2.5	3.1	32	5
粉砂岩	20.83	11.90	2.6	1.1	1.26	34	5
中砂岩	31.48	12.88	2.8	3.1	8.3	36	2
粉砂岩	23.02	11.24	2.5	1.1	1.26	32	6
泥岩	8.33	5.74	2.2	2.1	2.26	30	8
粉砂岩	17.33	10.40	2.4	1.1	1.26	32	4
细砂岩	19.44	11.11	2.5	2.5	3.1	34	7
泥岩	9.62	6.05	2.2	2.1	2.26	36	6
粉砂岩	16.05	10.57	2.5	1.1	1.26	34	13
细砂岩	14.29	9.84	2.6	2.5	3.1	28	10
粉砂岩	14.37	10.33	2.4	1.1	1.26	32	6
细砂岩	15.56	11.67	2.5	2.5	3.1	36	16
粉砂岩	18.84	10.24	2.6	1.1	1.26	34	13
细砂岩	16.67	9.52	2.5	2.5	3.1	36	3
粉砂岩	21.97	11.33	2.6	1.1	1.26	34	20

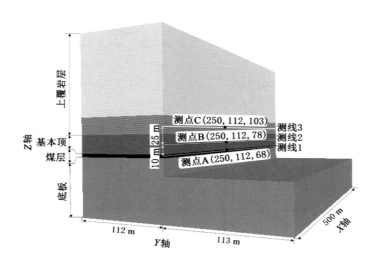

图 4-24 监测点布置示意图

4.2.2.1 充实率为 40% 时充填工作面矿压显现规律

（1）工作面覆岩垂直应力分布

不同推进距离下工作面覆岩垂直应力分布云图和测线监测的垂直应力线图如图 4-25 和图 4-26 所示，其具有以下特征。

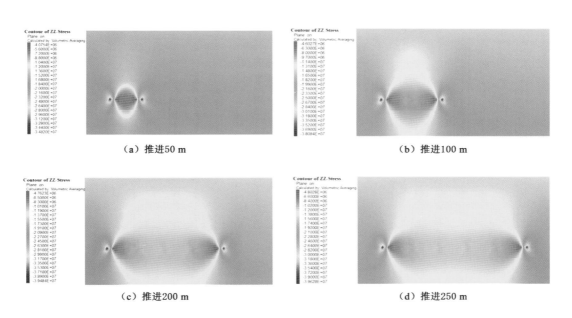

图 4-25 不同推进距离下工作面覆岩垂直应力分布云图

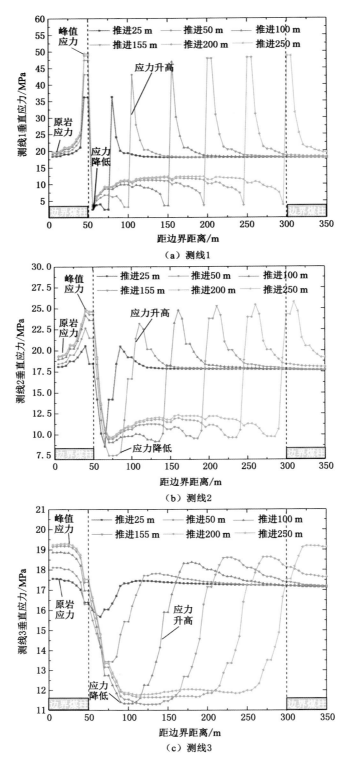

（a）测线1

（b）测线2

（c）测线3

图 4-26　3 条测线监测的垂直应力线图

① 沿充填工作面推进方向上,围岩应力分布与垮落法开采时的相似,在工作面前后方煤壁内出现应力集中现象,峰值应力位置为充填工作面煤壁前方 5.01～5.81 m;采空区上覆岩层中出现了拱形的应力降低区域,其应力分布呈现对称特征。

② 随着推进距离的增大,采空区上覆岩层应力降低区范围逐渐增大。在充填工作面推进过程中支承压力分布曲线大致分为原岩应力区、应力升高区、应力降低区,超前支承压力影响范围为 28～45 m。

③ 随着充填工作面由 25 m 推进至 250 m,超前支承应力峰值由 34.24 MPa 逐步升高至 50 MPa 左右,应力集中系数范围为 1.9～2.34。

（2）工作面覆岩垂直位移分布

不同推进距离下工作面覆岩垂直位移分布云图与测线监测的垂直位移线图如图 4-27 和图 4-28 所示,其具有以下特征。

① 沿充填工作面推进方向上,围岩垂直位移分布具有对称分布特征。充填工作面中部区域的顶板垂直位移量较大,覆岩移动范围较大。

② 随着充填工作面由 25 m 推进至 250 m,基本顶最大下沉量由 0.46 m 增至 2.06 m,直接顶最大下沉量增幅达到 3.5 倍,充填工作面顶板与覆岩变形量逐步增大。

③ 当充填工作面由 50 m 推至 100 m 时,基本顶垂直位移由 0.98 m 增至 1.60 m,基本顶垂直位移增幅达到 63.27%,这说明基本顶垂直位移变化发生激增现象。

④ 当充填工作面开采结束后,测线 3 监测的最大垂直位移为 2.05 m,没有出现激增现象,这说明充实率为 40% 时,采空区上方 35 m 处覆岩以整体弯曲下沉为主。

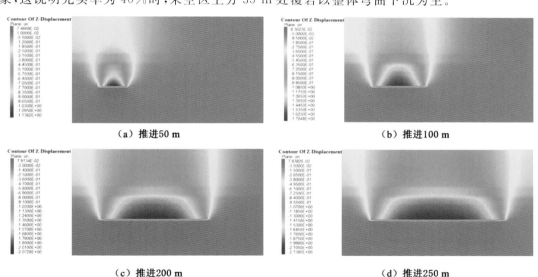

（a）推进50 m　　　　　　　　　　（b）推进100 m

（c）推进200 m　　　　　　　　　　（d）推进250 m

图 4-27　不同推进距离下工作面覆岩垂直位移分布云图

（3）工作面覆岩塑性区分布

由图 4-29 可以看出:

① 沿充填工作面推进方向上,塑性区呈现对称分布。采空区中部位置塑性区破坏范围较大,塑性区破坏方式以拉、剪破坏为主。

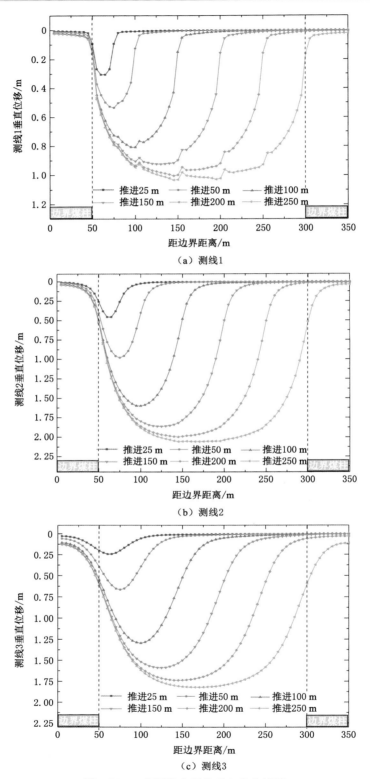

（a）测线1

（b）测线2

（c）测线3

图 4-28　3 条测线监测的垂直位移线图

② 随着工作面推进距离增大,塑性区发育高度不断增大。当充填工作面推进至 100 m 时,塑性区发育至基本顶上方 9 m 处,这说明基本顶发生初次垮断。

③ 当充填工作面由 100 m 推至 250 m 时,基本顶塑性区基本停止向上发育,这说明在基本顶初次垮断后,上方覆岩在推进过程中以弯曲下沉为主,只存在少量塑性区。

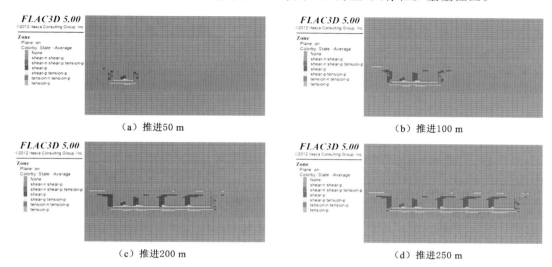

（a）推进50 m　　　　　　　　　（b）推进100 m

（c）推进200 m　　　　　　　　　（d）推进250 m

图 4-29　不同推进距离下工作面覆岩塑性区分布云图

4.2.2.2　充实率 60% 时充填工作面矿压显现规律

（1）工作面覆岩垂直应力分布

不同推进距离下工作面覆岩垂直应力分布云图和测线监测的垂直应力线图如图 4-30 和图 4-31 所示,其具有以下特征。

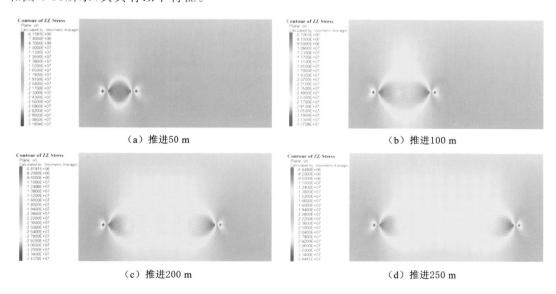

（a）推进50 m　　　　　　　　　（b）推进100 m

（c）推进200 m　　　　　　　　　（d）推进250 m

图 4-30　不同推进距离下工作面覆岩垂直应力分布云图

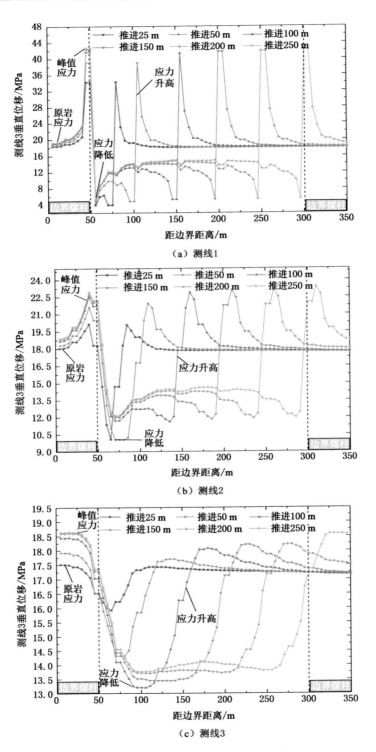

（a）测线1

（b）测线2

（c）测线3

图 4-31 3 条测线监测的垂直应力线图

① 充填工作面两端煤壁内出现应力集中现象,采空区上覆岩层同样出现拱形应力降低区域,其应力分布呈现对称特征。

② 随着充填工作面由 25 m 推进至 250 m,超前支承压力峰值由 34.23 MPa 增高至 41.87 MPa,应力集中系数范围为 1.90~2.32。

③ 随工作面不断推进,超前支承压力影响范围达到 29~47 m;峰值压力距充填工作面煤壁距离变化较小,基本稳定在 5 m 左右。

（2）工作面覆岩垂直位移分布

不同推进距离下工作面覆岩垂直位移分布云图和测线监测的垂直位移线图如图 4-32 和图 4-33 所示,其具有以下特征。

① 沿充填工作面推进方向上,围岩垂直位移呈现对称分布。靠近充填工作面中部区域的顶板垂直位移量较大,覆岩移动范围较大。

② 充填工作面由 25 m 推进至 250 m 时,基本顶最大下沉量由 0.38 m 增至 1.32 m,直接顶最大下沉量增大了 2.5 倍,顶板与覆岩变形量逐渐增大。

③ 当充填工作面由 50 m 推进至 100 m 时,基本顶垂直位移由 0.76 m 增至 1.12 m,基本顶垂直位移增幅为 47.37%,这说明基本顶垂直位移没有发生激增。

④ 当工作面开采结束后,测线 3 监测的最大垂直位移为 1.02 m,没有出现激增现象,这说明充实率为 60% 时,基本顶覆岩不会发生破断,以整体弯曲下沉为主。

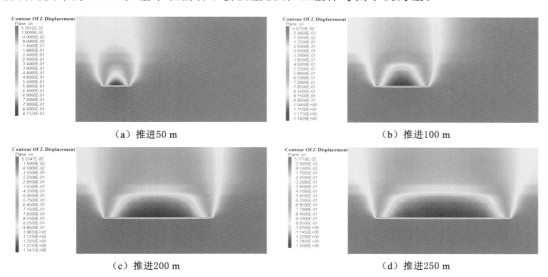

（a）推进50 m　　　　　　　　　（b）推进100 m

（c）推进200 m　　　　　　　　　（d）推进250 m

图 4-32　不同推进距离下工作面覆岩垂直位移分布云图

（3）工作面覆岩塑性区分布

由图 4-34 可以看出:

① 沿工作面推进方向上,塑性区分布具有对称分布特征。靠近采空区中部位置塑性区破坏范围较大,塑性区破坏方式以拉、剪切破坏为主。

② 充填工作面覆岩塑性区发育高度随着推进距离的增大而增大,当工作面推进至 100 m 时,塑性区扩展至覆岩上方 6 m 左右,这说明基本顶没有发生破断。

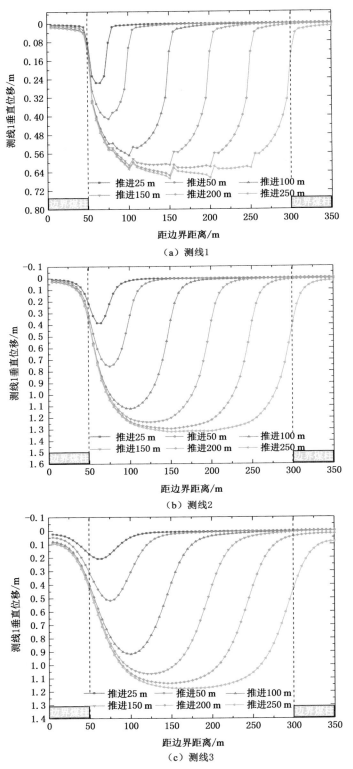

（a）测线1

（b）测线2

（c）测线3

图 4-33　3 条测线监测的垂直位移线图

③ 当充填工作面开采结束后,覆岩塑性区破坏高度基本不再继续向上发育,这说明充实率为 60% 时基本顶及其上方覆岩以弯曲下沉为主,只存在少量塑性区。

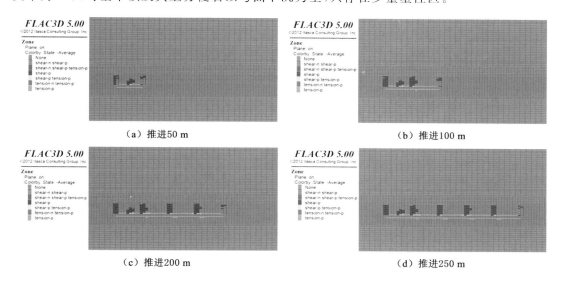

图 4-34　不同推进距离下塑性区分布云图

4.2.2.3　充实率 80% 时充填工作面矿压显现规律

（1）工作面覆岩垂直应力分布

不同推进距离下工作面覆岩垂直应力分布云图和测线监测的垂直应力线图如图 4-35 和图 4-36 所示,其具有以下特征。

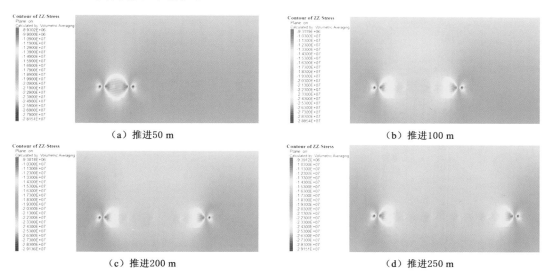

图 4-35　不同推进距离下工作面覆岩垂直应力分布云图

① 沿充填工作面推进方向上,工作面前后方煤壁内出现应力集中现象;采空区上覆岩层呈现拱形应力降低区,其应力呈现对称分布特征。

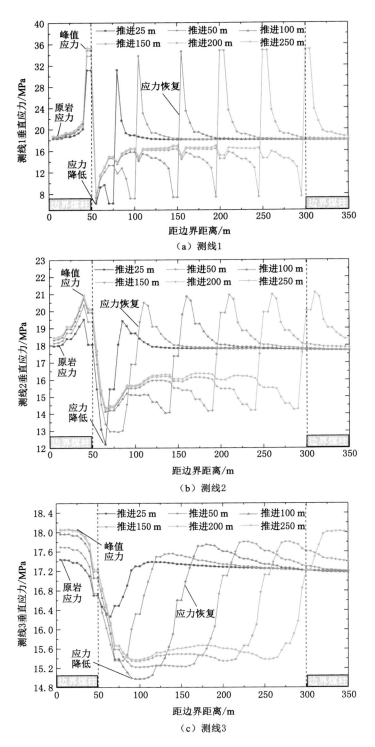

（a）测线1

（b）测线2

（c）测线3

图 4-36　3 条测线监测的垂直应力线图

② 随着充填工作面由 25 m 推进至 250 m,超前支承压力峰值范围达到 31.16～35.01 MPa,应力集中系数范围为 1.73～1.95。超前支承压力峰值随着工作面不断推进呈现先增大后趋于平缓的趋势;

③ 随着工作面不断推进,超前支承压力影响范围达到 25～40 m;峰值应力距工作面煤壁距离变化较小,基本稳定在 5 m 以内,但是随着工作面不断推进,支承压力影响范围逐渐增大。

（2）工作面覆岩垂直位移分布

不同推进距离下工作面覆岩垂直位移分布云图和测线监测的垂直位移线图如图 4-37 和图 4-38 所示,其具有以下特征。

① 沿充填工作面推进方向上,围岩垂直位移具有对称分布特征。靠近充填工作面中部区域的顶板垂直位移量较大,覆岩移动范围大。

② 随着充填工作面由 25 m 推进至 250 m,直接顶最大下沉量由 0.28 m 增大至 0.72 m,增大了 1.5 倍,顶板覆岩变形量逐步增大。

③ 当充填工作面由 50 m 推进至 100 m 时,基本顶垂直位移由 0.50 m 增至 0.65 m,基本顶垂直位移增幅达到 23.07%。

④ 当工作面开采结束后,测线 3 监测的最大垂直位移为 0.64 m,没有出现激增现象,基本顶覆岩以整体弯曲下沉为主。

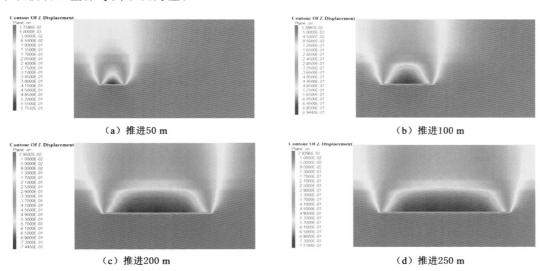

（a）推进50 m　　　　　　　　　　（b）推进100 m

（c）推进200 m　　　　　　　　　　（d）推进250 m

图 4-37　不同推进距离下工作面覆岩垂直位移分布云图

（3）工作面覆岩塑性区分布

由图 4-39 可以看出:

① 沿充填工作面推进方向上,塑性区具有对称分布特征。靠近采空区中部位置塑性区破坏范围较小,塑性区破坏方式以剪切破坏为主。

② 充填工作面覆岩塑性区发育高度随着推进距离的增大而变化较小。当充填工作面推进到 100 m 时,塑性区发育至覆岩上方 3 m,这说明基本顶仅发生弯曲下沉。

③ 当充填工作面推进至 250 m 时,基本顶塑性区破坏高度基本不再变化,这说明充实

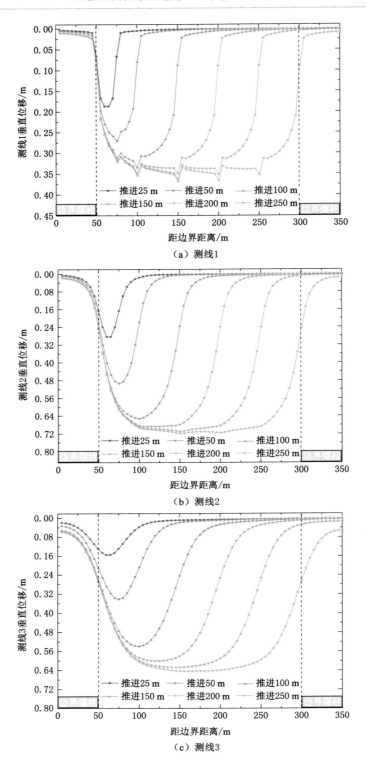

（a）测线1

（b）测线2

（c）测线3

图 4-38　3 条测线监测的垂直位移线图

率为80%时基本顶及其上方覆岩以弯曲下沉为主,只存在少量塑性区。

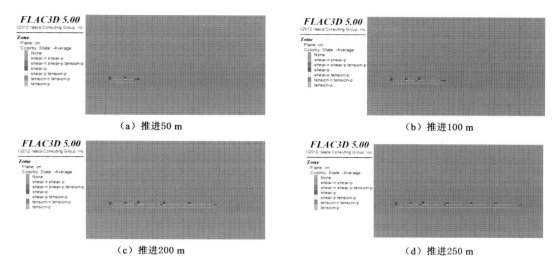

（a）推进50 m　　（b）推进100 m

（c）推进200 m　　（d）推进250 m

图4-39　不同推进距离下工作面覆岩塑性区分布云图

4.2.2.4　充实率90%时充填工作面矿压显现规律

（1）工作面覆岩垂直应力分布

不同推进距离下工作面覆岩垂直应力分布云图和测线监测的垂直应力线图如图4-40和图4-41所示,其具有以下特征。

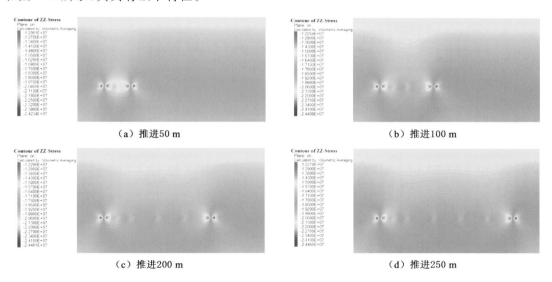

（a）推进50 m　　（b）推进100 m

（c）推进200 m　　（d）推进250 m

图4-40　不同推进距离下工作面覆岩垂直应力分布云图

① 沿充填工作面推进方向上,在工作面前后方煤壁内出现应力集中现象;采空区上覆岩层中出现拱形的应力降低区域,其应力呈现对称分布特征。

② 随着推进距离的增大,采空区上覆岩层应力降低区范围逐渐增大,支承压力峰值逐

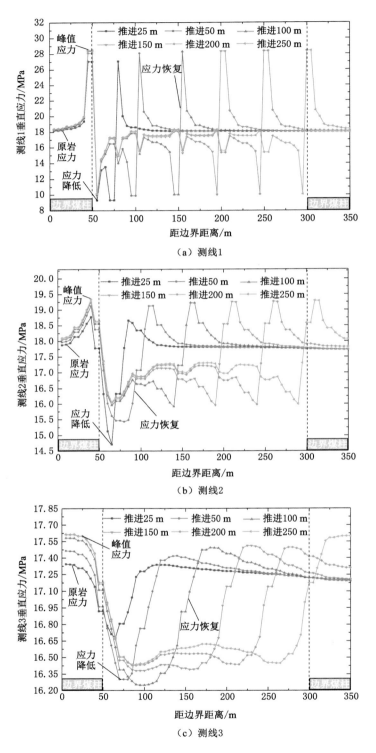

（a）测线1

（b）测线2

（c）测线3

图 4-41　3 条测线监测的垂直应力线图

渐增高,在充填工作面推进到100 m后,充填工作面支承压力峰值增加幅度减小。

③ 当充填工作面由25 m推进到250 m时,充填工作面超前支承压力峰值范围达到31.16~35.01 MPa,应力集中系数范围为1.73~1.95。

④ 充填工作面超前支承压力影响范围为25~40 m,充填工作面峰值压力距离煤壁范围为4.81~5.04 m,充填工作面峰值压力距煤壁距离基本稳定在5 m左右,但其支承压力影响范围随着充填工作面不断推进而逐渐增大。

(2)工作面覆岩垂直位移分布

不同推进距离下工作面覆岩垂直位移分布云图和测线监测的垂直位移线图如图4-42和图4-43所示。由图4-42和图4-43分析可知:

① 沿充填工作面推进方向上,围岩垂直位移具有对称分布特征。靠近充填工作面中部区域的顶板垂直位移量较大,覆岩移动范围大。

② 随着充填工作面由25 m推进到250 m,直接顶最大下沉量由0.16 m增大至0.32 m,增幅达到50%,充填工作面上方覆岩变形量逐步增大。

③ 当充填工作面由50 m推进到100 m时,基本顶垂直位移由0.25 m增大至0.30 m,增幅达到16.6%,说明基本顶垂直位移没有发生激增。

④ 当充填工作面开采完毕后,测线3监测的最大垂直位移为0.28 m,基本顶垂直位移没有出现激增现象,以整体轻微下沉为主。

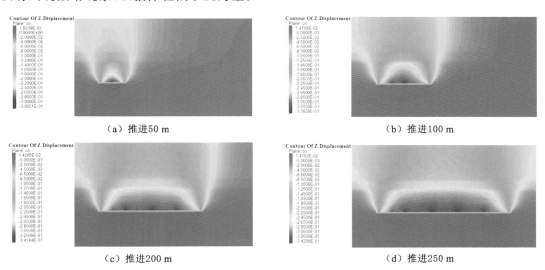

(a)推进50 m　　　　　　　　　　(b)推进100 m

(c)推进200 m　　　　　　　　　　(d)推进250 m

图4-42　工作面不同推进距离时垂直位移分布云图

(3)工作面覆岩塑性区分布

由图4-44可以看出:

① 沿充填工作面推进方向覆岩塑性区具有对称分布特征,靠近采空区中部位置塑性区破坏范围较小,覆岩破坏方式以剪切破坏为主。

② 充填工作面覆岩塑性区的发育高度随着工作面推进距离增大几乎不发生破坏,而且当工作面推进结束时,基本顶塑性区基本没有发生破坏,说明充实率为90%时基本顶及其上方覆岩以少量下沉为主,塑性区基本没有发育。

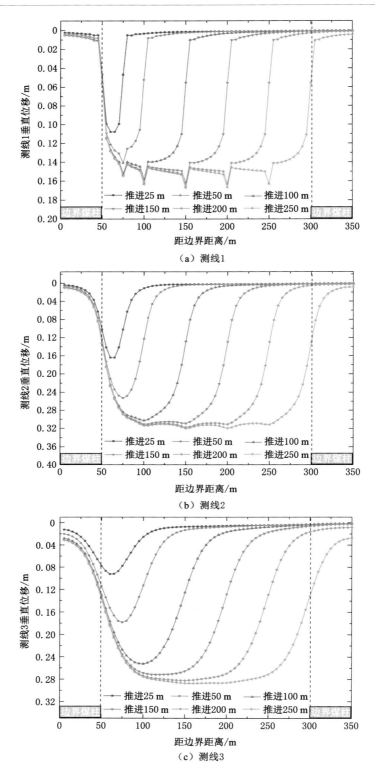

图 4-43　3 条测线监测的垂直位移线图

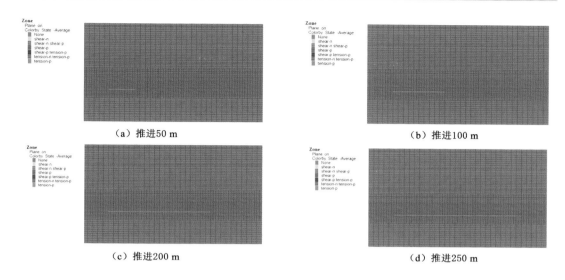

（a）推进50 m　　　　　　　　　　　（b）推进100 m

（c）推进200 m　　　　　　　　　　　（d）推进250 m

图 4-44　工作面不同推进距离时塑性区分布云图

4.2.3 深部充填工作面沿空留巷围岩变形数值分析

深部充填工作面沿空留巷是利用矸石充填缓解深部开采剧烈的矿压显现，通过科学合理的留巷方式和围岩控制技术来实现安全、高效、环保地回采深部煤炭资源。但深部工作面力学环境复杂，充填工作面沿空留巷变形规律尚不清楚。因此采用数值模拟的研究手段，分析深部充填开采沿空留巷围岩应力与变形演化规律，为深部充填工作面沿空留巷提供理论支撑。

4.2.3.1　数值模型与模拟方案

基于某矿深部充填开采工作面的采矿地质条件，采用 FLAC^{3D}数值计算软件对深部充填开采沿空留巷围岩应力与变形演化规律进行分析。模型尺寸（长×宽×高）为 280 m×180 m×80 m。模型上部施加等效载荷代替上覆岩层的自重。模型四周边界水平方向为位移约束，底部边界垂直方向为位移约束。模型岩层力学参数见表 4-4。模型回采巷道断面为 5 m×3.6 m，采用锚杆锚索联合支护，锚杆长度为 2.4 m，锚索长度为 6.3 m，锚杆（索）间排距为 0.9 m×0.9 m。开挖过程中进行双侧沿空留巷。模型结构如图 4-45 所示。设置 4 组数值模拟方案（见表 4-5），共计 17 个模型。

表 4-4　模型岩层力学参数

岩性	力学特征						
	厚度 /m	体积模量 /GPa	剪切模量 /GPa	密度 /10^3 kg·m^{-3}	抗拉强度 /MPa	内聚力 /MPa	内摩擦角 /(°)
细砂岩	10	19.44	11.11	2.65	1.64	3.2	35
粉砂岩	4	13.6	10.21	2.46	1.29	2.75	32
泥岩	5	7.99	4.56	2.4	0.75	2.16	28
细砂岩	3	18.66	11.20	2.65	1.64	3.2	35

表 4-4(续)

岩性	力学特征						
	厚度 /m	体积模量 /GPa	剪切模量 /GPa	密度 /10³·kg·m⁻³	抗拉强度 /MPa	内聚力 /MPa	内摩擦角 /(°)
泥岩	1.8	7.64	4.37	2.4	0.75	2.16	28
3上煤	3.6	5.77	3.63	1.38	0.45	1.75	32
泥岩	10	7.99	4.56	2.4	0.75	2.16	28
细砂岩	4	20	12	2.65	1.64	3.2	35
泥岩	4	7.64	4.37	2.4	0.75	2.16	28
中砂岩	3	23.18	12.59	2.7	1.92	3.8	38
细砂岩	8	18.66	11.20	2.65	1.64	3.2	35
泥岩	3	7.64	4.37	2.4	0.75	2.16	28
细砂岩	4	18.66	11.20	2.65	1.64	3.2	35
粉砂岩	4	15.48	10.66	2.46	1.29	2.75	32
泥岩	13	7.64	4.37	2.4	0.75	2.16	28

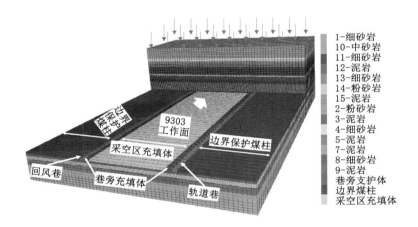

图 4-45　数值模拟模型结构

表 4-5　数值模拟方案

关键参数	第 1 组	第 2 组	第 3 组	第 4 组
埋深/m(等效载荷 MPa)	200(5),1 000(25)	1 000(25)	1 000(25)	1 000(25)
工作面充实率/%	80	50,60,70,80,90	80	80
巷旁充填体宽度/m	4	4	2,3,4,5,6	4
巷旁充填体强度/MPa	4	4	4	2,3,4,5,6

4.2.3.2　不同埋深条件下沿空留巷围岩应力分布特征

提取埋深 1 000 m 和 200 m 模型的三个垂直应力场切面。这三个切面分别是通过采空区的水平切面、沿工作面的垂直切面和沿沿空留巷煤帮侧的垂直切面。深部和浅部沿空留巷围岩应力分布特征如图 4-46 所示。

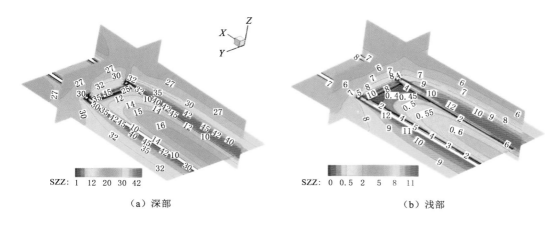

（a）深部　　　　　　　　　　　　　　（b）浅部

图 4-46　深部与浅部沿空留巷围岩应力分布特征对比

由图 4-46 分析可知：深部充填工作面沿空留巷围岩垂直应力可达 45 MPa，而浅部围岩垂直应力仅为 12 MPa 左右，且深部条件下工作面端头应力集中更加明显、采动影响范围更大。

4.2.3.3　不同充实率条件下沿空留巷围岩应力分布与变形特征

考虑到偏应力是导致围岩的变形破坏的主控因素之一。分析得到不同充实率条件下最大主偏应力的分布规律，如图 4-47 所示。

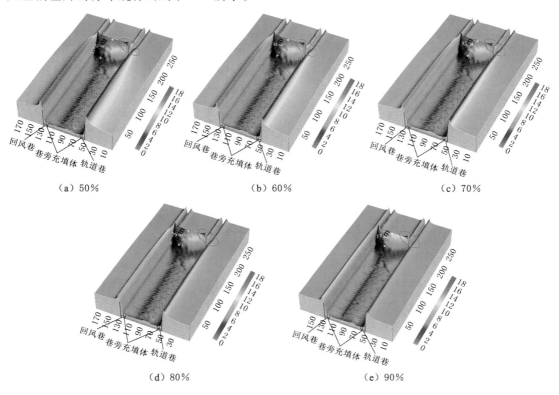

（a）50%　　　　　　　　（b）60%　　　　　　　　（c）70%

（d）80%　　　　　　　　（e）90%

图 4-47　不同充实率条件下最大主偏应力分布

由图 4-47 分析可知:

① 最大主偏应力在工作面煤壁后方有明显的集中区域,采动影响范围从充实率为 50% 时的 38 m 减小到充实率为 90% 时的 17 m。

② 偏应力在工作面端头处和采空区两侧的煤柱呈现明显的增高区域,而巷旁充填体和采空区充填体处于明显的低偏应力区。高偏应力的区域和等级随着充实率的增加而减小。

沿工作面方向,在滞后工作面 100 m 的位置将直接顶最大主偏应力和垂直位移取出,绘制不同充实率条件下最大主偏应力和位移分布曲线,如图 4-48 所示。

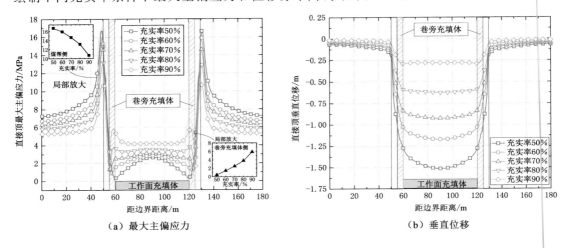

（a）最大主偏应力　　　　　　　　　（b）垂直位移

图 4-48　不同充实率条件下最大主偏应力和位移分布曲线

由图 4-48 分析可知:

① 工作面在两巷煤帮侧和巷旁充填体侧均出现偏应力较高的现象。随着充实率由 50% 增加到 90%,煤帮侧的偏应力从 16.7 MPa 下降到 10.7 MPa,而巷旁充填体侧的偏应力从 0.4 MPa 增加到 5.9 MPa。

② 高充实率可以明显减少沿空留巷区域的顶板下沉。

不同充实率条件下沿空留巷围岩塑性区分布如图 4-49 所示。

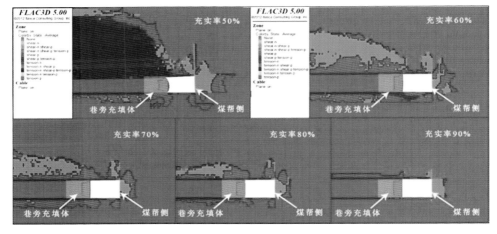

图 4-49　不同充实率条件下沿空留巷围岩塑性区分布

由图 4-49 分析可知:随着充实率的增加,沿空留巷围岩塑性区发育范围明显减小,尤其是煤帮侧塑性区范围显著下降。

综上可知,充实率对沿空留巷围岩应力演化与移动破坏有明显的影响,提高充实率可以明显减小巷道围岩特别是煤帮侧的变形破坏。

4.2.3.4　不同宽度巷旁充填体条件下围岩应力分布与变形特征

分别沿工作面方向和推进方向提取巷旁充填体上方直接顶的最大主偏应力和垂直位移,对比不同宽度巷旁充填体支护下的沿空留巷围岩应力分布与变形特征,如图 4-50 所示。沿工作面方向提取数据位置位于滞后工作面 100 m 处,沿推进方向提取数据位置为巷旁充填体中部。

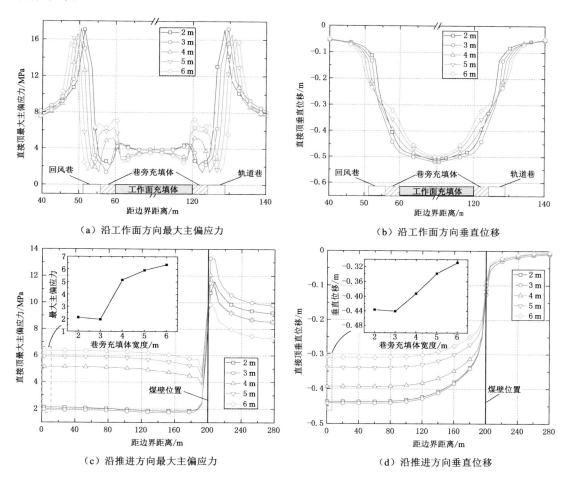

图 4-50　不同宽度巷旁充填体条件下围岩最大主偏应力和位移分布曲线

由图 4-50 分析可知:

① 沿工作面方向,随着巷旁充填体宽度的增加,煤帮侧最大主偏应力逐渐减小并外移,沿空留巷直接顶的下沉量有所减少,但减少幅度不大。

② 沿推进方向,直接顶偏应力和垂直位移随着距煤壁距离的增加逐渐趋于稳定。随着巷旁充填体宽度从 2 m 增加到 6 m,巷旁充填体上方稳定的垂直位移逐渐由 437 mm 减小

到 308 mm,最大主偏应力由 2.10 MPa 增加到 6.4 MPa。

4.2.3.5 不同巷旁充填体强度条件下沿空留巷围岩应力分布与变形特征

不同巷旁充填体强度条件下的沿空留巷围岩应力分布与变形特征如图 4-51 所示。

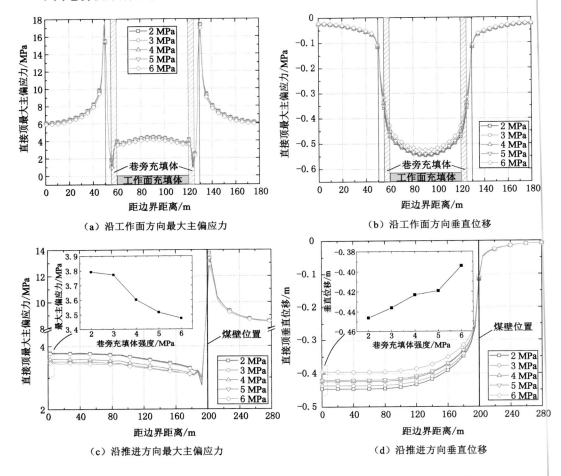

图 4-51 不同巷旁充填体强度条件下围岩最大主偏应力和位移分布曲线

由图 4-51 分析可知:

① 沿工作面方向,巷旁充填体强度的增加对沿空留巷围岩应力分布与变形特征没有明显影响。

② 沿推进方向,随着巷旁充填体强度从 2 MPa 提高至 6 MPa,其上方直接顶的最大主偏应力从 3.9 MPa 减小到 3.5 MPa,直接顶下沉量从 446 mm 减小到 394 mm,减小幅度为 11%。

不同巷旁充填体强度条件下沿空留巷围岩垂直应力分布如图 4-52 所示。

由图 4-52 分析可知:随着巷旁充填体强度的提高,巷旁充填体对沿空留巷的"应力隔离"效果作用越显著。高强度巷旁充填体有助于降低沿空留巷围岩内部应力水平,有利于提升留巷效果。

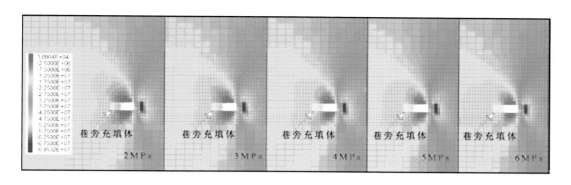

图 4-52　不同巷旁充填体强度条件下沿空留巷围岩垂直应力分布

4.3　深部充填开采地表沉陷规律

4.3.1　地表沉陷变形数值分析

4.3.1.1　数值模型建立

　　以深部充填工作面为工程背景，采用 FLAC[3D] 软件建立数值计算模型，研究深部充填开采地表沉陷变形规律。煤岩体采用莫尔-库伦模型。该模型尺寸为 4 000 m×3 000 m×1 010 m(长×宽×高)。该模型共划分为 282 000 个单元、324 009 个节点。煤岩体的物理力学参数见表 4-6。为了达到精确分析的需求，对煤层及其附近顶底板岩层的网格进行了细分。该模型的网格划分如图 4-53 所示。

表 4-6　煤岩体物理力学参数

序号	名称	容重/kg·m⁻³	体积模量/GPa	剪切模量/GPa	粘聚力/MPa	内摩擦角/(°)	抗拉强度/MPa
1	表土层	1 750	0.58	0.44	0.90	17	0.18
2	砂质黏土	2 200	3.99	2.06	8.45	33	2.99
3	黏土质细砂	2 300	4.00	2.20	9.00	32	3.10
4	黏土	1 900	1.15	2.50	2.00	25	0.30
5	粗砂岩	2 300	5.25	2.42	8.20	34	2.80
6	砂质黏土	2 200	1.15	2.50	6.00	30	2.99
7	黏土质细砂	2 200	1.15	2.50	6.00	31	2.99
8	岩浆岩	2 600	5.69	8.64	10.50	41	9.50
9	中粒砂岩	2 250	4.00	2.20	5.41	32	1.62
10	泥岩	2 350	2.42	1.25	6.50	31	2.40
11	粉砂岩	2 340	4.00	2.20	9.00	32	3.10
12	细粒砂岩	2 300	4.00	2.20	9.00	30	3.10

表 4-6(续)

序号	名称	容重 /kg·m⁻³	体积模量 /GPa	剪切模量 /GPa	粘聚力 /MPa	内摩擦角 /(°)	抗拉强度 /MPa
13	基本顶中砂岩	2 520	1.83	1.15	1.20	40	3.90
14	直接顶泥岩	2 340	0.98	0.71	0.50	38	3.12
15	3上煤层	1 350	1.05	0.65	1.20	22	1.65
16	直接底泥岩	2 340	0.98	0.71	0.50	39	3.12
17	基本底细砂岩	2 280	8.63	4.22	18.85	31	5.59

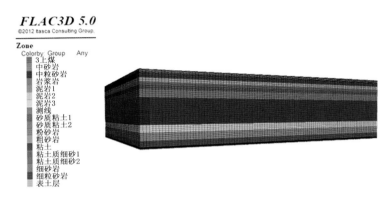

图 4-53 模型网格划分图

模型四周边界施加水平约束;底部边界施加垂直约束;上表面为自由边界,不施加任何约束。模型边界条件如图 4-54 所示。

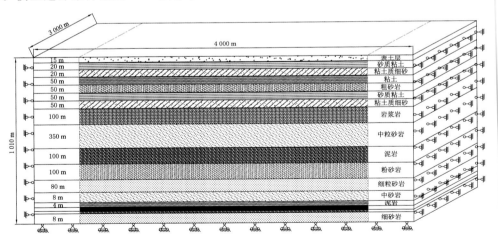

图 4-54 模型边界条件

4.3.1.2 数值模拟方案

结合充填开采地表变形的影响因素,主要研究不同采深条件下开采宽度、工作面推进距离、充实率对地表沉陷变形的影响规律。数值模拟方案设计如下:

① 为研究不同采深条件下开采宽度对充填开采地表变形规律的影响,设计充实率为 80%、工作面推进距离为 1 600 m 时,采深范围为 600～1 000 m,每 100 m 递增,以及开采宽度范围为 200～800 m,每 200 m 递增的数值计算模型。

② 为研究不同采深条件下工作面推进距离对充填开采地表变形规律的影响,设计充实率为 80%、开采宽度为 800 m 条件下,采深范围为 600～1 000 m,每 100 m 递增,以及工作面推进距离范围为 400～1 600 m,每 400 m 递增的数值计算模型。

③ 为研究不同采深条件下充实率对充填开采地表变形规律的影响,设计了开采宽度为 800 m、工作面推进距离为 1 600 m 条件下,采深范围为 600～1 000 m,每 100 m 递增,以及充实率分别为 60%、70%、80%、90% 时的数值计算模型。

数值模拟方案见表 4-7。

表 4-7   数值模拟方案

方案	开采宽度/m	工作面推进距离/m	充实率/%	采深/m
一	200/400/600/800	1 600	80	600/700/800/900/1 000
二	800	400/800/1 200/1 600	80	600/700/800/900/1 000
三	800	1 600	60/70/80/90	600/700/800/900/1 000

4.3.1.3   地表沉陷变形规律分析

（1）开采宽度对地表变形规律的影响

根据充填开采数值模拟结果,绘制出开采深度为 600～1 000 m 时开采宽度影响地表下沉及水平移动的变化曲线,如图 4-55 至图 4-64 所示。

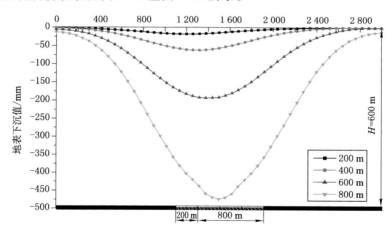

图 4-55   不同开采宽度地表下沉曲线（$H = 600$ m）)

由图 4-55 至图 4-64 分析可知:

① 地表最大下沉值位于采空区中点的正上方,地表水平移动变形曲线在采空区的中点呈中心对称,且地表最大下沉值和最大水平移动值的位置不固定,随着采宽的增加而变化。

② 随着开采宽度的增加,地表下沉和水平移动值逐渐增大,地表下沉曲线没有出现下沉盆地的平底,说明开采未达到充分采动状态。

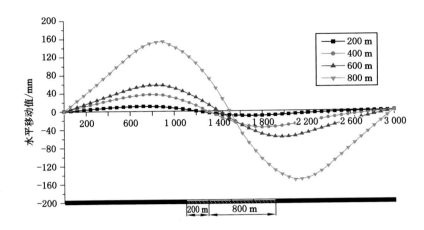

图 4-56　不同开采宽度地表水平移动曲线（$H=600$ m）

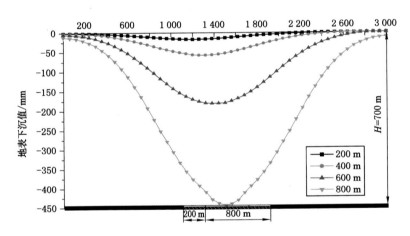

图 4-57　不同开采宽度地表下沉曲线（$H=700$ m）

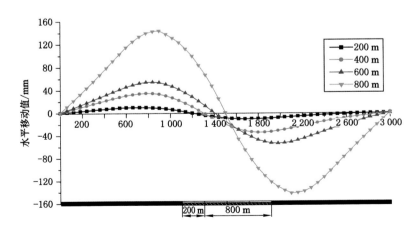

图 4-58　不同开采宽度地表水平移动曲线（$H=700$ m）

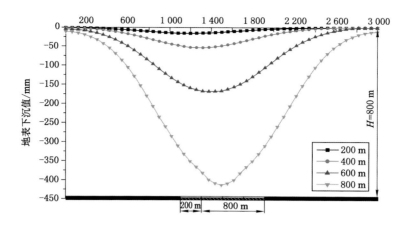

图 4-59 不同开采宽度地表下沉曲线($H=800$ m)

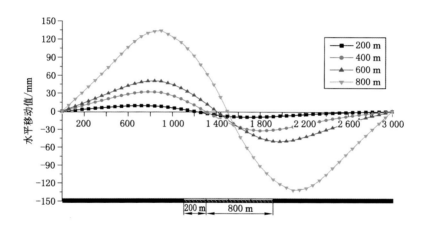

图 4-60 不同开采宽度地表水平移动曲线($H=800$ m)

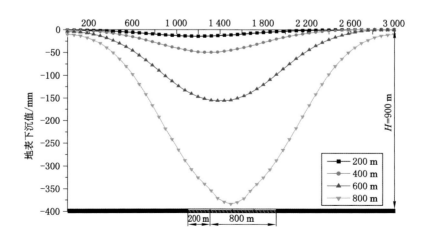

图 4-61 不同开采宽度地表下沉曲线($H=900$ m)

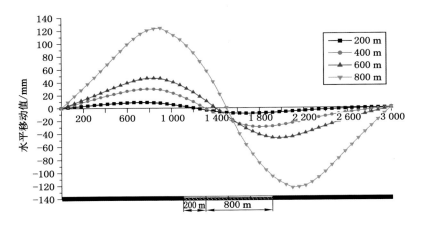

图 4-62　不同开采宽度地表水平移动曲线（$H=900$ m）

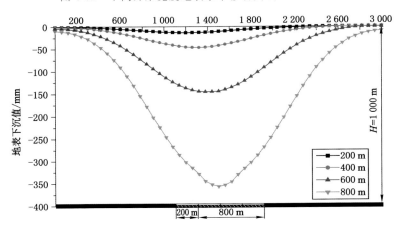

图 4-63　不同开采宽度地表下沉曲线（$H=1\,000$ m）

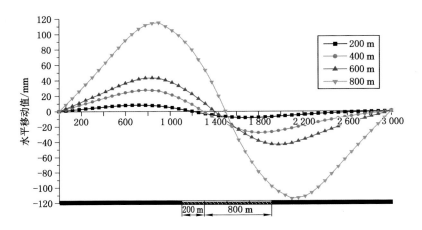

图 4-64　不同开采宽度地表水平移动曲线（$H=1\,000$ m）

地表最大下沉值、最大水平移动值、下沉率、水平移动系数、倾斜变形、水平变形以及下沉盆地面积的模拟结果见表4-8。

表4-8 不同开采宽度条件下模拟开采地表变形结果

采深 /m	采宽 /m	最大下沉 /mm	最大水平移动/mm	下沉率	水平移动系数	倾斜变形 /mm·m⁻¹	水平变形 /mm·m⁻¹	下沉盆地面积/km²
600	200	17.89	11.15	0.03	0.62	0.06	0.03	2.00
	400	62.26	36.89	0.10	0.59	0.22	0.12	3.67
	600	193.36	57.88	0.32	0.30	0.69	0.37	4.54
	800	474.60	160.05	0.79	0.34	1.70	0.90	4.96
700	200	16.76	10.53	0.03	0.63	0.05	0.03	2.36
	400	58.31	34.97	0.10	0.60	0.18	0.10	4.35
	600	181.12	55.28	0.30	0.31	0.56	0.30	5.31
	800	444.56	143.29	0.74	0.32	1.37	0.73	5.87
800	200	15.63	9.32	0.03	0.60	0.04	0.02	2.68
	400	54.37	31.78	0.09	0.58	0.15	0.08	4.93
	600	168.88	49.03	0.28	0.29	0.45	0.24	6.07
	800	414.52	129.61	0.69	0.31	1.11	0.59	6.66
900	200	14.50	8.90	0.02	0.61	0.03	0.02	2.90
	400	50.43	30.24	0.08	0.60	0.12	0.06	5.34
	600	156.64	46.98	0.26	0.30	0.37	0.20	6.69
	800	384.48	123.93	0.64	0.32	0.92	0.49	7.21
1 000	200	13.44	8.32	0.02	0.62	0.03	0.02	3.15
	400	46.76	27.56	0.08	0.59	0.10	0.05	5.79
	600	145.22	42.55	0.24	0.29	0.31	0.17	7.27
	800	356.45	114.89	0.59	0.32	0.77	0.41	7.82

根据数值模拟结果,分别对不同采深下地表最大下沉值 W_{max}、最大水平移动值 U_{max}、下沉率 q、水平移动系数 U_{max}/W_{max}、倾斜变形 i 和水平变形 ε 与开采宽度 D 的关系进行拟合,其结果如图4-65至图4-70所示。

由图4-65至图4-70分析可知:

① 随着开采宽度的增加,地表最大下沉值、水平移动值和下沉率逐渐增大,与开采宽度均呈指数函数关系。

② 随着开采宽度的增加,水平移动系数(U_{max}/W_{max})先减小后增大并逐渐趋于稳定。当开采宽度($D \leqslant 400$ m)较小时,地表变形以水平移动为主。

③ 随着开采宽度的增加,倾斜变形和水平变形逐渐增大。当采深较小时,倾斜变形与水平变形增幅较大,而当采深较大时,倾斜变形与水平变形增幅逐渐降低。若开采宽度继续增大,达到充分采动时,倾斜变形和水平变形将随着开采宽度的增大而趋于稳定。

为研究开采宽度对地表变形规律的影响,根据充填开采数值模拟结果,对下沉盆地面积

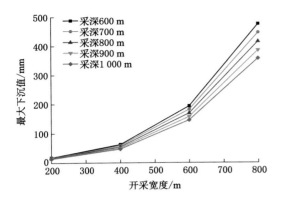

图 4-65　地表最大下沉值与开采宽度的关系

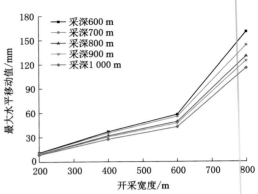

图 4-66　地表水平移动值与开采宽度的关系

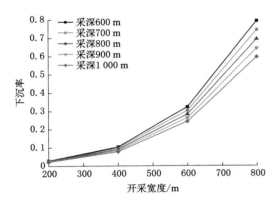

图 4-67　下沉率与开采宽度的关系

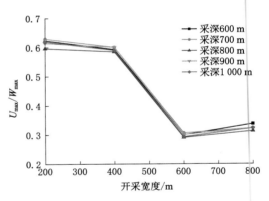

图 4-68　水平移动系数与开采宽度的关系

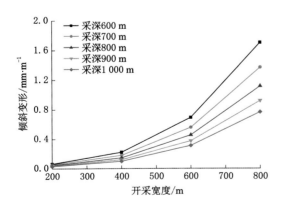

图 4-69　倾斜变形与开采宽度的关系

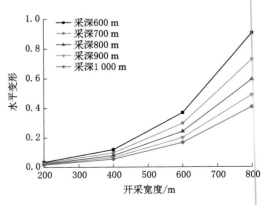

图 4-70　水平变形与开采宽度的关系

S 与开采宽度 D 的关系进行拟合,其结果如图 4-71 所示。

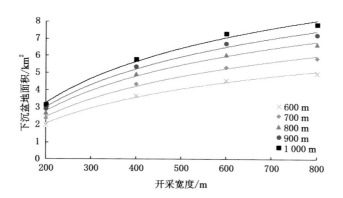

图 4-71　下沉盆地面积与开采宽度的关系

由图 4-71 分析可知:在开采深度相同的条件下,下沉盆地面积随着开采宽度的增加而逐渐增大,且增加幅度逐渐减小。随着开采宽度的增加,下沉盆地面积呈对数函数增加。

4.3.2　工作面推进距离对地表变形规律的影响

根据充填开采数值模拟结果,绘制出开采深度为 $600 \sim 1\,000$ m 条件下工作面推进距离影响地表下沉及水平移动的变化曲线,如图 4-72 至图 4-81 所示。

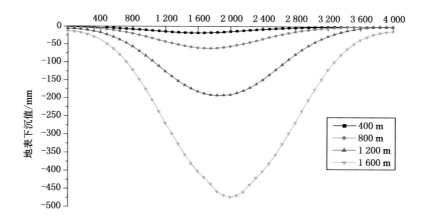

图 4-72　不同工作面推进距离地表下沉曲线($H=600$ m)

地表最大下沉值、最大水平移动值、下沉率、水平移动系数、倾斜变形、水平变形以及下沉盆地面积的模拟结果见表 4-9。

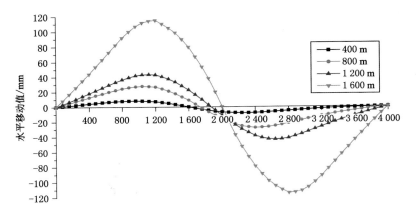

图 4-73　不同工作面推进距离地表水平移动曲线($H=600$ m)

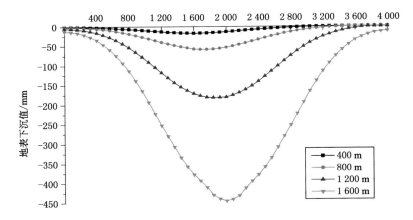

图 4-74　不同工作面推进距离地表下沉曲线($H=700$ m)

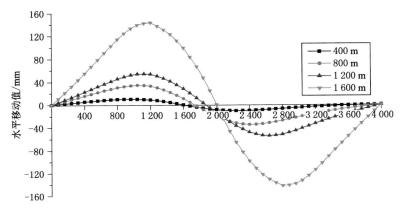

图 4-75　不同工作面推进距离地表水平移动曲线($H=700$ m)

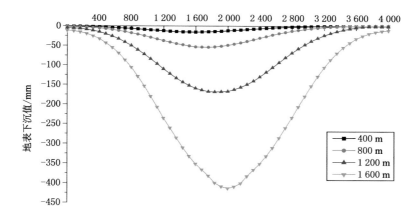

图 4-76　不同工作面推进距离地表下沉曲线($H=800$ m)

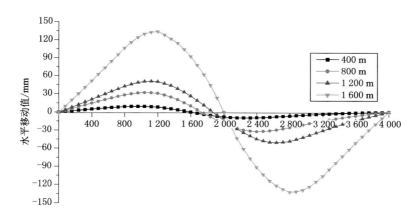

图 4-77　不同工作面推进距离地表水平移动曲线($H=800$ m)

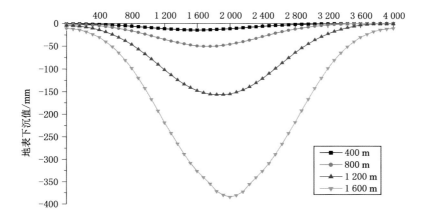

图 4-78　不同工作面推进距离地表下沉曲线($H=900$ m)

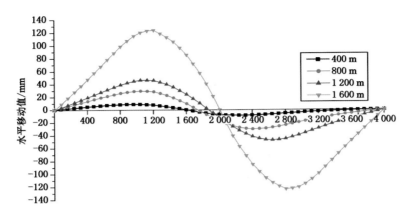

图 4-79　不同工作面推进距离下地表水平移动曲线($H=900$ m)

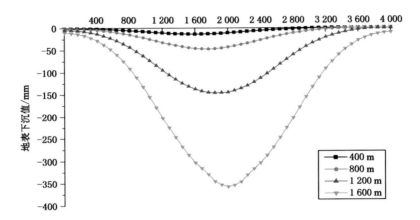

图 4-80　不同工作面推进距离地表下沉曲线($H=1\,000$ m)

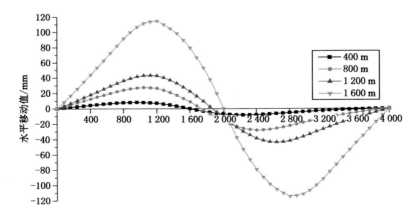

图 4-81　不同工作面推进距离地表水平移动曲线($H=1\,000$ m)

表 4-9　不同工作面推进距离条件下模拟开采地表变形结果

采深/m	推进距离/m	最大下沉/mm	最大水平移动/mm	下沉率	水平移动系数	倾斜变形/mm·m⁻¹	水平变形/mm·m⁻¹	下沉盆地面积/km²
600	400	17.89	11.15	0.03	0.62	0.06	0.03	2.00
	800	62.26	36.89	0.10	0.59	0.22	0.12	3.67
	1 200	193.36	57.88	0.32	0.30	0.69	0.37	4.54
	1 600	474.60	160.05	0.79	0.34	1.70	0.90	4.96
700	400	16.76	10.53	0.03	0.63	0.05	0.03	2.36
	800	58.31	34.97	0.10	0.60	0.18	0.10	4.35
	1 200	181.12	55.28	0.30	0.31	0.56	0.30	5.31
	1 600	444.56	143.29	0.74	0.32	1.37	0.73	5.87
800	400	15.63	9.32	0.03	0.60	0.04	0.02	2.68
	800	54.37	31.78	0.09	0.58	0.15	0.08	4.93
	1 200	168.88	49.03	0.28	0.29	0.45	0.24	6.07
	1 600	414.52	129.61	0.69	0.31	1.11	0.59	6.66
900	400	14.50	8.90	0.02	0.61	0.03	0.02	2.90
	800	50.43	30.24	0.08	0.60	0.12	0.06	5.34
	1 200	156.64	46.98	0.26	0.30	0.37	0.20	6.69
	1 600	384.48	123.93	0.64	0.32	0.92	0.49	7.21
1 000	400	13.44	8.32	0.02	0.62	0.03	0.02	3.15
	800	46.76	27.56	0.08	0.59	0.10	0.05	5.79
	1 200	145.22	42.55	0.24	0.29	0.31	0.17	7.27
	1 600	356.45	114.89	0.59	0.32	0.77	0.41	7.82

　　根据数值模拟结果，分别对不同采深下地表最大下沉值 W_{max}、最大水平移动值 U_{max}、下沉率 q、水平移动系数 U_{max}/W_{max}、倾斜变形 i 和水平变形 ε 与工作面推进距离 L 的关系进行拟合，其结果如图 4-82 至图 4-87 所示。

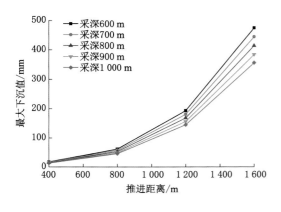

图 4-82　地表下沉量与工作面推进距离的关系

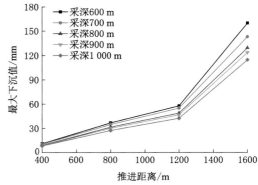

图 4-83　地表水平移动与工作面推进距离的关系

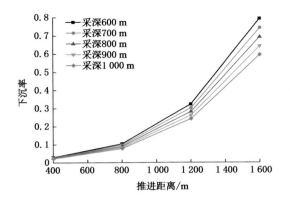

图 4-84　下沉率与工作面推进距离的关系

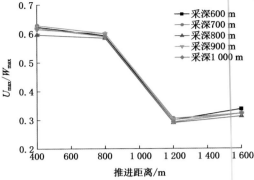

图 4-85　水平移动系数与工作面推进距离的关系

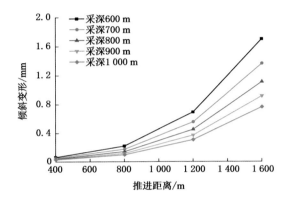

图 4-86　倾斜变形与工作面推进距离的关系

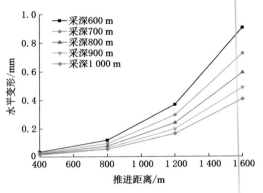

图 4-87　水平变形与工作面推进距离的关系

由图 4-82 至图 4-87 分析可知：

① 随着工作面推进距离的增加，地表最大下沉值、水平移动值和下沉率逐渐增大，与开采宽度均呈指数函数关系。

② 随着工作面推进距离的增加，水平移动系数（U_{max}/W_{max}）先减小后增大并逐渐趋于稳定，当工作面推进距离（$L \leqslant 800$ m）较小时，地表变形以水平移动为主。

③ 随着工作面推进距离的增加，倾斜变形和水平变形逐渐增大。当采深较小时，倾斜变形与水平变形增幅度较大，而当采深较大时，倾斜变形与水平变形增幅逐渐降低。

为研究工作面推进距离对地表变形规律的影响，根据充填开采数值模拟结果，对下沉盆地面积 S 与工作面推进距离 L 的关系进行拟合，其结果如图 4-88 所示。

由图 4-87 分析可知：下沉盆地面积随着工作面推进距离的增加而逐渐增大，且增幅逐渐减小。随着工作面推进距离的增加，下沉盆地面积呈对数函数增加。

4.3.3　充实率对地表变形规律的影响

根据充填开采数值模拟结果，绘制出开采深度为 $600 \sim 1\,000$ m 条件下充实率影响地表下沉及水平移动的变化曲线，如图 4-89 至图 4-98 所示。

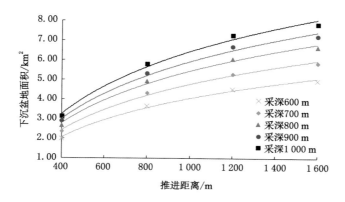

图 4-88 下沉盆地面积与工作面推进距离的关系

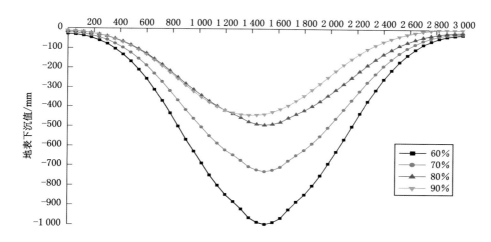

图 4-89 不同充实率地表下沉曲线($H=600$ m)

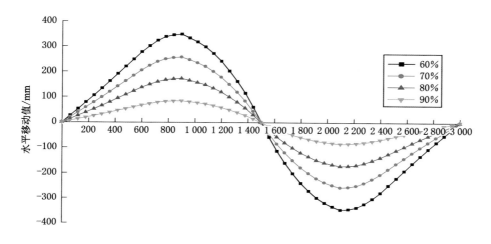

图 4-90 不同充实率下地表水平移动曲线($H=600$ m)

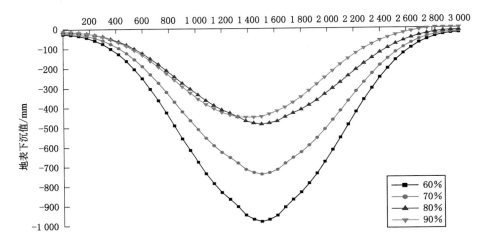

图 4-91　不同充实率地表下沉曲线($H=700$ m)

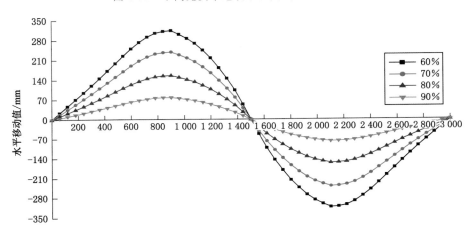

图 4-92　不同充实率下地表水平移动曲线($H=700$ m)

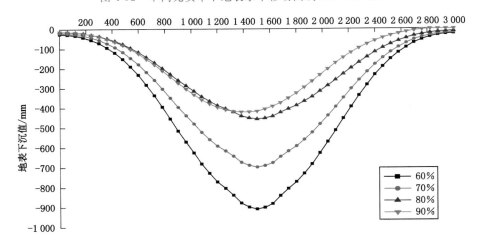

图 4-93　不同充实率地表下沉曲线($H=800$ m)

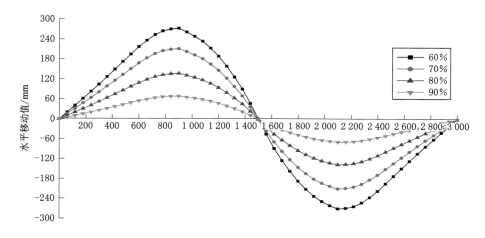

图 4-94 不同充实率地表水平移动曲线($H=800\text{ m}$)

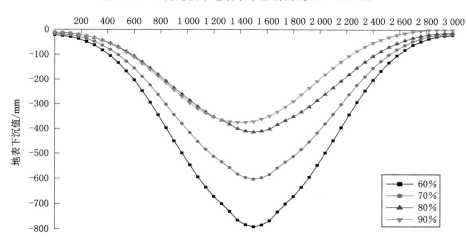

图 4-95 不同充实率地表下沉曲线($H=900\text{ m}$)

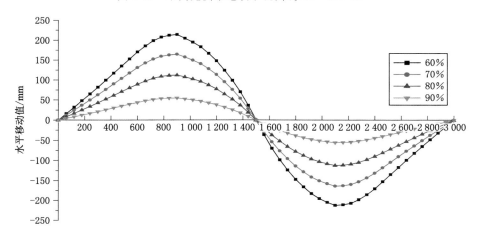

图 4-96 不同充实率下地表水平移动曲线($H=900\text{ m}$)

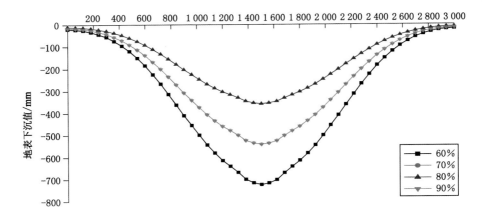

图 4-97　不同充实率地表下沉曲线($H＝1\ 000$ m)

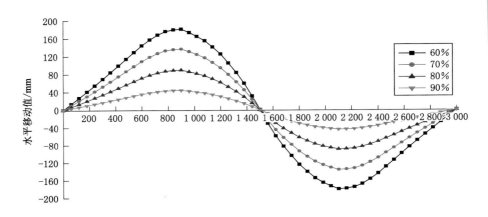

图 4-98　不同充实率下地表水平移动曲线($H＝1\ 000$ m)

　　地表最大下沉值、最大水平移动值、下沉率、水平移动系数、倾斜变形、水平变形以及下沉盆地面积的模拟结果见表 4-10。

表 4-10　不同充实率条件下模拟开采地表变形结果

采深/m	充实率/%	最大下沉/mm	最大水平移动/mm	下沉率	水平移动系数	倾斜变形/mm·m⁻¹	水平变形/mm·m⁻¹	下沉盆地面积/km²
	60	996	348.6	0.83	0.35	3.57	1.90	3.84
600	70	729	255.15	0.81	0.34	2.61	1.39	3.78
	80	492	172.2	0.82	0.36	1.76	0.94	3.98
	90	240	84	0.8	0.36	0.86	0.46	3.94
	60	979.56	313.46	0.82	0.35	3.01	1.60	5.34
700	70	738	236.16	0.82	0.34	2.27	1.21	5.26
	80	483.6	154.75	0.81	0.36	1.49	0.79	5.36
	90	244.5	78.24	0.82	0.36	0.75	0.40	5.18

表 4-10(续)

采深/m	充实率/%	最大下沉/mm	最大水平移动/mm	下沉率	水平移动系数	倾斜变形/mm·m⁻¹	水平变形/mm·m⁻¹	下沉盆地面积/km²
800	60	907.2	272.16	0.76	0.30	2.44	1.30	6.76
	70	695.7	208.71	0.77	0.30	1.87	0.99	6.68
	80	454.8	136.44	0.76	0.31	1.22	0.65	6.82
	90	228.3	68.49	0.76	0.31	0.61	0.33	6.72
900	60	792	213.84	0.66	0.27	1.89	1.01	7.46
	70	603	162.81	0.67	0.27	1.44	0.77	7.56
	80	414	111.78	0.69	0.28	0.99	0.53	7.38
	90	204	55.08	0.68	0.26	0.49	0.26	7.42
1 000	60	722.4	180.6	0.60	0.25	1.55	0.83	7.84
	70	540	135	0.60	0.25	1.16	0.62	7.78
	80	356.45	89.11	0.59	0.26	0.77	0.41	7.82
	90	175.2	43.8	0.58	0.24	0.38	0.20	7.77

根据数值模拟结果,分别对不同采深下地表最大下沉值 W_{max}、最大水平移动值 U_{max}、下沉率 q、水平移动系数 U_{max}/W_{max}、倾斜变形 i 和水平变形 ε 与充实率 η 的关系进行拟合,其结果如图 4-99 至图 4-104 所示。

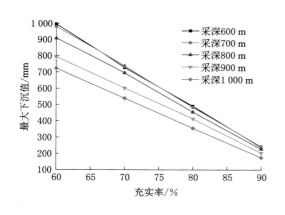

图 4-99　地表下沉量与充实率的关系　　　　图 4-100　地表水平移动与充实率的关系

由图 4-99 至图 4-104 分析可知:

① 随着充实率的增加,地表最大下沉值和最大水平移动值逐渐减小,与充实率均呈近线性关系。

② 随着充实率的增加,地表下沉率和水平移动系数变化不大,说明充实率对地表下沉率和水平移动系数的影响较小,主要取决于采动程度的大小,即是否达到充分采动。

③ 随着充实率的增加,地表倾斜变形和水平变形呈线性关系减小,说明充实率增大,可以有效地控制地表倾斜变形和水平变形。

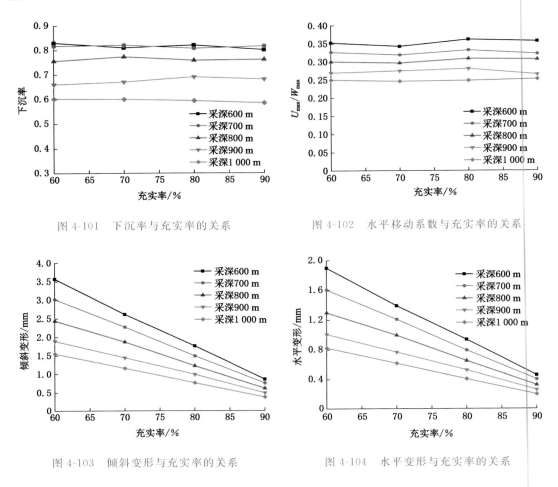

图 4-101　下沉率与充实率的关系　　　　图 4-102　水平移动系数与充实率的关系

图 4-103　倾斜变形与充实率的关系　　　　图 4-104　水平变形与充实率的关系

为研究充实率对地表变形规律的影响,根据充填开采数值模拟结果,对下沉盆地面积 S 与充实率 η 的关系进行拟合,其结果如图 4-105 所示。

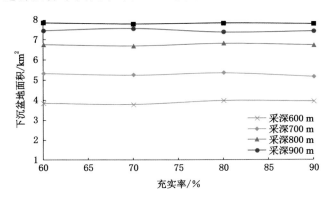

图 4-105　下沉盆地面积与充实率的关系

由图 4-105 分析可知:随着充实率的增加,下沉盆地面积受充实率的影响较小,这是由于充实率的大小只影响地表变形量,而对岩层移动角的影响较小,岩层移动角取决于岩性。

4.3.4 深部充填开采地表沉陷特征

为研究深部充填开采与浅部充填开采地表变形规律的区别,将采宽为 800 m,工作面推进距离为 1 600 m,充实率分别为 60%、70%、80%、90% 时的地表最大下沉值 W_{max}、最大水平移动值 U_{max}、下沉率 q、水平移动系数 U_{max}/W_{max}、倾斜变形 i、水平变形 ε 以及下沉盆地面积 S 随采深变化的关系进行拟合,其结果如图 4-106 至图 4-112 所示。

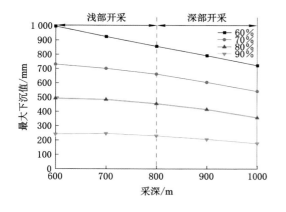

图 4-106 地表下沉量与采深的关系

图 4-107 地表水平移动与采深的关系

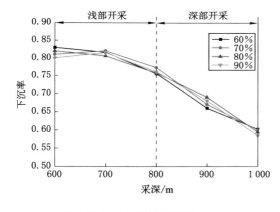

图 4-108 下沉率与采深的关系

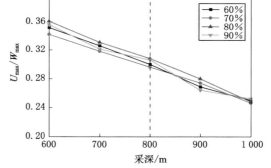

图 4-109 水平移动系数与采深的关系

由图 4-106 至图 4-112 分析可知:

① 随着采深的增加,地表最大下沉值和水平移动值呈线性关系减小。随着采深的增加,关键层的数量增多,关键层对地表变形具有控制作用,随着逐层传递的位移量的损失,当变形传播到地表时,导致地表变形量较小。

② 随着采深的增加,地表下沉率逐渐减小。浅部开采时,随着采深的增大,下沉率减小的速度较慢;而深部开采时,随着采深的增大,下沉率减小的速度较快。

③ 随着采深的增加,地表水平移动系数呈线性关系减小,同时地表最大水平移动值减小的速度比地表最大下沉值减小的速度快,导致其比值随采深增加而逐渐减小。

④ 随着采深的增加,地表倾斜变形和水平变形呈线性趋势减小。

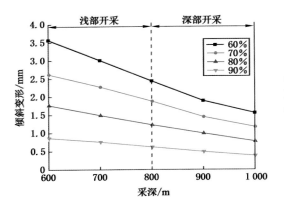

图 4-110　倾斜变形与采深的关系

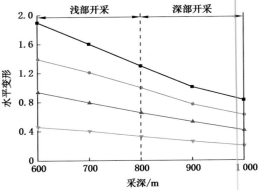

图 4-111　水平变形与采深的关系

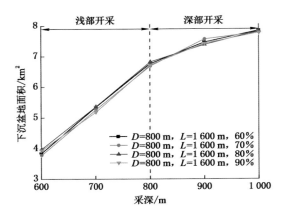

图 4-112　下沉盆地面积与采深的关系

⑤ 随着采深的增加,地表下沉盆地面积逐渐增大。浅部开采时,下沉盆地面积增大的速度较快;而深部开采时,下沉盆地面积增大的速度较慢。下沉盆地面积随采深的增加整体呈对数关系增大。

以地表下沉设防指标 400 mm 为基础,反演出开采宽度 D、工作面推进距离 L、充实率 η 与采深 H 变化的关系,其结果如图 4-113 至图 4-115 所示。

由图 4-113 分析可知:

① 采深为 600 m 时,充实率达 84% 即可控制地表变形,而采深为 1 000 m 时,充实率仅需要达到 77% 就可以控制地表下沉量(400 mm)。采深越大,充填开采所需的充实率越小。

② 当以地表下沉量 400 mm 为指标时,充实率与采深呈负相关,即充实率随采深的增大而减小。当采深为 600～800 m 时,充实率由 84% 降至 82%,减小的幅度为 2%,而当采深为 800～1 000 m 时,充实率由 82% 降至 77%,减小的幅度为 6%。

由图 4-114 分析可知:

① 当采深为 600 m 时,开采宽度为 750 m,地表下沉量就可达到 400 m;而采深为 1 000 m 时,开采宽度为 920 m,地表下沉量才可达到 400 mm;当采深为 1 000 m 时,开采宽度为 750 m,地表下沉量小于地表设防指标。

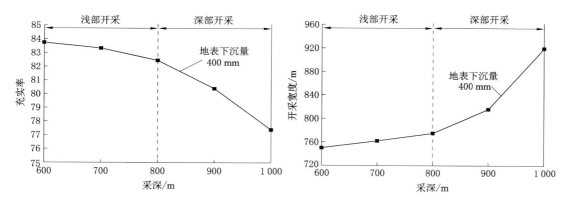

图 4-113 充实率与采深的关系　　　　　　　图 4-114 开采宽度与采深的关系

② 当以地表下沉量 400 mm 为指标时,开采宽度与采深呈正相关,即开采宽度随采深的增大而增大。当采深为 600~800 m 时,开采宽度由 750 m 增加至 775 m,增幅达 3.3%;而当采深为 800~1 000 m 时,开采宽度由 775 m 增加至 920 m,增幅为 18.7%。

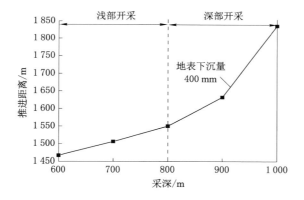

图 4-115 推进距离与采深的关系

由图 4-115 分析可知:

① 当采深为 600 m 时,工作面推进距离为 1 467 m,地表下沉量就可达到 400 m;而采深为 1 000 m 时,工作面推进距离为 1 836 m,地表下沉量才可达到 400 mm;当采深为 1 000 m 时,工作面推进距离为 1 467 m,地表下沉量小于地表设防指标。

② 当以地表下沉量 400 mm 为指标时,工作面推进距离与采深呈正相关,即工作面推进距离随采深的增大而增大。当采深为 600~800 m 时,工作面推进距离由 1 467 m 增加至 1 550 m,增幅达 5.6%;而当采深为 800~1 000 m 时,工作面推进距离由 1 550 m 增加至 1 836 m,增幅为 18.5%。

综上所述,与浅部充填开采对比,深部充填开采地表沉陷具有以下特征:

① 深部充填开采各项指标(下沉盆地面积除外)均小于浅部充填开采的,而且随着采深的增加,各项指标逐渐减小,其整体呈先变快后变缓的趋势。深部充填开采下沉盆地面积大于浅部充填开采的,虽然影响范围增大,但变形量减小。

② 以地表下沉量为控制指标,反演出的充实率与采深的关系呈负相关。与浅部充填开

采相比,深部充填开采充实率减小的趋势变快,即减幅增大。

③ 以地表下沉量为控制指标,反演出的开采宽度和工作面推进距离与采深的关系呈正相关。与浅部充填开采相比,深部充填开采的开采宽度和工作面推进距离增大的趋势变快,即增幅增大。

4.4 采选充＋X绿色化开采充填质量控制

4.4.1 充填采煤充填质量指标构成

充填采煤充填质量指标体系包括:充实率、充填采煤液压支架的支护质量、夯实机构夯实力、充采质量比、充填体应力、顶板动态下沉等。为了确保充填采煤质量满足设计要求,需要对上述指标进行实时监控,实现充填密实度的实时监控与反馈。根据充填质量的监控内容,建立监控体系。该体系由工作面监测系统、充采比监测系统、采空区监测系统及地面控制中心4部分组成。各系统之间的信息传递与反馈控制机理如图4-116所示。

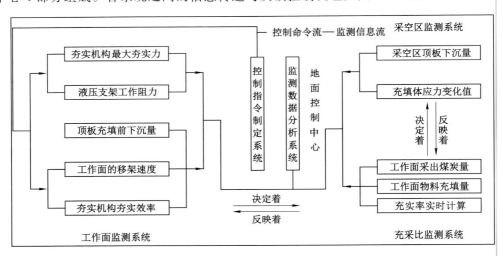

图 4-116　充填质量指标构成及监控体系

由图4-116可知,工作面监测系统主要是监测夯实机构最大夯实力、充填采煤液压支架工作阻力、充填前顶板下沉量等参数;采空区监测系统主要监测采空区顶板下沉量、充填体应力应变值、充实率;充采比监测系统主要监测工作面采出煤炭量、工作面物料充填量等。此外,地面控制中心对监测数据进行分析,并将信息反馈,及时发布各种指令,以便对充填质量控制效果进行实时监控。

4.4.2 充填采煤充填质量监测与控制

（1）地面控制系统

监测数据由监测仪表集中至井下数据分机,经数据分机集中于井下主机并存储,通过无线传输方式导入数据采集器,最终由采集器输入计算机数据库,再由地面控制中心分析采集的数据并对相应设备、人员发出指令以实现对充实率的控制。数据传输系统如图4-117所示。

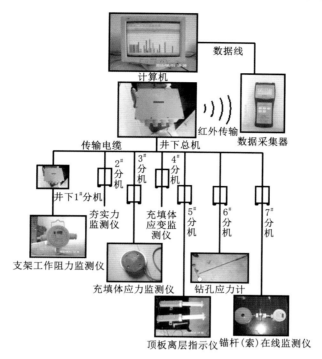

图 4-117　数据传输系统示意图

（2）充填采煤液压支架支护质量及夯实机构夯实力

观测充填采煤工作面回采过程中充填采煤液压支架的受力状况和支护质量，能够掌握充填采煤液压支架控顶范围内顶板压力的变化和分布规律，为衡量充实率控制效果提供数据支持。在支架夯实机构上安装监测装置，实时监测夯实机构的夯实力，全程监督充填物料的夯实质量。充填采煤液压支架支护质量及夯实机构夯实力监测设备如图4-118所示。

（3）顶板动态及充填体应力

在充填物料内埋设数排位移计及应变-应力仪构成采空区监测系统，监测顶底板移近量及充填物料承载载荷变化，以判断采空区充实率是否达到设计要求。顶板动态及充填体无力监测设备如图4-119所示。

在密实充填体内垂直安装顶板动态监测仪，其上部接触顶板，下部接触底板。顶板产生位移时将导致监测仪器测量部分产生压缩，由压缩变化转化电信号，上传至上位机再进行数据分析。

顶板动态监测仪的安装参数从两个方向合理设计。沿工作面倾斜方向，因对应安装动态监测仪的相邻两台支架在一定推进步距内不能进行夯实，考虑不影响整个工作面的控顶效果，即布置时不宜设置过密，但又需要确保监测数据的合理性，其间距通常设置为 15 m 左右；沿工作面推进方向，根据初次来压与周期来压的经验数据，第一排顶板动态监测仪距开切眼 20 m 左右，后续每排间隔 15～20 m。

充填体应力传感器采用应变测量技术，测量的是充填体垂直载荷应力。当顶板发生下沉后，将应力传递到应变体上产生横向变形，应变体将变形量转换成电压信号，经过变送器

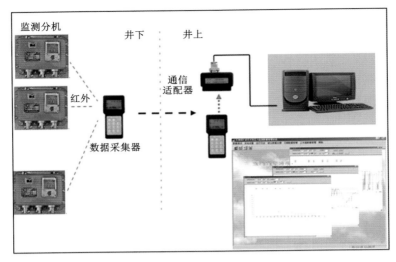

图 4-118　充填采煤液压支架支护质量及夯实机构夯实力监测设备

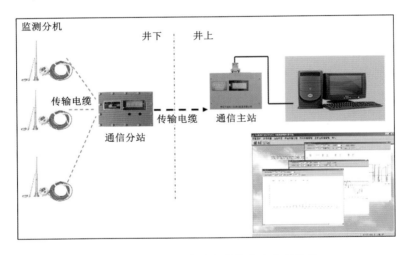

图 4-119　顶板动态及充填体应力监测设备

电路转换成数字信号输出。

安装时首先将充填体应力传感器紧固在方形钢板上,将相应安装地点的浮煤清理干净、整平,将钢板和传感器固定于安装地点,再将传感器电缆做相应防护(穿管或用槽钢防护),引出到巷道中。充填体应力布置参数与顶板动态仪设置参数基本相同。充填体应力的监测一般与顶板动态监测同时进行。

(4) 充实率

充实率是指在充填采煤中达到充分采动后,采空区内的充填物料在覆岩充分沉降后被压实的最终高度与采高的比值。充实率 φ 表达式为:

$$\varphi = \frac{h - H_z}{h} = \frac{h - [h_t + h_q + \eta(h - h_t - h_q)]}{h} \tag{4-20}$$

式中　h——采高,m;

H_z——采空区顶板下沉量,m;

h_t——充填之前顶板的提前下沉量,m;

h_q——充填欠接顶量,m;

η——充实率。

采用充实率这一指标来衡量充填开采效果,可以把与充填开采过程中与其相关的各个影响因素通过具体数值来表示以便分析,有利于客观研究。充填物料的压缩变形量、顶板的提前下沉量和欠接顶量是影响充实率的三大关键因素。

① 充填物料的压缩变形量。充填物料充入采空区后并没有被完全压实,上覆岩层沉降后压缩使其产生变形。刚充进采空区时的充填物料高度与覆岩充分沉降压实后的充填体的最终高度之差即为充填物料的压缩变形量 h_k。

通过大量研究分析可知:充填物料的压缩变形量 h_k 的大小与充填材料受到的最终压应力 $\sigma_{末}$、充填材料受到的初始压应力 $\sigma_{初}$、对应应力条件下充填材料的弹性模量 $E_{末}$、$E_{初}$ 以及 h_c 有关。其数学表达式为:

$$h_k = \left(\frac{\sigma_{末}}{E_{末}} - \frac{\sigma_{初}}{E_{初}} \right) \times h_c \qquad (4-21)$$

② 顶板提前下沉量。不同于长壁工作面回采,采空区充填具有一定的滞后性,需要开采出一定范围的充填空间后才能进行充填作业,揭露的顶板便会在自重和上覆岩层压力的作用下发生弯曲下沉,假如这时充填采煤液压支架对顶板的主动支撑力不够,就会产生采空区充填前顶板的提前下沉量。采用固体充填开采时,在充填物料还没有充进采空区前,工作面顶板的下沉高度即为顶板提前下沉量,如图 4-120 所示。

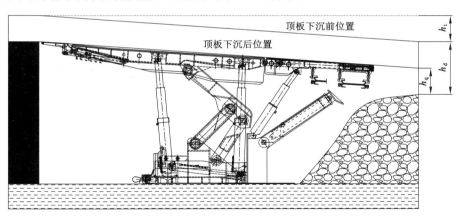

图 4-120　顶板下沉示意图

根据采动岩体中空隙扩散与空隙量守恒定律,顶板的提前下沉导致上覆岩层的移动变形空间增大,因此最终影响上覆岩层的移动变形。

③ 充填欠接顶量。固体充填物料由于是散体,具有一定的流动性,其充填进采空区后比较容易滑落,从而造成堆积的充填物料与顶板之间产生一定量的空隙,即为充填欠接顶量,如图 4-121 所示。

在固体充填开采技术中,充填体的欠接顶量越大,充实率控制效果越差,充填物料对顶板的控制效果越差。因此,在充填采煤过程中,需采取一定措施减少甚至消除充填欠接顶量。

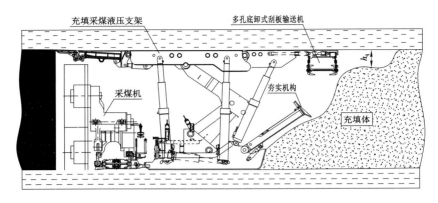

图 4-121　充填欠接顶量示意图

充实率的良好控制是采用固体充填采煤时覆岩移动与地表沉陷控制的关键。充实率的控制主要在于控制好影响充实率的主要因素，其具体体现为依据固体充填物料的抗变形能力不同，选取适当的充填材料，并对充填材料配比进行优化，进而让其具备较强的抗变形能力；优化固体充填采煤液压支架性能及参数，准确控制夯实机构，以使夯实角在合理的范围内以及通过科学计算确定最佳夯实力、最佳夯实次数；在充填开采作业过程中，一方面，采取措施以加强顶板的支护，减小充填前顶板的提前下沉量，另一方面，控制充采质量比，使采空区达到完全致密接顶。

（5）充采质量比

利用煤炭采出空间与充入的固体充填物料空间体积相等的原理，设计充采质量比等价为设计固体充填物料与原煤的密度比。设计值确定固体充填采煤充填量与采煤量比例关系，可为整个充填工作面充实率设计提供理论依据。

充采质量比是指充入的固体充填材料与采出的煤炭的比例。充采质量比是实际工程中控制充实率的直观指标。充采质量比实际为控制固体充填材料在夯实工艺完成之后，顶板加载之前的密度。充填材料密度越大，承载性能越优，顶板的活动空间受限越大，充实率控制水平越高。

充实率与充采质量比之间的关系如式（4-22）所示。

$$\varphi = \frac{\theta \cdot \rho_{煤}}{\rho_{物}} \tag{4-22}$$

其中　　θ——充采质量比；

$\rho_{煤}$——煤的容重；

$\rho_{物}$——充填物料在原岩应力条件下的
容重。

工作面采出的原煤经运煤带式输送机上的计量装置进行实时统计，充填入的固体材料的量由运料带式输送机上的计量装置进行实时统计。通过产煤量与充填入的固体材料比值的实时监测得到充填采煤工作面实时动态的充采质量比，如图 4-122 所示。

图 4-122　充采质量比监测设备

5　采选充＋X绿色化开采生产系统

根据采选充＋X绿色化开采技术的基本内涵,其主要包括采选充基本系统,以及 X 对应的系统。X 既可以是一种具体技术或工艺,也可以是一种基于采选充技术而实现的目标,X 为技术或工艺时,采选充＋X 可具体表达为:采选充留、采选充抽等;X 为希望实现的目标时,则采选充＋X 可具体表达为:采选充控、采选充保、采选充防等。由此,采选充＋X 绿色化开采生产系统布置呈现多种形式。本章着重阐述采选充＋X 绿色化系统构成、充填开采系统布置、井下煤矸分选系统布置、充填材料高效输送系统布置。

5.1　采选充＋X绿色化开采生产系统构成

5.1.1　总体系统构成

在第 2 章阐述了采选充＋控、采选充＋留、采选充＋抽、采选充＋防、采选充＋保等典型采选充＋X 绿色化开采的技术形式。本章介绍采选充＋X 绿色化系统构成,具体包括"采"、"选"、"充"以及"X"所对应的"留"、"抽"、"控"、"保"、"防"系统(图 5-1)。

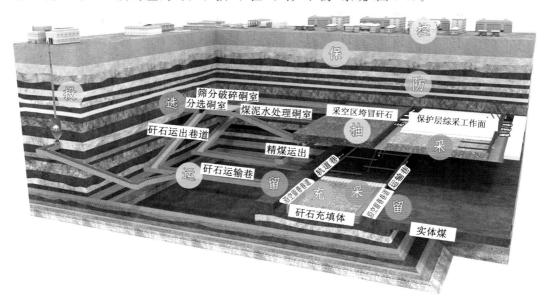

图 5-1　采选充＋X绿色化系统构成示意图

其中"采"的系统基本与传统综采系统类似,就不再赘述;"选"的系统根据不同的分选方法,包含重介浅槽分选系统、动筛跳汰分选系统、水介质旋流分选系统以及TDS智能分选系统等,具体在本章5.3节予以介绍;"充"的系统包含全采全充、全采局充、局采局充以及局采全充等,具体在本章5.2节予以介绍;"X"所对应的"留"、"抽"、"控"、"保"、"防"系统,具体在本章5.1节予以介绍。

5.1.2 X作为技术的生产系统

X作为一种具体技术或工艺时,其生产系统布置为技术对应的巷道、硐室布置方式及其关键设备的位置关系。

5.1.2.1 采选充＋留

采选充＋留技术中"留"的系统主要包括巷内沿空留巷和原位沿空留巷两种。

（1）巷内沿空留巷

首先采用大断面掘进形成工作面运输平巷或回风平巷,沿空留巷时,紧靠采空区一侧的巷道内进行充填形成巷旁充填体,巷旁充填体受原巷道支护的保护。在开采过程中,由未开采实体煤、采空区充填体及巷旁充填体共同形成支撑结构,上覆岩层压力由实体煤转移至支撑结构,基本顶关键层仅弯曲下沉而无破断。巷内沿空留巷系统布置如图5-2所示。

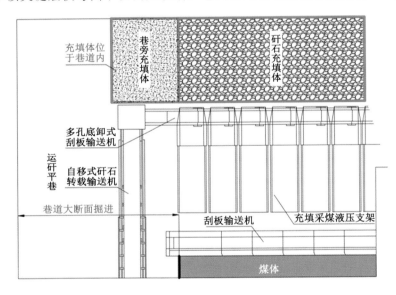

图5-2 巷内沿空留巷系统布置

充填开采巷内沿空留巷系统布置优缺点:充填开采巷内沿空留巷是在原巷道支护保护条件下先构筑巷旁充填体,其整个巷旁充填体位于巷道内,即巷旁充填体与原巷道支护共同支撑顶板,所以在巷旁充填体布置时,其操作空间及安全性能得到有效保证;巷旁充填体与原巷道支护对顶板支撑效果较好,巷道变形量一般较小;在一次成巷时,即大断面掘进时,其掘进工程量较大,掘进成本较高。

（2）原位沿空留巷

工作面运输平巷或回风平巷正常断面一次成巷。随充填工作面向前推进,在端头支架的掩护下,在靠采空区充填体侧构筑巷旁充填体,其与巷道原支护体系主动支护顶板,共同维持巷道的作业空间。因此整个巷旁充填体位于采空区内,不受原巷道支护保护。由于采空区实施全断面固体密实充填,上覆岩层压力由未开采前的实体煤转移至开采后的煤壁、巷旁充填体及采空区充填体,基本顶关键层仅弯曲下沉而无破断,不会形成弧形三角块铰接结构。原位沿空留巷系统布置如图5-3所示。

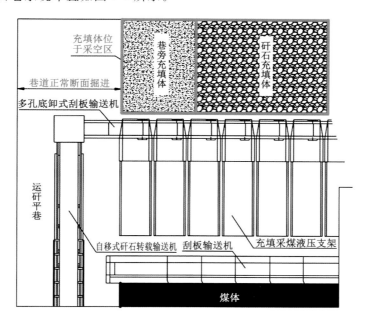

图 5-3　原位沿空留巷系统布置

充填开采原位沿空留巷系统优缺点:充填开采原位沿空留巷巷旁充填体位于采空区内,巷旁充填体与采空区充填体共同支撑顶板,巷旁充填体布置的操作空间及安全性较差,一般采取临时支护方式保证操作空间及其安全性。在一次成巷时,巷道断面相对较小,其掘进工程量少,掘进成本较低,而且由于断面较小,其支护难度及成本都相对较小。充填开采原位沿空留巷一般对顶板条件及围岩稳定性要求较低。

5.1.2.2　采选充＋抽

采选充＋抽实施的总体目标是将深部高瓦斯煤层转变为低瓦斯煤层,实现高瓦斯煤层安全高效开采及固废处置。一种典型的采选充＋抽生产系统布置包括:"采"的系统为近全岩保护层开采系统;"选"的系统为井下少煤多矸高效分选系统;"充"的系统为充填协同垮落式开采系统;"抽"的系统为高抽巷封闭抽采＋本层顺层钻孔抽采＋底抽巷穿层钻孔抽采组成的瓦斯立体抽采系统。

（1）近全岩保护层开采系统

近全岩保护层开采系统主要指在所开采煤层附近无相邻可采煤层作为保护层时,选取临近的夹矸薄煤层或软岩层作为保护层进行布置的保护层工作面开采系统。系统将工作面布置在所需开采工作面的上方或下方,利用采动影响对所保护工作面煤层进行增透卸压,以实现被保护层工作面的安全开采。

近全岩保护层开采系统与传统保护层开采系统布置类似,区别在于其开采目标为薄煤层(岩层)或软岩层,所以工作面采高较小,一般不超过 2 m;需要布置矮机身大功率的采煤机,同时为了保证煤岩截割效果,还需进行钻孔爆破等辅助破岩工作。在此过程中产生的高含矸率煤流在井下少煤多矸高效分选系统中分选。

(2) 井下少煤多矸高效分选系统

井下少煤多矸高效分选系统根据高含矸率煤流的可选性具体进行设计,其相关的系统布置见 5.3.2 节。

(3) 充填协同垮落式开采系统

充填协同垮落式开采系统主要是指为了兼顾矸石规模化处理能力和工作面煤炭生产效率,从而将工作面的一部分布置成充填工作面、一部分布置成垮落工作面的工作面开采系统。

在系统布置方面,充填协同垮落式开采系统采用典型的全采局充布置方式(见 5.2.1 节)。系统布置有充填和综采两套开采设备,中间设置过渡支架进行衔接,并布置挡风墙保证风路通畅。充填协同垮落式开采系统如图 5-4 所示。

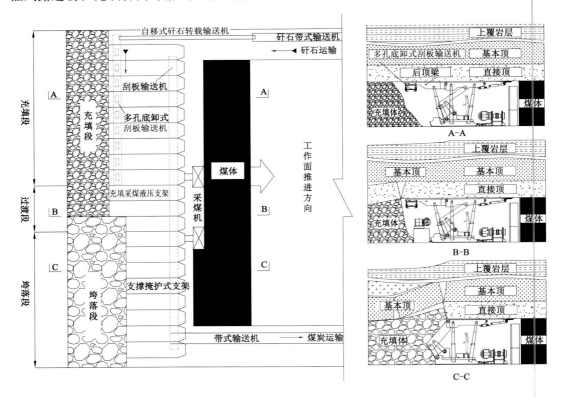

图 5-4   充填协同垮落式开采系统

(4) 瓦斯立体抽采系统

以上保护层开采为例,一种典型的瓦斯立体抽采系统布置方式为:为了抽采煤层 B 中瓦斯,选取低瓦斯煤层或软岩层 A 作为被保护层煤层 B 的保护层,并分别在保护层 A 中布置穿层钻孔、在被保护层 B 中布置顺层钻孔以及在被保护层 B 下部布置底抽巷穿层钻孔综合进行瓦斯预抽采,形成高抽巷封闭抽采＋本层顺层钻孔抽采＋底抽巷穿层钻孔抽采的立体抽采系统。采选充＋抽技术的立体瓦斯抽采系统示意图如图5-5所示。

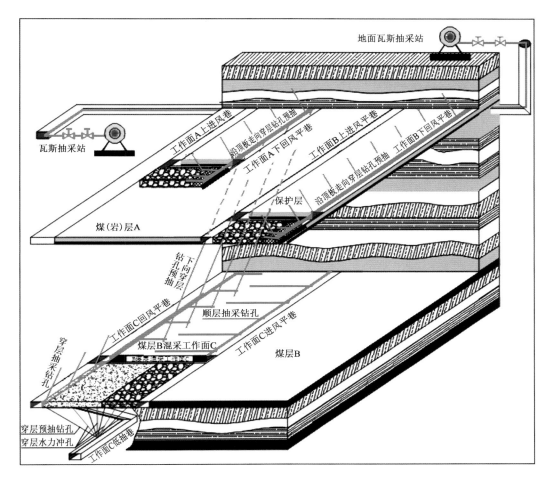

图5-5　采选充＋抽技术的立体瓦斯抽采系统示意图

① 高抽巷封闭抽采系统。

通过高位的下向穿层钻孔对被保护层工作面的瓦斯进行预抽采,同时布设沿顶板走向穿层钻孔预抽采从下部被保护层煤层裂隙带内逸散至保护层工作面的瓦斯。其系统布置如图5-6所示。

② 顺层钻孔抽采系统。

在被保护层工作面回采巷道向开采侧施工顺层抽采钻孔,并布置抽采管路对本层工作面的瓦斯进行预抽采,形成顺层钻孔抽采系统。其系统布置如图5-7所示。

③ 底抽巷穿层钻孔抽采系统。

在被保护层工作面底部掘进巷道,在巷道内部钻进穿层预抽钻孔至被保护层工作面,并布置抽采设备对被保护层煤层进行增透卸压和瓦斯预抽采。钻孔一般从巷道靠上部倾斜钻进,每隔一定距离设置一组钻孔。在被保护层工作面开采前进行瓦斯预抽采,形成底抽巷穿层钻孔抽采系统。其系统布置如图5-8所示。

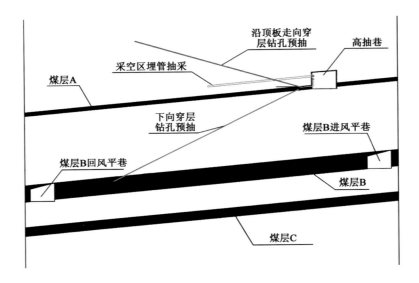

图 5-6　高抽巷封闭抽采系统布置示意图

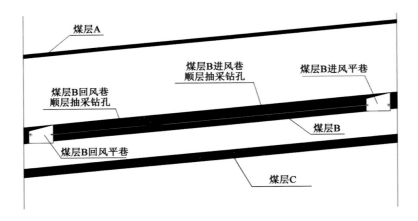

图 5-7　顺层钻孔抽采系统布置示意图

5.1.3　X 作为目标的生产系统

X 为希望实现的目标时,采选充系统为基本生产系统,布置方式相同。X 对应的系统布置主要体现在监测评价系统,监测评价对象为采选充技术目标实现程度的指标。以下分别阐述采选充＋控、采选充＋保、采选充＋防技术的监测评价系统布置。

5.1.3.1　采选充＋控

采选充＋控技术中"控"是指通过充填开采控制采场矿压显现、岩层移动与地表变形等,其监测评价系统主要包括充填采场矿压监测系统、充填实施效果监控系统及地表变形监测系统。

（1）充填采场矿压监测系统

充填采场矿压监测系统包括工作面与回采巷道监测。工作面监测指标包括支架工作阻

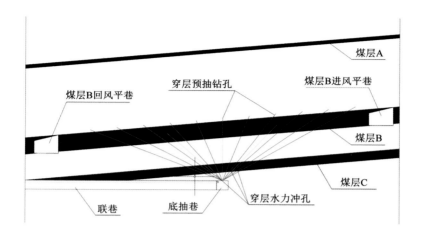

图 5-8 底抽巷穿层钻孔预抽系统布置示意图

力和夯实机构夯实力等；回采巷道监测指标包括超前支承压力、围压变形及锚杆受力等。

① 充填工作面监测系统布置。

充填工作面监测设备主要为充填采煤液压支架工作阻力监测仪和夯实机构夯实力监测仪。监测数据分别用于研究充填工作面顶板来压和周期破断规律，以及评价夯实效果。

以某矿充填工作面为例，该工作面共安装支架 58 部，在工作面充填采煤液压支架上布置 8 台工作阻力监测仪和 8 台夯实机构夯实力监测仪，均布置在 2、9、17、25、33、41、49、57 号支架上，如图 5-9 所示。

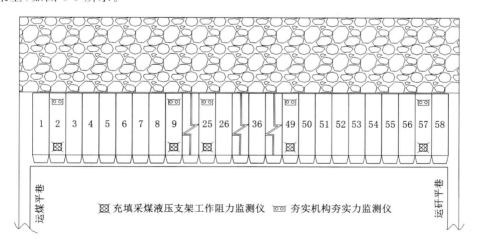

图 5-9 工作面充填采煤液压支架压力监测设备布置图

② 回采巷道监测设备布置。

回采巷道布置设备主要是对工作面超前支承压力、围岩变形及锚杆受力数据进行监测。在开采之前布置这些监测设备，当工作面推进至该位置时拆除这些监测设备。

以某矿充填工作面为例，分别在回采巷道内间距 100 m 左右布置测站。测站内布置有围岩变形、单体液压支柱应力及锚杆应力监测仪器。回采巷道测站布置如图 5-10 所示。

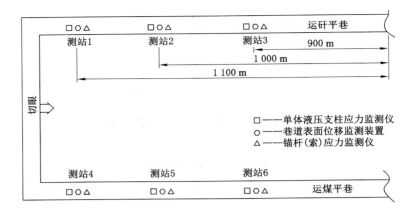

图 5-10　回采巷道测站布置图

（2）充填实施效果监测系统

充填实施效果监测系统主要包括采空区充填体监测系统和充采质量比监测系统。采空区充填体监测指标包括充填体应力、顶板动态下沉量等。

① 采空区充填体监测系统。

一般情况下，采空区充填体内主要布置充填体应力监测仪和顶板下沉量监测仪等监测设备。以某矿充填工作面为例，在采空区充填体内安设了 3 组测点，测点共分为 3 排布置，3 组监测点分别距运煤平巷巷帮 20 m、45 m、70 m，每组包括 1 个充填体应力监测仪和 1 个顶板下沉量监测仪，如图 5-11 所示。

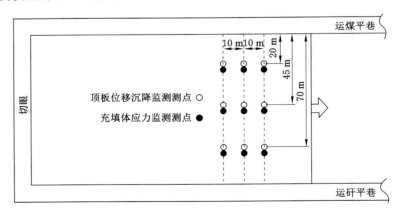

图 5-11　工作面充填体内监测仪布置图

由于充填体应力监测仪位于采空区内，其数据传输线容易受到破坏，因此应将其数据传输线放置于特制管路中，在两巷内应将特制管路悬挂于两巷煤帮 2/3 处以上。

② 充采质量比监测系统。

充采质量比监测主要通过在回采巷道内的充填材料和运煤带式输送机上安装称重载荷系统实现。在广泛使用的称重载荷系统中，最为常用的输送带动态称重系统，就是电子皮带秤，其布置如图 5-12 所示。

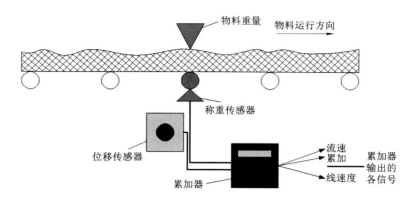

图 5-12　电子皮带秤布置示意图

通过电子皮带秤实时计量煤炭产出量、充填材料充入量,两者相比即可得到充采质量比。

（3）地表变形监测系统

地表变形监测分析指标主要包括下沉值、水平移动值、水平变形、倾斜变形、曲率。常用监测方法主要有人工监测、InSAR 监测和 CORS 监测等。

① 人工监测。

人工监测即通过人工利用全站仪和水准仪对观测点的坐标和高程进行定期观测。观测前首先需根据实际需求在要观测区域布置测线,并确定测线的测点间距,此外还需在每条观测线的两端布置若干控制点,控制点个数每端不少于两个,之后将设计的观测点和控制点在实地进行标定并埋设预制混凝土桩或实地浇筑混凝土桩设置观测站,最后对观测点进行编号。在采动过程中定期、重复测定观测线上各测点的坐标和高程,以掌握其在采动过程中及采动后不同时期的位置变化。具体观测工作包括观测站的连接测量、全面观测、单独进行的水准测量、地表破坏的测定和编录等。

以某矿为例,地表移动观测线布置方案如下:

a. 沿工作面的中心位置南北方向布设两条观测线,观测线长度约 1 000 m,布置工作测点 51 个。

b. 沿工作面的中心位置东西方向布设一条观测线,观测线长度约 1 900 m,布置工作测点 96 个、控制点 3 个。

工作面地表移动观测站测线布置如图 5-13 所示,其测点和控制点个数统计见表 5-1。

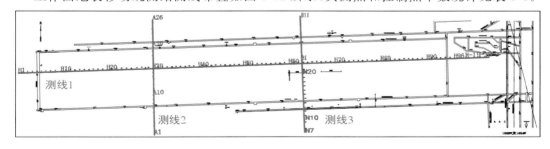

图 5-13　工作面地表移动观测站布置示意图

表 5-1　工作面地表移动观测站工作测点和控制点个数

观测线名称	观测线长度/m	工作点/个	控制点/个	合计/个
工作面观测线 1	500	26	0	26
工作面观测线 2	500	25	0	25
工作面观测线 3	1 900	96	3	99
合计	2 900	147	3	150

② InSAR 监测。

星载合成孔径雷达干涉测量（Interferometric Synthetic Aperture Radar，InSAR）是通过微波合成孔径雷达图像（SAR）数据对地表重复观测形成的微波（1 mm～1 m）相位差计算地表形变的观测技术。该技术精度可以达到毫米级，具有精度高、环境适应能力强的优势。该技术开展地表形变监测主要有差分合成孔径雷达干涉测量（D-InSAR）及基于时间序列分析的短基线集干涉测量（SBAS）两种方法。本节主要介绍矿井最为常用的 D-InSAR 监测系统。

D-InSAR 监测系统在进行工作面地表下沉监测时，主要通过卫星持续采集工作面上方的影像进行对比得到工作面上方地表建构筑物的位置变化，其主要流程包括影像配准、去平地效应、相位差分、干涉图滤波、相位解缠、地理编码等。由于某些建构筑物的特征不明显（比如铁路、公路等），还需特别设置监测控制点。

③ CORS 监测。

CORS 基本工作原理是利用 GPS 导航定位技术，根据需求按一定距离建立长期连续运行的一个或若干个固定 GPS 参考站，利用计算机、数据通信和互联网络（LAN/WAN）技术将各个参考站与数据中心组成网络，由数据中心从参考站采集数据，利用参考站网络软件进行处理，然后向各种用户自动地发布不同类型的 GPS 原始数据、各类 RTK 改正数据等。

以某充填矿井为例，为了监测充填工作面开采对铁路及主要建（构）物地表沉陷变形的影响，采用 CORS 监测系统进行监测。测点布置如图 5-14 所示。布置测线 A 与测线 L。测线 A 共 22 个测点，测线 L 共 8 个测点。

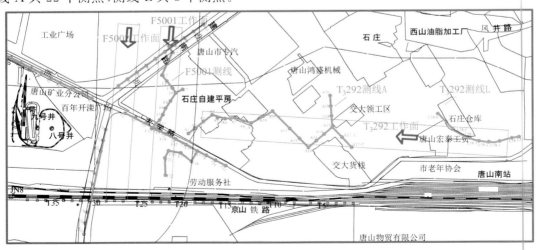

图 5-14　CORS 监测系统地表变形测点布置

5.1.3.2　采选充＋保

采选充＋保技术中的"保"是指利用充填保证隔水关键层的完整性,以避免发生矿井突水事故,保护地下水资源。其评价指标为导水裂隙带发育高度和含水层水位等。其监测评价方法主要包括钻孔电阻率法、钻孔漏失法、钻孔窥视法等。

（1）钻孔电阻率法

采用钻孔电阻率法测试导水裂隙带发育高度时,在工作面巷道中施工钻孔,在钻孔和巷道中布置电极,采用并行电阻率法进行数据实时采集,根据钻孔电阻率成像和孔巷电法联合反演电阻率成像,得出顶板导水裂隙带发育高度。

以某矿为例,测试钻孔沿充填工作面运输平巷内侧煤壁布置,距离切眼约 132 m,方位与运输平巷走向成 10°,朝向工作面内,仰角为 13°,终孔孔径为 91 mm;钻孔长度为 105 m,自孔口至切眼方向,距离孔口平距 102 m,离运输平巷平距为 19.4 m,控制垂高:(25±1) m。钻孔电阻率法钻孔布置如图 5-15 所示。

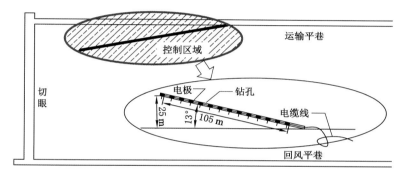

图 5-15　钻孔电阻率法钻孔布置

（2）钻孔漏失法

仰孔测漏法是井下"三带"观测的一种常用钻孔漏失法。其原理是利用了覆岩"三带"的破坏程度与其透水性存在着显著差异的性质,即垮落带水的漏失量大,裂隙带水的流失量次于垮落带,弯曲下沉带水的流失量最小。其工艺是在井下工作面的外围巷道或硐室中,向工作面斜上方打小口径仰斜钻孔,超过预计的导水裂缝带顶界一定的高度,采用胶囊对钻孔进行逐段封隔注水,测定各孔段的漏失量,以此探测确定覆岩破坏高度。其原理如图 5-16 所示。井下仰孔观测系统如图 5-17 所示。

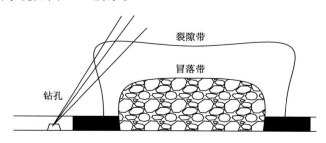

图 5-16　井下仰孔注水测漏法原理示意图

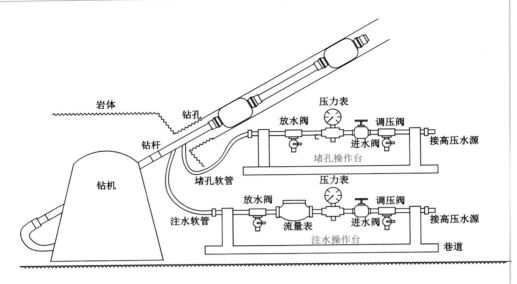

图 5-17　井下仰孔观测系统示意图

以某矿为例,在超前工作面 100 m 处的相邻工作面上平巷内施工 S1 钻孔(采前对比孔),在距离工作面采后 150 m 处及距离工作面采后 250 m 处各布置 S2、S4 钻孔(采后"三带"观测钻孔)及 S3、S5 钻孔(备用钻孔)。钻孔漏失法观测钻孔布置如图 5-18 所示。

(3) 钻孔窥视法

钻孔窥视法是采用钻孔窥视仪观察钻孔壁上的结构面分布情况。其工作原理就是利用 CCD 探头把光线转变成电子信号,通过电缆将信号输送到图像接收器上,进而观察、记录、存储钻孔内岩体结构图像。

钻孔窥视法的系统布置方式与钻孔漏失法的基本相同,仅是将观测设备替换为钻孔窥视仪。

(4) 水位变化监测系统

含水层内裂隙水水位是表征含水层完整性的重要指标。含水层水位变化监测的仪器主要有浮子式和压力式两大类。① 浮子式含水层水位计是由浮子、悬索、水位轮系统组成,一般还有平衡锤,或者用自收悬索机构取代平衡锤,此外还包括编码器、固态存贮、电源等。这些设备悬挂井中水面上自动工作。② 压力式含水层水位计通过测量水面以下某一点的静水压力,再根据水体的密度换算得到此测量点以上水位的高度,从而得到水体埋深。传感器＋主机形式的压力式含水层水位计由压力传感器和测量控制装置组成,用专用电缆连接。压力传感器用专用缆索悬挂在地下水测井内的最低水位以下。测控装置在地面上。其中电源和记录装置也可能是单独的,并和测控装置相连。

以某矿为例,在 103 工作面及相邻的 105 工作面布设含水层水位监测孔 KY12 及 KY11 孔,如图 5-19 所示。所用设备为压力式含水层自动监测系统,如图 5-20 所示。

5.1.3.3　采选充＋防

采选充＋防技术中的"防"是指利用充填防止坚硬顶板断裂引起动力灾害事故。其监测系统主要针对工作面煤体和坚硬顶板而布置。其监测方法包括钻孔应力监测法、钻屑法、微震法等。

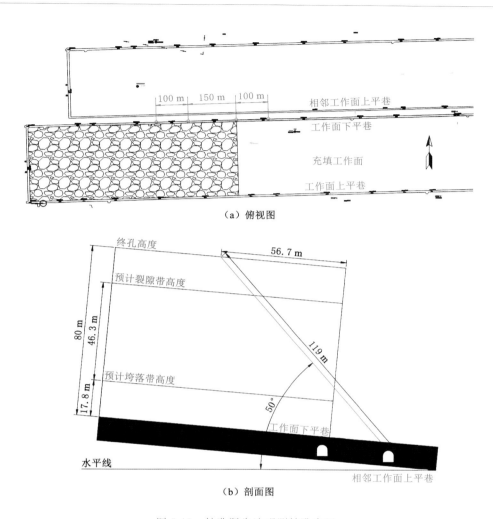

（a）俯视图

（b）剖面图

图 5-18　钻孔漏失法观测钻孔布置

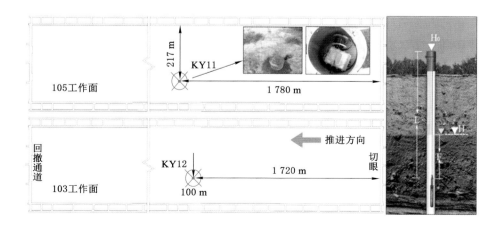

图 5-19　某矿水位监测孔布置及监测原理

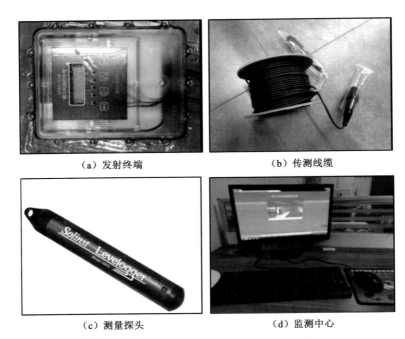

（a）发射终端　　　　　　　　　　　（b）传测线缆

（c）测量探头　　　　　　　　　　　（d）监测中心

图 5-20　压力式含水层水位自动监测系统

（1）钻孔应力监测法

钻孔应力监测法是通过应力传感器对自重应力、构造应力、采掘应力等应力脉冲进行采集和分析，以此来监测煤岩体的应力集中程度。其具体方法是在工作面前方煤体内布置应力监测计，通过传输线缆将采集的煤体内部应力传输至区段平巷的数据处理装置，并最终输送至地面中心站进行研究分析。

以某矿为例，监测钻孔具体布置参数如下：在区段平巷实体煤一侧每隔 20 m 布置一组应力监测钻孔，每组钻孔由一个 14 m 深孔和一个 7 m 浅孔组成，两孔间距 1 m，孔径 44 mm，应力监测计安装高度位于底板上方 1.2～1.5 m。工作面应力监测钻孔布置如图 5-21 所示。

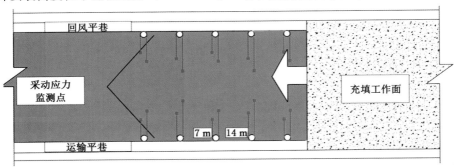

图 5-21　工作面应力监测钻孔布置图

（2）钻屑法

钻屑法是通过在煤层中打直径 42～50 mm 的钻孔，根据排出的煤粉量及其变化规律和有关动力效应，监测动力灾害发生倾向性的一种方法。其实质是在受压煤体中打钻。当钻孔进入煤体高应力区时，钻孔周围煤体逐渐过渡到极限应力状态，钻进过程呈现动态特征，孔壁附近煤体可能突然挤入孔内，并伴有不同程度的振动、声响和微动力效应等异常现象，以及单位长度上的煤粉排出量大于正常排粉量，钻屑的粒度也有所增大。

以某矿为例，钻屑法钻孔布置参数如下：在工作面区段运输平巷和回风平巷实体煤一侧，每隔 30 m 施工 1 个检测钻孔，孔径直径 42 mm，孔深 12 m，钻孔间距 30 m，钻孔距底板的高度为1.0 m，单排布置，钻孔方向与巷帮垂直，平行于煤层。每次检测用胶结袋收集钻出的煤粉，用测力计称量煤粉的重量，每钻进 1 m 测量 1 次钻屑量。工作面钻屑法钻孔布置如图 5-22 所示。

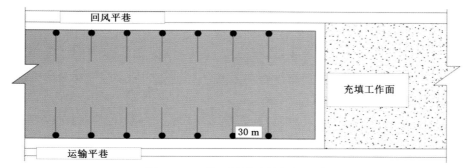

图 5-22　工作面钻屑法钻孔布置图

（3）微震法

微震法主要是对岩层断裂时发出的高能量低频率的地震波进行监测。通过设置不同空间位置的传感器，记录地震波的到达时间，然后利用数据处理软件确定岩石破裂点（震源位置）和能量大小。微震监测系统用于实时监测能量事件，进而分析主要采动区、应力集中区的微震事件分布规律，实现对重点监测区域的能量监测。

微震监测系统包括信号传输系统、信号处理系统以及模拟检测系统。其中：① 信号传输系统包括拾振器、传输电缆和接收箱，可接收传播微震信号。拾振器频带宽 0.1～50 Hz，最大传输距离超过 10 km。② 信号处理系统是在可编程序支持下，由计算机完成全部处理工作，并对全部信息进行存储，并可以调出多次震动参数进行计算、机制测定和频谱分析等。③ 模拟记录系统是实时记录模拟震相，可以粗略定位和确定震源性质。微震监测系统布置如图 5-23 所示。

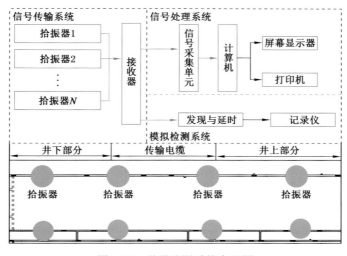

图 5-23　微震监测系统布置图

5.2 绿色化充填开采系统布置

5.2.1 充填开采系统布置方式

充填开采系统布置方式主要包括全采全充法、全采局充法、局采局充法及局采全充法4种。

5.2.1.1 全采全充

全采全充是指将开采块段内圈定的煤炭资源全部采出，所形成的采空区进行全部或部分密实充填的开采方法。开采块段煤体经采充行为后，全部由密实充填体取代，或部分由条带式密实充填体取代。

全采全充的开采系统布局形式（如图 5-24 所示）是在开采块段内逐个布置相同的充填工作面，采煤与充填交替进行，采完即充，直至完成开采块段所有煤炭资源的开采与采空区的全部或部分密实充填。根据充填的实施方式不同，全采全充可分为全块段全采全充和条带式全采全充两种类型。

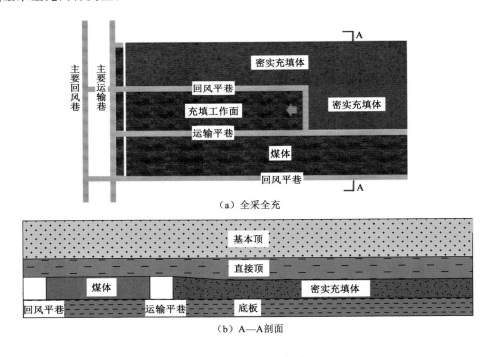

（a）全采全充

（b）A—A剖面

图 5-24　全采全充系统布置

全采全充的布局优势主要体现在：一是有效结合综采与充填的技术特征，实现开采块段煤炭资源的高效绿色开采；二是实现采空区的全部或部分密实充填，有效控制采场矿压及地表沉陷；三是可灵活配置不同的充填工艺，适用范围广。该方法煤炭采出率高，其目的是为了严格控制采场矿压与地表沉陷。

5.2.1.2 全采局充

全采局充指的是将开采块段内煤炭资源全部采出,形成的采空区进行非密实局部充填的开采方法。煤体经采充行为后,由垮落的采空区与非密实充填体取代。根据局部充填实现方式的不同,全采局充可分为纵向全采局充和横向全采局充两种类型。

纵向全采局充的开采系统布局形式又分为异面型全采局充和同面型全采局充两种形式,如图 5-25 所示。其中异面型全采局充的布局形式是在开采块段内交替布置综采面与充填工作面,综采面采用垮落法管理顶板,充填工作面采用充填法管理顶板,综采面与充填工作面交替进行,直至完成开采块段所有煤炭资源的开采与对应采空区的充填。同面型全采局充的布局形式是在开采块段内逐个布置相同的混采工作面,混采工作面包括综采段与充填段,综采段采用垮落法管理顶板,充填段采用充填法管理顶板,混采工作面综采段与充填段按工序交替进行,直至完成开采块段所有煤炭资源的开采与对应采空区的充填。横向全采局充(如图 5-26 所示)主要指在采空区内高度方向或工作面推进方向上非密实局部充填。若考虑矿压与地表沉陷控制,进行密实局部充填也可达到全采全充同样的效果。

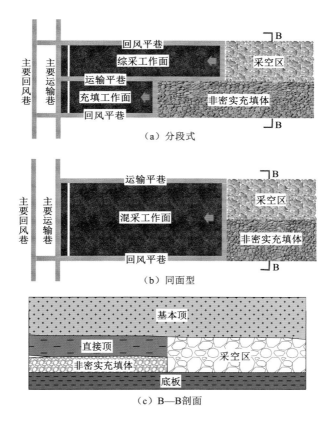

（a）分段式

（b）同面型

（c）B—B剖面

图 5-25　纵向全采局充系统布置

全采局充的布局优势主要体现在:一是根据实际工程需求灵活设置充填面(段);二是有效结合综采的高效性与充填处理矸石的特点,克服纯充填面不能与矿井生产能力匹配的缺陷;三是有效平衡致密充填减缓岩层运动与减弱矿压显现与快速开采需求之间的矛盾。全

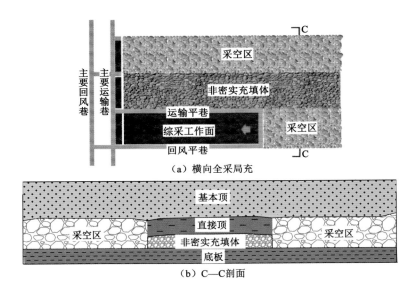

（a）横向全采局充

（b）C—C剖面

图 5-26　横向全采局充系统布置

采局充主要适用于煤炭高效开采和矸石等固体废弃物规模化处理。

5.2.1.3　局采局充

局采局充指的是将开采块段内煤炭资源局部采出，留设一定数量的煤柱，形成的采空区进行非密实局部充填的开采方法。开采块段煤体经采充行为后，由遗留的煤柱、垮落的采空区及非密实充填体取代。典型的局采局充系统布置如图 5-27 所示。

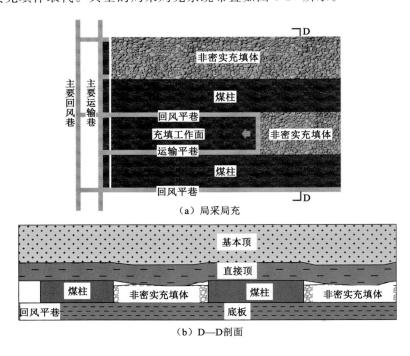

（a）局采局充

（b）D—D剖面

图 5-27　局采局充系统布置

局采局充的布局形式是在开采块段内交替布置充填工作面,并在每两个充填工作面之间留设煤柱,开采块段煤炭资源开采完毕后由煤柱和非密实充填体组成,充填工作面采用非密实充填法管理顶板。

局采局充的布局优势主要体现在:一是根据矸石处理量灵活布置充填面;二是通过合理设置遗留煤柱宽度,结合充填的致密程度,等效实现全断面密实充填的岩层控制效果。局采局充主要适用于矿压与地表沉陷控制或需要处理矸石的矿井。

5.2.1.4 局采全充

局采全充指的是对开采块段遗留的煤炭进行回采,对所有采空区进行全部密实充填的开采方法。开采块段煤体经二次采充行为后,全部由密实充填体取代。

局采全充的开采系统布置形式是在已经有过开采行为(如遗留煤体)的开采块段内逐个布置相同的充填工作面,二次采煤与充填交替进行,采完即充,直至完成开采块段所有遗留煤炭资源的开采与全部采空区的密实充填。局采全充包括房柱式和旺格维利型局采全充 2 种类型,如图 5-28 所示。

局采全充的布局优势主要体现在:采用充填法回收遗留煤炭资源,安全可靠性高。局采全充法主要适用于遗留煤柱的安全高效回收。

5.2.2 充填开采系统布置方式分析

5.2.2.1 选择流程

在实际工程应用中,应根据矿井采矿地质条件,结合实际工程需求,选择井下充填开采方法,进而确定具体的充填开采系统布置。

具体流程:

① 分析矿井采矿地质条件,包括煤层赋存条件和覆岩特征等。

② 结合矿井现状,确定矸石产量、充填能力和工作面尺寸等技术指标。

③ 明确矿井充填开采的工程需求,包括矿压控制、地表沉陷控制、矸石处理或资源回收等。

④ 选择对应充填开采系统布置方式,包括全采全充、全采局充、局采局充和局采全充等。

⑤ 进行充实率、充采质量比、支架工作阻力、地表沉陷及采出率等技术参数进行理论设计。

⑥ 对充填开采方法的整体效果进行预估评价。

⑦ 结合类似工程案例,优化充填采煤工艺参数,通过以上流程确定合理的充填开采方法。

5.2.2.2 适用性分析

四类充填开采方法在装备与工艺、矸石处理能力、矿压及岩层控制、先进性及适用范围等方面各有优缺点:

① 装备与工艺方面。四种方法均在传统开采方法的基础上增加了充填装备与工艺,充填装备为"充填采煤液压支架＋多孔底卸式刮板输送机＋自移式充填物料转载输送机",全采全充和局采全充需增加夯实工艺。

② 矸石处理能力方面。相同工作面布置参数条件下,全采全充的矸石处理能力比其他

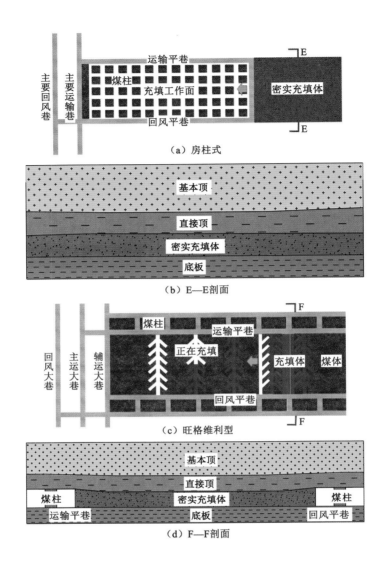

（a）房柱式

（b）E—E剖面

（c）旺格维利型

（d）F—F剖面

图 5-28　局采全充系统布置

3 种方法高,矸石充填工艺对采煤效率有一定影响。

③ 矿压及岩层控制方面。四种布置方式的顶板支撑结构差异较大,其中全采全充的支撑结构主要为充填体,其矿压与岩层控制效果取决于充实率;全采局充的支撑结构主要为充填体与垮落矸石,其矿压与岩层控制效果取决于充实率及充填段占比;局采局充的支撑结构主要为充填体与留设的煤柱,其矿压与岩层控制效果取决于充实率及煤柱宽度占比;局采全充的支撑结构主要为充填体,其矿压与岩层控制效果取决于充实率。

④ 先进性及适用范围。四种方法均具有较高的先进性,其适用条件各不相同,见表 5-2。

表5-2 不同充填开采系统布置方式的适用性评价

对比项	全采全充	全采局充	局采局充	局采全充
关键设备	充填采煤液压支架＋多孔底卸式刮板输送机＋自移式充填物料转载输送机			
采充工艺	综采＋密实充填	综采＋非密实充填	综采＋非密实充填	房柱开采＋密实充填
矸石处理能力	高	较高	低	较低
采场矿压与岩层控制主控因素	充实率	充填段占比、充实率	煤柱宽度占比、充实率	充实率
主要适用范围	"三下一上"及坚硬顶板下煤炭开采	高效非密实充填	矿井边界煤柱、边角煤回收等	遗留煤柱回收

5.3 井下煤矸分选系统布置

5.3.1 分选系统及巷硐布置要求

目前井下煤矸分选系统布置是以地面选煤厂现有的工艺技术为基础,将地面煤矸洗选设备改造设计运至井下,在井下开挖洗选硐室组装形成系统布置后用于井下煤矸分选,完成原煤运输、筛分破碎、煤矸分离、分选介质(水)循环等系统过程。常用的井下煤矸分选系统有重介浅槽分选、动筛跳汰分选、水介质旋流分选和井下智能干选等。井下典型分选系统及巷硐布置如图5-29所示。

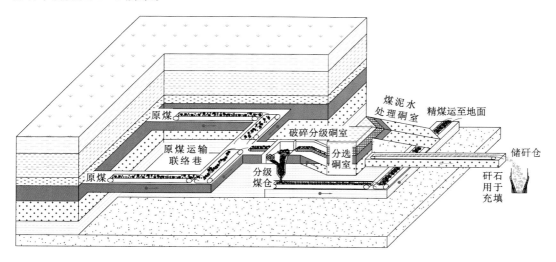

图5-29 井下典型分选系统及巷硐布置

井下煤矸分选硐室群可概括为井下安置分级破碎、煤矸分离、煤泥水处理、煤矸运输以及供电、供水等相关装备的若干巷道与硐室的总称。煤矸分选硐室群内各巷硐一般根据其具体使用功能进行命名,如筛分破碎硐室、煤矸分离硐室、煤泥水处理硐室、原煤入选巷道、矸石排运巷道等。由于筛分破碎硐室和煤矸分离硐室是实现井下煤矸分选的主要功能硐室,并且其断面尺寸在分选硐室群内也最大,因此将这两类硐室统称为煤矸分选硐室群内的主硐室,相应的其他硐室则称为辅助硐室。井下煤矸分选硐室群具有以下显著结构特征。

① 整体断面尺寸大。井下煤矸分选工艺复杂,各类设备在空间内紧凑衔接,对断面尺寸需求高。

② 主硐室宽高比小于1。主硐室对断面的高度要求强于宽度,断面呈"瘦长"形,即宽高比小于1。

③ 巷道化布置。我国煤矿对硐室的传统定义为空间3个轴线长度相差不大、不直通地面且具有特定使用功能的地下巷道,但对于煤矸分选硐室群内各硐室而言,其轴向长度一般均显著大于断面尺寸,巷道化特征明显。

④ 流线化回路布局。为降低对原煤运输系统的干扰,井下煤矸分选硐室群普遍采用辅助式布置,即煤矸分选系统是原煤运输系统的一个分支,为满足原煤入选(从运输大巷获取原煤)与精煤回流(洗选精煤转运至运输大巷)要求,一般除煤泥水处理硐室和矸石排运巷道外,以流线化回路的形式布置煤矸分选硐室群内各巷硐。

井下分选系统及巷硐布置需满足分选设备运行、分选工艺实施等基本要求,因此,分选系统及巷硐布置应满足以下要求:

① 分选相关巷道与硐室布置于强度较高、性质稳定、地质构造较少的岩层内,远离采动影响,并考虑密集硐室群在动静载荷叠加影响下的长期变形控制。

② 尽量靠近原煤运输路线聚合点及充填工作面,降低煤矸运输成本。

③ 煤矸分选硐室群布置应注意结构的紧凑性,在确保岩柱稳定、原煤顺利入选的前提下缩短主硐室间或邻近巷硐间的距离,削弱与矿井其他生产活动的交互影响、减少压煤、降低掘巷工程量、实现煤矸高效分选;煤矸分选硐室群紧凑型布局满足主硐室优先布置、主硐室间平行布置、主辅硐室垂直布置、衔接处断面尺寸过渡、交叉点倒角过渡。

④ 分选硐室应保证一定的断面尺寸,需满足井下受限空间内不同分选设备的安装与运行要求,实现煤矸分选设备紧凑型布置。

5.3.2　典型分选技术系统布置

5.3.2.1　重介浅槽分选系统布置

井下重介浅槽煤矸分选系统采用的是类似于地面的重介选煤系统。该系统具有流程简化、自动化程度高、适用范围宽的特点。该系统主要由五个子系统组成,分别为筛分破碎系统、煤矸分选系统、悬浮液循环系统、煤泥水处理系统和参数控制系统。该系统布置流程如图5-30所示。

筛分破碎系统主要由带式输送机、多级齿辊式滚轴筛和卸料溜槽组成。多级齿辊式滚轴筛是该系统的主要设备,完成对带式输送机运输过来的毛煤的初步破碎筛分。该滚轴筛的筛分粒径为50 mm,即粒径小于50 mm的筛下物默认为煤通过带式输送机运输至井底煤仓,粒径≥50 mm的筛上物通过卸料溜槽和带式输送机或刮板输送机运输至煤矸分选系统。通过入料准备系统对毛煤的初步筛分可以减轻煤矸分选系统的分选负担,提高井下煤矸分选的效率和设备使用年限。

煤矸分选系统主要由重介浅槽分选机和介质添加泵组成。重介浅槽分选机主要完成对煤和矸石的分离。而介质添加泵则根据控制系统的命令,适当的往重介浅槽中添加水平介

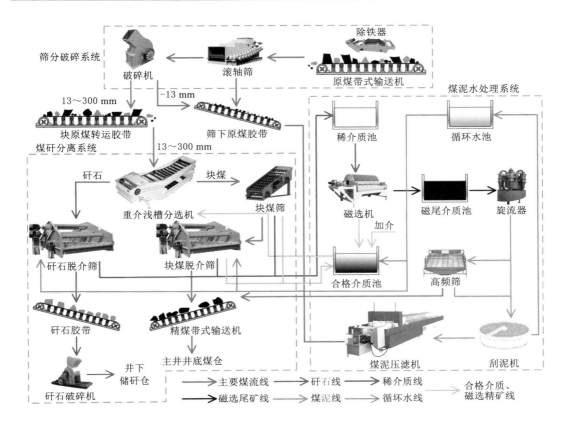

图 5-30 重介浅槽分选系统布置流程图

质流和上升介质流,保持分选槽中悬浮液的稳定,使煤和矸石得到有效地分离。完成分离的煤和矸石通过出料溜槽分别导入煤和矸石的脱介筛。完成脱介的煤和矸石通过块煤破碎机和矸石破碎机进行破碎,矸石的粒径控制在 50 mm 以下,以满足工作面充填作业对矸石粒径的要求。破碎后的煤和矸石通过相应的输送机输送至井底煤仓和采区储矸仓。

悬浮液循环系统主要由脱介筛、分流箱、磁选机、合格介质池和合格介质泵组成,主要完成合格介质的循环、制备和添加,煤和矸石的脱介,以及稀介质的净化回收工作。合格悬浮液经过分选设备、弧形筛和分流桶后,返回合格介质桶(合介桶)循环使用;从脱介筛上冲洗下来的稀介质和分流桶中部分分流出来的合格介质悬浮液通过磁选机净化回收,同时完成磁选尾矿和精矿的分离,其中的磁选精矿(磁铁矿粉)进入合格介质池中返回悬浮液循环系统,排出的煤泥等磁选尾矿通过渣浆泵泵送至煤泥水处理系统的高频筛中;合格介质池中主要完成介质的制备,在合介池中可以灵活控制介质的粒度组成等指标,合格介质通过合格介质泵泵送入重介浅槽分选机中。

煤泥水处理系统主要由高频筛、刮泥机、压滤机、循环水池和煤泥输送机组成,主要负责煤泥的回收和水的澄清循环使用。以煤泥为主要成分的磁选尾矿泵送入高频筛中后,通过高频筛对煤泥进一步筛分,其中的粒级煤通过粒煤输送机输送至井底煤仓,而煤泥则进入刮泥池,通过刮泥机和渣浆泵泵送入压滤机中,煤泥在压滤中完成固液的分离,固体成分的煤泥通过煤泥输送机输送至井底煤仓,液体成分的废水泵送入循环水池,净化后的水作为补充水添加到合格介质池中。

受制于井下有限的空间,同时根据煤矸分离工艺的需求,需要对工作悬浮液的密度、磁选物含量、入料的毛煤量等重要参数进行测定和自动控制,以减轻井下工人的工作量,同时通过自动测控技术实现整个重介浅槽煤矸分选系统的简单化与高效化,提高整个系统的可靠性。

5.3.2.2 动筛跳汰分选系统布置

井下动筛跳汰煤矸分选系统是在参考地面动筛跳汰原煤洗选系统的基础上改进而来的,系统布置主要包括筛分破碎系统、动筛跳汰煤矸分离系统和煤泥水处理系统。具体的系统布置流程如图 5-31 所示。

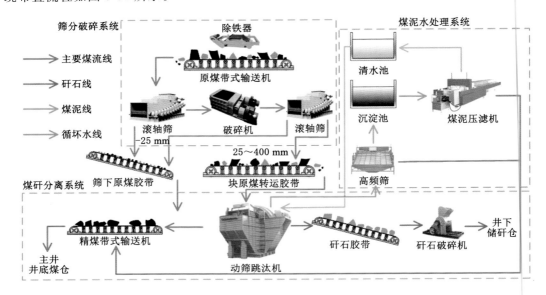

图 5-31　动筛跳汰分选系统布置流程图

筛分破碎系统主要包括筛分机、入料输送机和破碎机等设备,其功能和目的与重介质浅槽煤矸分选系统中的入料准备系统类似,只是井下使用的机械式动筛跳汰机的入料粒径上限为 300 mm,所以破碎机粒径规格也是 300 mm。

动筛跳汰煤矸分离系统主要包括动筛跳汰机、矸石破碎机、矸石输送机、精煤输送机和水泵等设备,动筛跳汰机是该系统,也是整个动筛跳汰煤矸分离系统的核心设备,物料经入料溜槽进入动筛跳汰机的筛板上,完成筛分后的矸石和精煤经沥水后分别通过矸石溜槽和精煤溜槽进入矸石破碎机和精煤输送机,矸石在矸石破碎机中经破碎后再通过矸石输送机输送至井下的储矸仓进行储存,精煤通过精煤输送机运输至井底煤仓;跳汰机中的多余水可以通过溢流阀经管道溢流至循环水系统的沉淀池中,污水则通过水泵抽出泵送入循环水系统。

煤泥水处理系统主要设备或结构包括高频振动筛、沉淀池、污水泵、煤泥压滤机等。动筛跳汰机中的污水连同碎煤泵入高频振动筛中,颗粒较大的物料经高频振动至精煤输送机上,而粒径较小的煤泥则混着污水作为筛小物落入沉淀池中,经过沉淀池的缓冲作用,通过污水泵抽出输送到压滤机的压滤水箱中,待压滤水箱的煤泥厚度达到一定值后,压滤机会对煤泥进行处理,煤泥会经精煤输送机运输至煤仓;污水经压滤机压滤后得到净化,排出的清水会输送到清水池中,然后再添加到动筛跳汰机中循环使用。

5.3.2.3　水介质旋流分选系统布置

井下水介质旋流分选系统采用的是类似于地面的水介质旋流选煤系统。该系统主要由入料系统、煤矸分离系统、煤泥水处理系统及旋流器浓缩系统等组成。该系统中所使用主要设备为水介质旋流器。当煤泥灰分低时,预先脱泥筛筛下水经旋流器浓缩,底流经过弧形筛进入精煤离心机,脱水后成为精煤产品;当煤泥灰分高时,预先脱泥筛筛下水经另一组旋流器浓缩,底流经高频筛脱水后掺入中煤。水介质旋流器分选系统如图5-32所示。

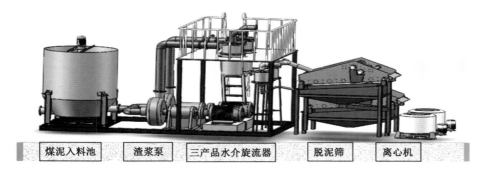

| 煤泥入料池 | 渣浆泵 | 三产品水介旋流器 | 脱泥筛 | 离心机 |

图 5-32　水介质旋流分选系统示意图

5.3.2.4　井下智能干选系统布置

井下智能干选系统包括入料系统、筛分系统、智能分选系统及煤流运输系统等。其工艺流程为:原煤通过溜槽、输送机等转载至原煤分级筛进行筛分,筛下粒径小于50 mm的末煤经筛下运煤带式输送机运回大巷带式输送机进入主煤流系统。筛上粒径大于50 mm的原煤进入智能干选机进行分选,分选后的矸石经矸石带式输送机运至分选储矸仓,经筛分破碎后进入储矸仓。分选后的煤经筛下运煤带式输送机运回大巷带式输送机进入主煤流系统。井下智能干选系统布置如图5-33所示。

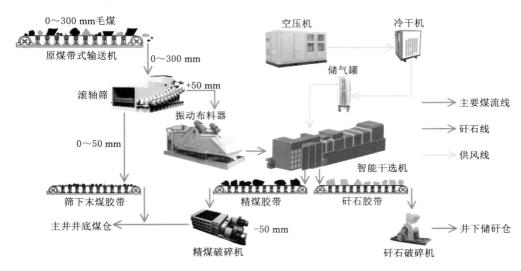

图 5-33　井下智能干选系统布置图

5.4　充填材料高效输送系统布置

5.4.1　充填材料井下输送系统

5.4.1.1　充填材料井下输送系统构成

充填材料井下输送系统一方面担负着地面投放矸石、粉煤灰的运输,另一方面担负着井下的掘进矸石与分选矸石的协调运输,以及矸石材料充填之前的预处理的任务。因此该系统主要包括地面矸石井下输送系统、掘进矸石井下输送系统、分选矸石井下输送系统以及多源矸石井下输送系统等。

（1）地面矸石井下输送系统

地面预处理后的矸石、粉煤灰通过投料井投到投料井下口的储矸仓,无需再次破碎,可直接通过带式输送机运输至充填区域。

（2）掘进矸石井下输送系统

井下掘进矸石大多粒径较大。掘进矸石一般先运输至储矸仓暂存。在储矸仓下口布置筛分破碎系统,将掘进矸石破碎至 50 mm,再通过带式输送机运输至充填区域。掘进矸石井下输送系统如图 5-34 所示。

（3）分选矸石井下输送系统

井下原煤分选后的矸石同样粒径较大。分选矸石需运输至储矸仓暂存。在储矸仓下口布置筛分破碎系统,将分选矸石破碎至 50 mm,再通过带式输送机运输至充填区域。分选矸石井下输送系统如图 5-35 所示。

（4）多源矸石井下输送系统

充填材料并不是单一的矸石或者单一粒径矸石,通常是由多种材料（矸石、粉煤灰等）或者是由不同粒径矸石混合而成。因此常将上述子系统相互配合输送多源充填材料。把多源充填材料运输至同一储矸仓进行混合,由皮带秤控制配料量,进行混合后统一输送至充填区域。多源矸石井下输送系统如图 5-36 所示。

5.4.1.2　充填材料井下输送系统设计原则

在充填材料井下输送系统设计过程中,一方面要考虑如何高效的输送充填材料;另一方面要考虑工作面充填系统对充填矸石物理特性方面的要求。也就是说,要解决矸石的高效输送及制备问题。充填材料井下输送系统设计的基本原则如下。

（1）矸石输送系统整体运输能力要满足工作面生产需求

根据充填采煤面每天采煤的体积、充填密实度、充填率等因素及一定的富裕系数来确定矸石的需求量。矸石井下输送系统的运输能力、储矸能力及筛分破碎能力等均需要满足工作面生产对矸石的需求,确保工作面充填物料的供应。

（2）矸石输送系统各设备之间要满足配套要求

矸石输送系统各级设备的选型要相互配套。下一级设备的运输能力不小于上一级设备的运输能力。同时,各设备配套之后的能力必须满足整个系统的生产能力。

（3）物料粒径要满足设备的要求

充填工作面进行全断面矸石充填采空区时,为了使矸石能够从卸料孔中顺利通过,要求

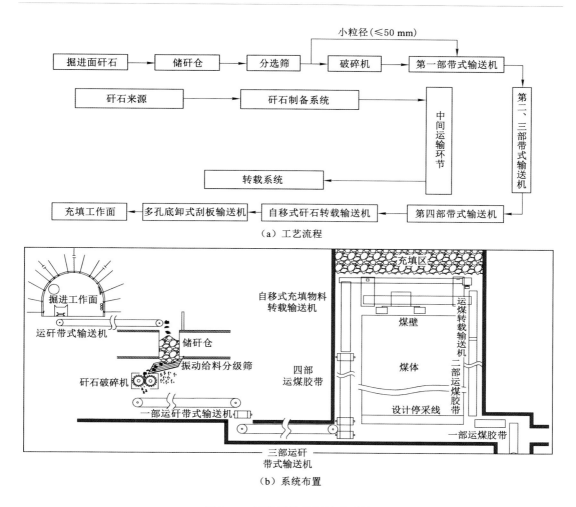

（a）工艺流程

（b）系统布置

图 5-34　掘进矸石井下输送系统

矸石粒径不大于 50 mm。因此,需要在运输环节中添加破碎筛分设备。

（4）尽量使用已有的巷道

充填采煤时的生产系统相比原来的生产系统来说增加了一套充填系统。考虑到井下生产系统的复杂性,在实现矸石不升井充填采煤的过程中,从节省投资、缩短建设周期、简化生产系统以及不影响原系统正常工作等角度出发,尽量考虑在已有的巷道中布置矸石输送系统。

5.4.1.3　充填材料井下输送系统布置方式

为了将矸石顺利运送至充填工作面,需要在开拓巷道和准备巷道中布置充填材料井下输送系统。充填物料井下输送系统主要有以下几种布置方式。

① 同一带式输送机上下运输(见图 5-37)。例如,济宁某煤矿,将运煤带式输送机进行改造,实现煤、矸上下胶带双向运输。原煤从工作面运输巷转运至布置在运输下山的双向带式输送机上胶带,矸石通过运输下山双向带式输送机下胶带转运至轨道巷中的矸石带式输送机上。原煤与矸石的运输方向相反。

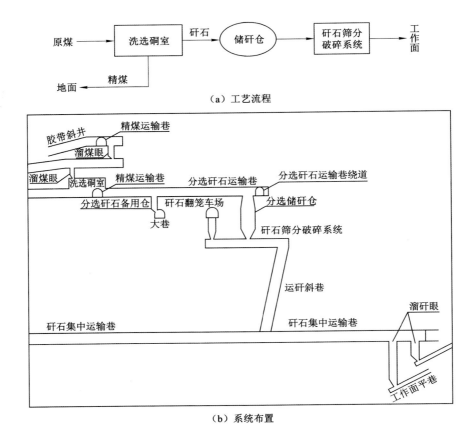

（a）工艺流程

（b）系统布置

图 5-35　分选矸石井下输送系统

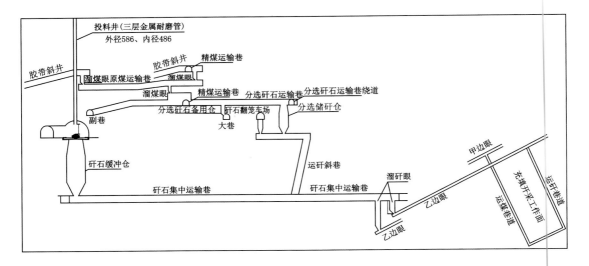

图 5-36　多源矸石井下输送系统

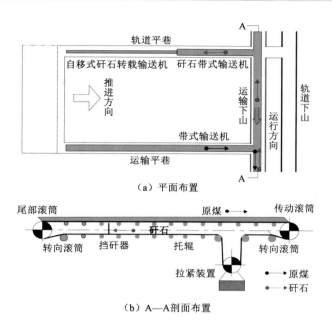

（a）平面布置

（b）A—A剖面布置

图 5-37　充填物料同一带式输送机上下运输

　　② 同一带式输送机不同位置运输（见图 5-38）。例如，新汶某煤矿，带式输送机布置在运输下山内，矸石在上胶带经挡矸器转运至轨道巷的矸石带式输送机上。此时轨道巷水平以下运输下山内的胶带是空载的，这时原煤可由运输巷转运至运输下山。

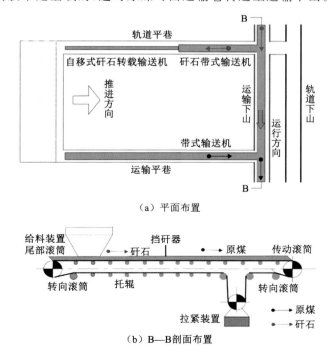

（a）平面布置

（b）B—B剖面布置

图 5-38　充填物料同一带式输送机不同位置运输

③ 利用原有的生产系统。例如,新汶某煤矿,利用现有生产系统的废弃巷道及设备,将闲置的回风下山作为向充填工作面运输矸石的矸石运输下山。

④ 新掘集中运矸巷。例如,兖矿某煤矿,由于巷道改造工程量大、占用巷道时间长、影响生产,所以施工专门的运矸巷进行矸石运输,运矸平巷与工作面运矸巷相连,同采区上下山平行布置。

5.4.2 充填材料井上输送系统

以固体充填开采为例,阐述充填材料井上输送系统。

5.4.2.1 充填材料井上输运系统构成

充填材料井上输运系统为井下采空区充填提供可靠的材料来源。该系统担负着固体废弃物投放之前的预处理及地面运输的任务。该系统由矸石堆积系统、破碎系统、输送系统等组成。

(1)矸石堆积系统

为了防止阴雨、冻土天气对取料的不利影响,需要在地面预处理及运输系统中修建矸石堆积场地、临时堆积场地及胶带走廊。矸石堆积场地存储量应不小于矿井一天的投料量。临时堆积场地是用于堆积预处理后的矸石。矸石堆积场地上方搭建雨棚并开挖排水沟等。

(2)破碎系统

破碎系统由破碎机、带式输送机、振动筛等组成。该系统可根据矿井实际充填需求一般采用二级破碎方式。出料矸石粒径在 50 mm 以下。

(3)输送系统

输送系统担任转载、运输充填材料任务。该系统主要由胶带运输机、充填材料转载输送机、给料机等组成。该系统与破碎系统协调配合,可实现地面充填材料预处理与运输功能。

5.4.2.2 充填材料井上输运系统设计原则

首先,由于充填采煤技术对矸石的粒度有一定的要求,所以需要实现对地面矸石的破碎,且破碎系统的破碎能力应能满足井下生产能力的需要。其次,采用投料井下料运矸,投料井与矸石山之间还有一段距离,需要实现对破碎矸石的运输转载。因此,充填材料井上输送系统的设计原则如下。

(1)矸石破碎环节设计原则

① 矸石粒度满足要求。充填采煤工作面对矸石的粒度要求在 50 mm 以下,即要求振动筛分机筛孔的尺寸及破碎机出料粒径在 50 mm 以下。

② 矸石产能满足要求。井上输运系统的所有设备的工作能力应不小于充填采煤工作面最大矸石需求量。

③ 雨雪天气时能满足矸石供应。因矸石露天堆积,不能满足雨天下料要求,所以需要建立储存料场,进行矸石的存储,以保证雨雪天时的矸石供应。

④ 矸石破碎时满足环保要求。因矸石破碎时将产生大量的灰尘,对环境污染较大,所以设计时应考虑到防尘、除尘问题。

(2)矸石运输转载环节设计原则

① 矸石带式输送机的运量满足投料井下料对矸石的需求。

② 充填材料井上输运系统要保证连续可靠。

③ 矸石转载环节的设计符合相关设计规范的要求。

5.4.2.3 充填材料井上输运系统布置方式

为了能够使地面固废材料运输到井下,需要根据矿井自身的地面固废材料堆放情况,从安全、高效、绿色的角度综合考虑充填材料井上输运系统布置方式。充填材料井上输运系统布置方式主要有以下几种。

（1）井上充填材料运输至新掘投料井

其分为地坑式与非地坑式两种布置方式。

① 地坑式布置的矿井。以唐山某矿为例,该矿地面充填站包括翻车系统、矸石存储场地、矸石机械运输系统、配电室和投料站等。充填材料井上输运系统工艺流程(图 5-39):矸石山的矸石由汽运运输卸载至地面充填站矸石存储场地,利用装载机将矸石送到 1# 刮板输送机上,再经破碎机将物料投至 2# 刮板输送机上,其后工艺流程同上。整个地面运输系统布置如图 5-40 所示。

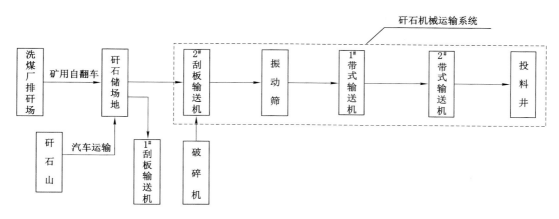

图 5-39　充填材料井上输运系统工艺流程(地坑式)

② 非地坑式布置的矿井。以山西某矿为例,充填材料井上输运系统工艺流程为:黄土经过挖掘机开挖并堆积后,经装载机转运到卸料漏斗,漏斗中的黄土经过一级颚式破碎机的破碎,粒径变为 300 mm 以下,而后经过胶带转至二级反击式破碎机,最终粒径被破碎至50 mm 以下,黄土最终被胶带运到投料井口进行投料。整个地面运输系统布置如图 5-41所示。

（2）井上充填材料利用原主副井运输至井下

以山东某矿为例,其工艺流程(图 5-42):矸石山的矸石通过分选筛分选出小粒径矸石与大粒径矸石,小粒径矸石通过输送机直接运输到主、副井,而大粒径矸石经过二级破碎之后分别运输到主、副井。利用原主副井运送充填材料的地面运输系统布置如图 5-43所示。

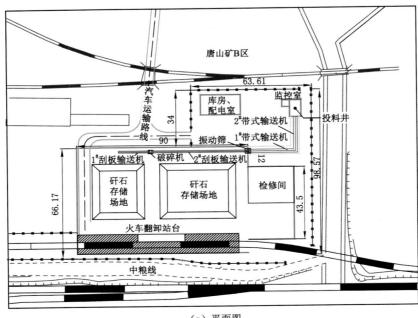

（a）平面图

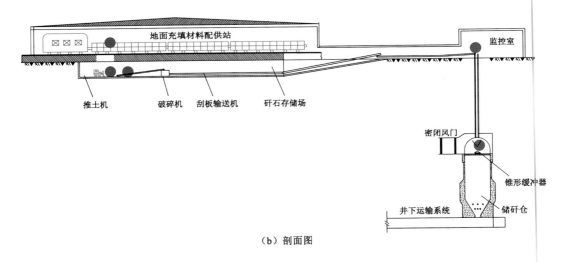

（b）剖面图

图 5-40　地面运输系统平、剖面图（含地坑）

5.4.3　充填材料垂直输送系统

5.4.3.1　充填材料垂直输送系统构成

固体充填物料垂直输送系统可实现地面固体充填物料高效运输。完成这个过程的主要工艺流程是将地面进行筛分、破碎等预处理后的固体充填物料通过投料井，并合理控制固体充填物料投放量。充填材料垂直输送系统的主要结构应包括地面控制台、设在地面控制台

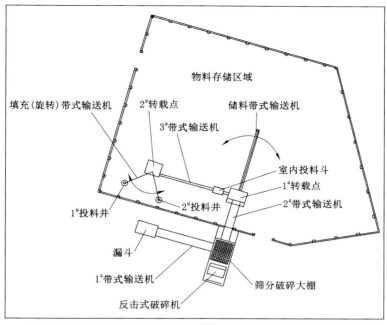

（a）平面图

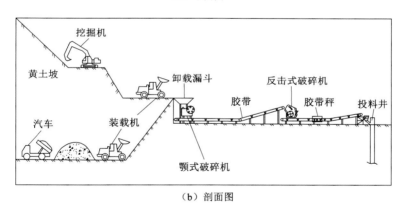

（b）剖面图

图 5-41 充填材料井上输送系统(不含地坑)

下方的投料管道储矸仓、在储矸仓上部的上口绕道及与其相通的观察硐室等。

（1）固体充填物料输送通道

固体充填物料的输送通道是垂直输送系统最基本的结构要素。只有合理的投料钻孔尺寸和投料管道的结构尺寸,才能保证固体充填物料的合理输送。

（2）固体充填物料缓冲仓

在实际的固体充填物料投放过程中,矿井的投放深度较大,投放空间内复杂多变,投放过程时停时进,为实现投料连续化,需要设置固体充填物料缓冲仓。该缓冲仓的主要组成部分为储矸仓。

（3）行人绕道

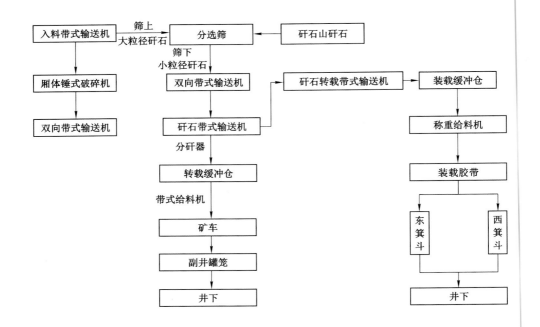

图 5-42 利用原主副井运送充填材料的地面运输工艺流程图

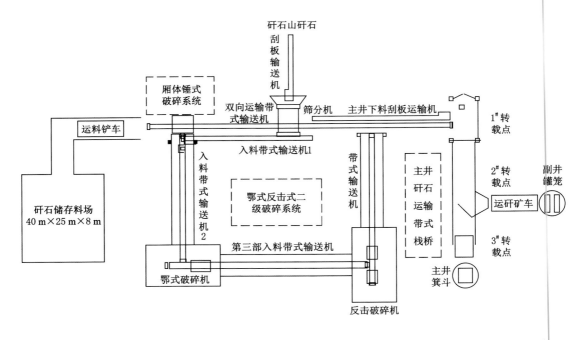

图 5-43 利用原主副井运送充填材料的地面运输系统

在储矸仓施工时,一般由上往下施工。因此,需要一个将储矸仓上口与矿井掘进巷道连接的通道。另外,为了行人及后期维修,设置上口绕道是必要的。

(4)地面投料控制系统

地面投料控制系统主要控制固体充填物料的投放量和投放速度。

(5)固体投放安全保障系统

固体充填物料是在一个狭长的空间内输送的。为了避免固体充填物料在投放中出现堵仓等意外事故的发生,必须具备完整的固体投放安全保障系统。

5.4.3.2 充填材料垂直输送系统设计原则

在充填开采大垂深直接投料系统中,充填材料从地面直接投入到几百米深的井底需要解决充填材料的连续运输、充填材料对井壁以及井底设备的冲击、充填材料在下落过程中产生的气压变化等一系列问题。因此充填开采大垂深直接投料系统在设计过程必须遵循以下几个原则:

① 设计合理的投料管直径,并选择合理的耐磨材料护管。

② 实现直接投料系统的连续运输,保证充填开采系统的高效运行。

③ 解决充填材料在投料过程中可能出现的冲击、磨损以及堵仓等问题。

④ 储矸仓的大小必须大于投料井内的投料量。

⑤ 解决投料井内气压变化问题。

5.4.3.3 充填材料垂直输送系统设计方法

为了高效、快捷地将地面的充填物料运输至井下,设计充填材料垂直输送系统。其主要设备包括投料管、缓冲装置、满仓报警监控装置、储矸仓清堵装置、控制装置等。该系统的工作流程为:地面矸石经筛分、破碎等前期工序后运输至垂直投料输送系统投料井井口;矸石被投放至投料井内,经缓冲装置缓冲后进入井下储矸仓;充填作业时通过给料机将矸石放出至井下带式输送机,进而运输至工作面。据现场情况及其总体设计要求,充填材料垂直输送系统结构如图 5-44 所示。

根据煤矿所选投料井位置的井上下情况,设计投料管总长度、储矸仓深度、投料管口至储矸仓出料口深度。

(1)投料孔设计

投料孔的大小取决于两个因素:① 物料最大颗粒的直径;② 所需的物料量。投料孔直径太小直接影响充填材料的输送。投料孔直径过小容易堵管;投料孔直径过大则增加经济成本和影响井底的接料。一般取大于最大通过管道粒度 3 倍为投料孔直径。

(2)储料仓设计

储料仓的作用为:一方面存储一部分物料,起到过渡作用,以保证充填物料能连续的供给充填开采工作面;另一方面防止残留在投料管的部分物料堵塞投料管,保持投料管管道畅通。因此,储矸仓除了应满足正常生产的需要,还应在投料井停止投料时,满足固体充填物料存储的需要。储矸仓的参数设计不仅与工作面的生产能力有关,而且与投料管的尺寸有关。储矸仓一般为“圆柱＋圆台”的结构。由于,固体充填物料投放停止工作需要一个过程,即在带式输送机停止运转后,投料井内还存在一管固体充填物料需要下落至储矸仓内,所以储矸仓的容积必须满足存放整个投料管内剩余下落的固体充填物料。储料仓容积计算公式为:

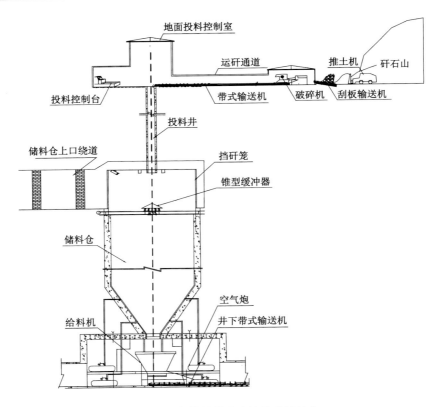

图 5-44　充填材料垂直输送系统结构

$$V_{储} \geqslant V_{管} = \frac{1}{4}\pi R_{管}^2 H_{管}$$

（5-1）

式中　$V_{储}$——储矸仓的容积，m^3；

　　　$V_{管}$——投料管的容积，m^3；

　　　$R_{管}$——投料管直径，m；

　　　$H_{管}$——投料管高度，m。

储矸仓为圆台状结构。储矸仓体积计算公式为：

$$\begin{cases} V_{储} = \frac{1}{4}\pi R_{柱}^2 S + \frac{1}{12}\pi C(R_{柱}^2 + R_{柱}\,R_{台} + R_{台}^2) \\ H_{储} = S + C \end{cases}$$

（5-2）

式中　$R_{柱}$——储矸仓上部圆柱体直径，m；

　　　$H_{储}$——储矸仓总高度，m；

　　　S——储矸仓上部圆柱体高度，m；

　　　C——储矸仓下部圆台高度，m；

　　　$R_{台}$——储矸仓下部圆台下部直径，m。

在实际生产过程中，为了保证固体充填物料连续化的供应，储矸仓应具备一定的存储能力。这个存储能力要满足工作面充填的要求。一般情况下，储矸仓容积应满足一天的固体充填物料用量、一班生产的固体充填物料用量或进一刀的固体充填物料用量。因此，储矸仓的容积还满足以下关系，见式(5-3)。

$$V_管 + \frac{Qt}{\gamma} = V_储 \tag{5-3}$$

式中　Q——固体充填物料投放能力，t/h；

t——固体充填物料投放时间，分别表示一天、一班、一刀时间，h；

γ——固体充填物料堆放密度，t/m³。

（3）固体投放安全保障系统设计

① 缓冲器结构设计

根据落料程度和冲击力分析情况，设计缓冲器样式为"伞形"。固体物料的直接接触面为锥形面。整个伞形缓冲装置主要由双减振拱型梁、弹性缓冲器、抗冲击耐磨合金体、组合式减振器、缓冲式导向器等组成。经模拟实验，该缓冲器可以承载充填料落下的冲击力。伞形缓冲器结构如图 5-45 所示。

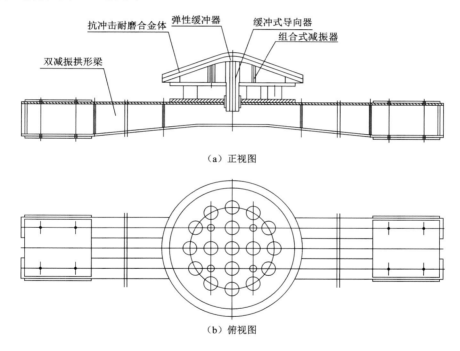

（a）正视图

（b）俯视图

图 5-45　伞形缓冲器结构

弹性缓冲器是伞形缓冲器整个结构的"骨架"，由铸钢制成。弹性缓冲器上表面设计为锥面，可以有效缓冲落料并使落料减速后下落。

缓冲式导向器套入双减振拱形梁，以防止其发生水平移动，并保持其在缓冲时只做上下运动。

组合式减震器作为承受冲击力的主要机构。其下端固定于双减振拱形梁上，其上端支撑弹性缓冲器。当弹性缓冲器上表面受到冲击作用后，组合式减振器可以有效地将充填料下落后的动能转化为自身的弹性势能。固定组合式减振器时，须先将其底座固定于双减振拱形梁，然后将双减振拱形梁固定于储矸仓壁中，这样减振器可以稳定地固定于储矸仓上部,最终实现缓冲作用。组合式减振器由一组弹簧组成。弹簧的主要作用是将固体物料的动能转化为自身弹性能。弹簧是承受固体物料冲击力的主要机构。必须对弹簧进行选型设计。

② 大垂深输送系统满仓监控系统

固体物充填材料是从地面通过投料井直接投到储矸仓内的。为了防止出现悬挂式堵仓,保障投料工作的安全可靠,同时建立起井上和井下的联系,使井下充填物料在充满料仓时井上控制台能够及时停止供料,必须安装一套能够识别料仓中物料高度并能及时将信息传导到控制台的设备(即所谓满仓报警系统)。通过该设备实现投料工作的运行与停止的联动。满仓报警系统主要由雷达物位计、通信光纤、信号转接器、控制台等组成,如图 5-46 所示。其中,雷达物位计是该系统的核心装置,能够识别物料高度并作出反馈。

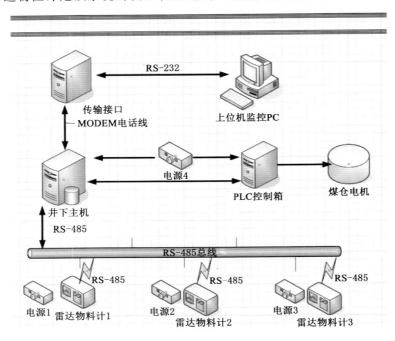

图 5-46　满仓报警系统结构

（a）雷达物位计的工作原理

雷达物位计天线发射极窄的微波脉冲。这个脉冲以光速在空间传播,遇到被测介质表面,其部分能量被反射回来,被同一天线接收。发射脉冲与接收脉冲的时间间隔与天线到被测介质表面的距离成正比,从而计算出天线到被测介质表面的距离。

（b）雷达物位计的安装设计

雷达物位计共需安装 3 个。在缓冲器底部的中间和两端各装 1 个雷达物位计。满仓报警系统的报警过程为:料仓堆满→物位计报警→通信光纤→信号转接器→通信电缆→副井→地面控制室→停止投料。一般情况,设置雷达物位计的工作上限为距离固体物料 5 m,即当固体物料堆积高度距离雷达物位计 5 m 时,向地面控制室发送报警信号,同时切断矸石带式输送机的电控系统,停止供料。

③ 垂直输送"减压降尘"系统

为了防止充填材料在大垂深投料井投放过程中产生的高压气流对投料井管壁、底部设备以及储矸仓内存料的冲击，造成投料井堵仓，布置了投料井防堵仓双向排压系统。在投料井上口绕道风门中开设两个排压孔，并各用一根排压管一头与排压孔连接，另一头与作为排压终端的储水沉淀池相连接。当投料井投料时，高压气流顺着排压管排出，最终在排压终端被吸收。垂直输送"减压降尘"系统布置如图 5-47 所示。

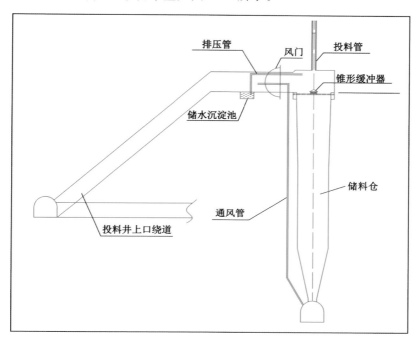

图 5-47 垂直输送"减压降尘"系统布置

6　采选充＋X绿色化开采技术

6.1　采充＋X绿色化开采技术工艺与装备

6.1.1　采充工艺及装备

6.1.1.1　采煤与充填一体化工艺

按照充填工艺水平,固体采充一体化工艺经历了机械化、自动化及智能化三个阶段。不同阶段的固体采充一体化工序流程基本类似。其具体内容见第1.2.1.3节。不同的固体采充一体化工艺具有不同的特点。

（1）机械化采充一体化工艺特点

在机械化固体充填采煤工艺中,需要多名工人分别负责操控一台充填采煤液压支架。通过人眼观察和根据人的经验,手动操作档杆控制液压阀开闭来实现油缸的伸缩。单架及间架的油缸动作无序,油缸动作的接续时间长(即人工的反应和动作时间长)。充填效果对人工经验的依赖程度高,工人劳动强度大。机械化采充一体化工艺特征如图6-1所示。

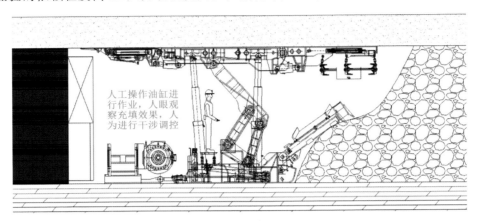

图6-1　机械化采充一体化工艺特征

（2）自动化采充一体化工艺特点

相比于机械化采充一体化工艺,自动化采充一体化工艺的进步之处在于采用电液控制系统。工人需要进行的操作更加简单。以往通过操控档杆控制液压阀才能完成的工序,现在只需要一两个简单的电液控按钮即可实现,自动化水平更高。但是仍然无法摆脱需要人工观察、决策和操控,单架及间架的油缸动作无序和油缸动作接续时间长等问题。自动化采充一体化工艺特征如图6-2所示。

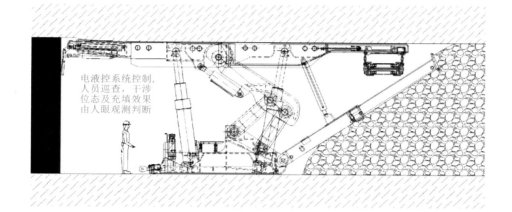

图 6-2　自动化采充一体化工艺特征

（3）智能化采充一体化工艺特点

相比于自动化采充一体化工艺，智能化采充一体化工艺的进步之处在于同时运用感知装置、程序算法及电液控系统，使设备具备自我感知、分析、决策、控制等功能。以往需要工人观察、决策、控制，现在无需人工干扰。采充工序自主衔接，工作人员操作设备启停按钮即可完成工作面充填采煤作业。此外，工作人员可在地面调度指挥中心实时地观察井下设备运行状态。智能化采充一体化工艺特征如图 6-3 所示。

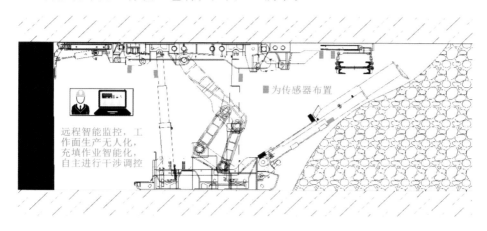

图 6-3　智能化采充一体化工艺特征

在执行智能充填采煤时，采煤机、刮板输送机、充填采煤液压支架和多孔底卸式刮板输送机之间的时空关系体现在采充平行工作面循环作业图中。智能化采充平行工作面循环作业相较于机械化日进刀数有显著提高。智能充填面采充平行工作面循环作业图如图 6-4 所示。

根据采充平行工作面循环作业图中阶段特征的差异性，选取具有阶段代表性的时间点［00:30（端部斜切进刀阶段）、01:10（向中部割煤阶段）、02:50（端部刹底清煤阶段）、03:10（端部前移多孔底卸式刮板输送机阶段）］为基点，并取工作面正规循环作业图的纵界面，可将整个智能固体充填工序划分为四种不同的阶段。工作面内不同阶段的采充装备执行相应

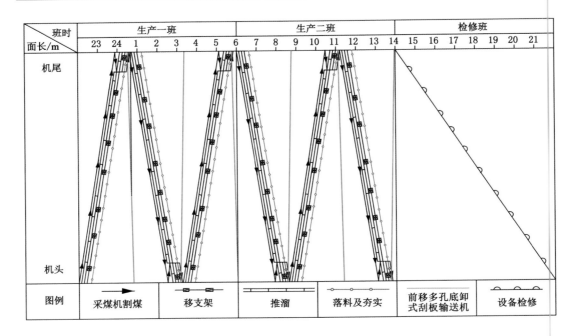

图 6-4　智能充填面采充平行循环作业图

工艺的空间位态关系如图 6-5 所示。

① 端部斜切进刀阶段：采煤机运行到工作面端头后，后方的充填采煤液压支架跟机移动到采煤机后滚筒位置，同时刮板输送机跟机推移，在端头处形成采煤机斜切进刀的弯曲段；随后采煤机反向移动，沿着弯曲段斜切进刀割入前方煤体，完成端部斜切进刀。

② 向中部割煤阶段：采煤机前滚筒升起，反向割煤，采煤机后部的液压支架及时跟机移架，刮板输送机跟机推移，充填作业跟机作业，有序进行，多孔底卸式刮板输送机成组卸料，夯实机构成组夯实。

③ 端部刹底清煤阶段：采煤机返回割三角煤后，前滚筒降下，开采采煤机机身长度区域的底煤，充填作业跟机作业，有序进行，多孔底卸式刮板输送机成组卸料，夯实机构成组夯实。

④ 端部前移多孔底卸式刮板输送机阶段：充填作业中多孔底卸式刮板输送机前移，采煤机处于端部斜切进刀过程，采煤机前滚筒升起，反向割煤，采煤机后部的充填采煤液压支架及时跟机移架，刮板输送机跟机推移。

6.1.1.2　关键装备

（1）机械化采充关键装备

充填采煤工作面设备的正确选型配套，是充分发挥其生产效能，达到高产高效安全开采的前提。综合机械化充填采煤工作面的"五机"是指采煤机、刮板输送机、充填采煤液压支架、多孔底卸式刮板输送机、自移式充填物料转载输送机，是综采充填工作面的主要设备。前部采煤机和刮板输送机的需求与综采面的要求一致。充填采煤液压支架、多孔底卸式刮板输送机、自移式充填物料转载输送机的需求与综采面的要求有显著区别。

① 充填采煤液压支架

充填采煤液压支架早期通过尾梁插板的形式吊挂输送机，实现初步处理矸石的需求。

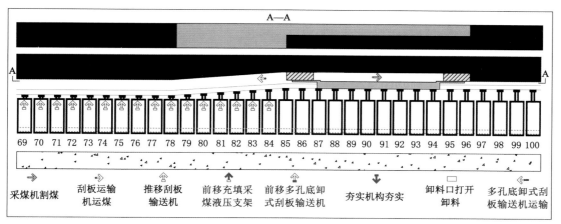

（a）端部斜切进刀阶段

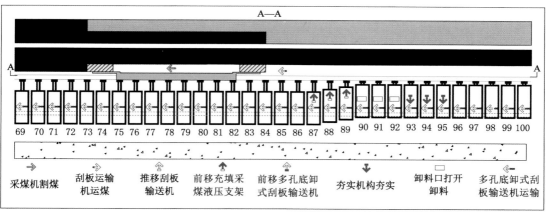

（b）向中部割煤阶段

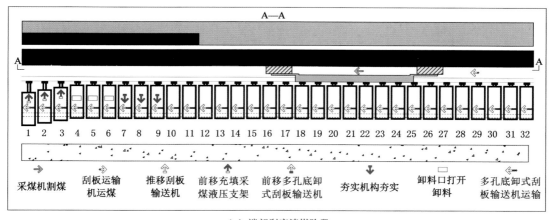

（c）端部刹底清煤阶段

图 6-5　工作面内不同阶段的采充装备执行相应工艺的空间位态关系

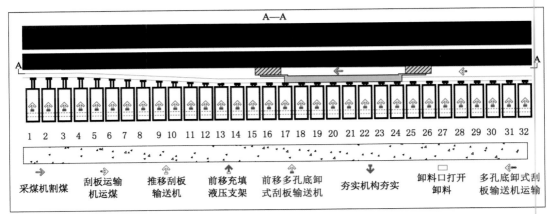

（d）端部前移底卸式输送机阶段

图 6-5（续）

但是其实现不了致密压实的目的。在此基础上，从致密压实、充填空间维护、顶梁支撑、支架稳定性等多方面功能需求，已经研发出了九种充填采煤液压支架。各代充填采煤液压支架结构如图 6-6 所示。典型充填采煤液压支架关键参数如表 6-1 所列。

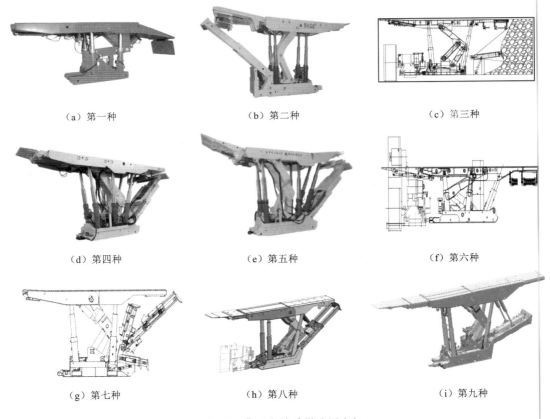

（a）第一种 （b）第二种 （c）第三种

（d）第四种 （e）第五种 （f）第六种

（g）第七种 （h）第八种 （i）第九种

图 6-6 典型充填采煤液压支架

表6-1 典型充填采煤液压支架关键参数

序号	型号	支架高度/mm	支架初撑力/kN	支架工作阻力/kN	支护强度/MPa	支架中心距/mm
1	ZZC7000/20/40型四柱支撑式充填采煤液压支架	2 000～4 000	5 708	7 000	0.725	1 500
2	ZZC9600/16/32型反四连杆双通道六柱支撑式充填采煤液压支架	1 600～3 200	8 322	9 600	0.8	1 500
3	ZZC8800/20/38型六柱支撑式充填采煤液压支架	2 000～3 800	7 215	8 800	0.60～0.77	1 500
4	ZZC14400/20/38型六柱支撑式充填采煤液压支架	2 000～3 800	11 640	14 400	1.02	1 750
5	ZZC10000/20/40型六柱支撑式充填采煤液压支架	2 000～4 000	8 272	10 000	0.76	1 500
6	ZZC10000/17/31六柱支撑式充填采煤液压支架	1 700～3 100	8 322	10 000	0.87	1 500

九种充填采煤液压支架结构演化如下：

一是立柱数目及形式方面。立柱主要有四柱式和六柱式。四柱式主要优点是结构简单，适应性强；六柱式主要优点是整体支撑能力及范围较大，但顶板来压过大时，容易出现"拔中柱"的现象。

二是四连杆机构方面。四连杆机构主要有正四连杆式、反四连杆式两种类型。正四连杆式主要优点是前部空间较大，便于工作人员操作；反四连杆式主要优点是后部空间较大，开采高度变化时，对充填工作影响较小。

三是前后顶梁及其与立柱和四连杆铰接形式方面。充填采煤液压支架相比于综采液压支架，增设了后顶梁结构，控顶距增加。主要有四铰点连杆前顶梁铰接后顶梁悬空式、四铰点连杆前顶梁铰接后顶梁斜撑式、五铰点连杆前顶梁铰接后顶梁斜撑式及三铰点连杆同轴铰接后顶梁斜撑式四种形式。

四是夯实机构及摆角油缸方面。夯实机构作为充填采煤液压支架的关键机构，承担着夯实充填物料的工作，其性能的好坏直接决定着充填物料的密实度和充实率以及充填效率。主要有单级压实梁油缸下调整夯实机构、单级压实梁油缸下调整双夯实机构、双级压实梁油缸下调整夯实机构、单级压实梁油缸上调整夯实机构四种形式。

② 多孔底卸式刮板输送机

多孔底卸式刮板输送机是基于工作面刮板输送机的基本结构研制而成的，其基本结构同普通刮板输送机的类似。但多孔底卸式刮板输送机是悬挂在充填采煤液压支架下运输矸石等固体充填物料的设备。它不仅在设备底部均匀布置了卸料孔（用于将充填物料卸载至下方的采空区内），而且在溜槽之间的连接方式等结构方面发生变化，在提高设备可靠性基础上,改善了设备的耐磨性。

多孔底卸式刮板输送机的性能要求如下:

a. 满足工作面正常生产时矸石运输量。

b. 具备落料量大且均匀的卸料孔形状及合理的卸料孔间距。

卸料孔的形状及其间距设计要充分考虑充填料塌落角、充填高度、充填料输送量。在满足上述条件下,尽可能加大卸料孔间距,以减少孔的数量,简化操作工序与降低工人劳动强度。

c. 各部件应连接可靠,质量轻。

多孔底卸式刮板输送机要悬挂在充填采煤液压支架的尾梁上工作,相对于安设在底板上工作的刮板输送机,其稳定性差。因此,多孔底卸式刮板输送机各部件的连接必须安全可靠,且容易维修;其质量应尽量减轻,以降低支架尾梁的载荷和便于工人的安装。

d. 应有足够的弯曲度。

根据矸石充填技术方案,在充填料堆积到一定高度以后,多孔底卸式刮板输送机有一个从低到高逐渐抬高的过程,因此多孔底卸式刮板输送机不仅在水平方向上要能有一定的弯曲度,以适应移架的要求,而且在垂直方向也要有一定的弯曲度。

多孔底卸式刮板输送机的结构要考虑正常回采生产工艺(随采煤机移架)的要求,保证其能够正常运行。

e. 满足运行可靠性要求。

多孔底卸式刮板输送机悬挂在支架尾梁下的空间内工作,其工作环境比工作面要差,故其容易出现机电事故。并且空间小导致其维修难度大。因此,其设备运行的可靠性要高。

自首台 SGB620/40(改)吊挂式刮板输送机问世以来,经过十余年,刮板输送机在结构形式、材质选择及与充填采煤液压支架的配套方式等的演变,主要体现在重型化、高功率、强耐磨及智能化等。多孔底卸式刮板输送机逐步发展成多系列、多规格的成型产品。典型多孔底卸式刮板输送机主要参数见表 6-2。

表 6-2　典型多孔底卸式刮板输送机主要参数

序号	型号	运输能力/(t/h)	刮板链速(m/s)
1	SGB620/40(改)	150	0.86
2	SGZ630/132	300	0.86
3	SGZ730/132×2	350	0.93
4	SGZC800/200	350	1.27
5	SGBC764/250	500	1.09

③ 自移式充填物料转载输送机

为了实现固体充填物料自低位的带式输送机向高位的多孔底卸式刮板输送机机尾的转载,自移式充填物料转载输送机(见图 6-7)由两部分组成:一部分是具有升降、伸缩功能的转载输送机,另一部分是能够实现液压缸迈步自移功能的底架总成。转载输送机铰接在底架总成上。可调自移机尾装置也由两部分组成,一部分是可调架体,另一部分也是能够实现液压缸迈步自移功能的底架总成。转载输送机和可调自移机尾装置共用一套液压系统。操纵台固定在转载输送机上。

图 6-7 自移式充填物料转载输送机示意图

自移式充填物料转载输送机的性能总体要求如下：

a. 自移式充填物料转载输送机的运输能力必须满足工作面正常生产时对充填料的需求，并且大于多孔底卸式刮板输送机的输送能力。

b. 为提高充填采煤生产效率，自移式充填物料转载输送机的移动方式应采用自移的方式，提高移动灵活性及机械化程度，降低工人的劳动强度。

c. 自移式充填物料转载输送机应能适应巷道顶底板及高度的变化，提高设备对巷道高度变化的适应性。

d. 自移式充填物料转载输送机必须和矸石带式输送机及充填采煤液压支架相匹配，提高设备的运转效率。

e. 自移式充填物料转载输送机应具备储带功能，以减少自身移动频率。

充填技术的发展离不开充填装备的更新。自移式充填物料转载输送机从运输能力、运行可靠性、结构形式等方面经历了多次改造升级，形成了多种型号的自移式充填物料转载输送机。典型自移式充填物料转载输送机主要参数见表 6-3。

表 6-3 典型自移式充填物料转载输送机主要参数

序号	型号	运输能力/(t/h)	带速/(m/s)	带宽/mm
1	DZY100/30S	800	2.5	1 000
2	GSZZ-800/15(S)	500	3.15	800
3	ZTZZ80/18.5	600	2	800
4	GSZZ-800/15	500	2.5	800

（2）自动化采充关键装备

自动化采充关键装备在机械化关键装备的基础上进行初步改造与升级，使设备能够实现自主运行功能。

① 采煤机自动化方面。采用相关技术可以实现记忆割煤、采煤机位置检测、摇臂调高控制、机身姿态检测、机身水平控制等技术。

② 刮板输送机方面。自动化技术包括减速器和电动机温度监测、双速电机降压启动、液力耦合器软启动、链条张力监测与机尾伸缩自动控制、轴承在线振动检测功能等。

③ 充填采煤液压支架方面。增加了电液控制系统，实现了自动升降架、跟机移架推溜、自动补压等功能。通对操作台控制模式选择及设备相关按键操作，发送 CAN 数据命令到

工作面电液控系统,控制支架动作,同时通过通信口发送数据至集控主机,实现操作信息的界面显示功能。电液控制是指在液压传动与控制中,能够接受模拟式或数字式信号,使输出的流量或压力持续成比例地受到控制的一种控制方法。电液控制系统如图6-8所示。

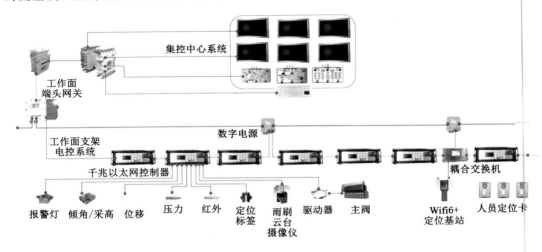

图 6-8　电液控制系统图

（3）智能化采充关键装备

智能化采充关键装备在自动化采充关键装备的基础上进行升级改造,使充填采煤液压支架、采煤机、多孔底卸式刮板输送机等设备具有充分全面的感知、自主学习和决策、自动执行的功能,进而实现工作面的高度自动化和少人远程监控,能够安全高效开采。

采煤机智能化体现在多传感器融合感知、自主截割、数据远程传输及监测等方面。

刮板输送机的智能化主要体现在智能调速、链条张力自动控制等方面。

智能充填采煤液压支架在控制系统上和传统的液压支架相比,增设了数据智能感知采集模块、干涉状态分析识别模块、位态调整工序执行模块、带位移传感器油缸改造、电磁阀组及整体控制系统,如图6-9所示。其控制流程为:通过PLC主控制器、电磁换向阀和传感器对液压千斤顶和泵站进行闭环控制,通过在PLC控制器中编写根据充填工序流程、位态表征方法和干涉调控原理等算法设计的控制程序,替代支架工对充填采煤液压支架进行充填工序、位态稳定和干涉调节的控制。智能充填采煤液压支架基于自身的机械结构、电液控驱动和控制软件等部分,实现了稳态定位、干涉调控、单架充填和多架充填等功能。

（4）关键装备配套原则与方法

固体充填采煤装备配套的主要目的是结合充填工作面的实际情况,选择技术可靠、参数优化、经济合理的设备进行配套,使得设备在工作面采煤、充填、支护和运输等环境得到最佳匹配效果,实现工作面的生产能力最大化和安全生产。装备配套的重点是工作面的采煤机、刮板输送机、充填采煤液压支架和多孔底卸式刮板输送机之间的相互配合。

① 固体充填采煤装备能力配套。

同一个系统中设备之间都存在一定的能力上相互影响的关系,能力匹配是设备配套工作的重要环节。固体充填工作面的生产能力取决于采煤能力和多孔底卸式刮板输送机运输充填物料的能力,工作面充填能力要在采煤能力的1.5倍以上。工作面刮板输送机和充填

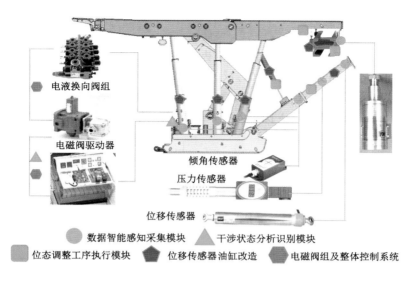

电液换向阀组

电磁阀驱动器

倾角传感器

压力传感器

位移传感器

● 数据智能感知采集模块　▲ 干涉状态分析识别模块

■ 位态调整工序执行模块　⬟ 位移传感器油缸改造　⬡ 电磁阀组及整体控制系统

图 6-9　智能充填采煤液压支架

采煤液压支架等其他设备的生产能力都要大于采煤能力,并考虑20％的富余量。

② 固体充填采煤装备结构配套。

固体充填采煤装备结构配套是指设备之间相互连接尺寸与空间关系的配套,主要包括:

a. 刮板输送机与支架的相互关联尺寸,如推移机构与刮板输送机的连接销轴、销孔大小、连接方式等。

b. 刮板输送机与运煤转载输送机的相对位置尺寸。

c. 刮板输送机与过渡支架的相对位置。

d. 刮板输送机与支架顶梁或前探梁的相对位置及空间尺寸。

e. 支架顶梁的端面距。

f. 过渡支架与端头支架的相对位置及端头支架与运煤转载输送机的相对位置。

g. 端头支架与其他设备的相对位置。

h. 采煤机与输送机及支架间的相对静止或运动位置关系。

i. 采煤机滚筒尽量保证割透煤壁,同时采煤机在两端头位置时不能与其他设备干涉。

j. 支架后部多孔底卸式刮板输送机与支架后顶梁下部滑道连接处的相互配合,推移步距与支架后顶梁下部滑道长度之间的相互配合。

k. 支架后部多孔底卸式刮板输送机机头机尾与升降平台相互配合。

l. 机头机尾升降平台与两端头设备的相互配合。

m. 运料平巷内自移式充填物料转载输送机与支架后部多孔底卸式刮板输送机之间的配合。

n. 支架前部采煤机、刮板输送机与运料平巷内自移式充填物料转载输送机尺寸空隙之间的相互配合。

以上相互位置关系以及设备结构尺寸配套关系必须考虑周全。

③ 固体充填采煤装备控制系统配套。

机械化充填控制由人实现,自动化充填装备运转由电液控系统实现,智能化固体充填采煤装备控制系统由参数感知、数据分析决策、电液控综合组成。固体充填采煤控制系统主要包括采煤机控制系统、刮板输送机控制系统、充填采煤液压支架控制系统、多孔底卸式刮板输送机控制系统等,需满足采充平衡、干涉解调等智能化要求。

(5)固体充填采煤装备总体配套

综上所述,固体充填采煤装备总体配套包括能力配套、结构尺寸配套、控制系统配套三个方面,如图6-10所示。

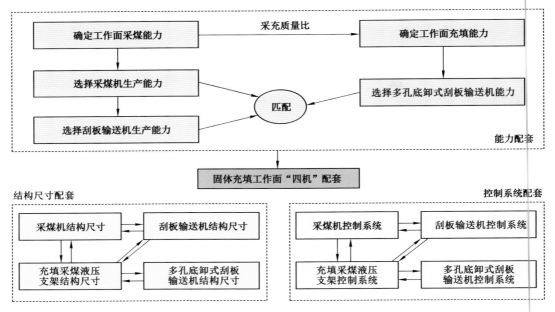

图 6-10　固体充填采煤装备总体配套示意图

6.1.2　X 的工艺及装备

X 为一种具体技术或工艺时,在采选充工艺装备基础上,集成留、抽等工艺装备;X 为希望实现的目标时,根据 X 所希望实现目标的不同内涵,在采场实现对充实率的精准控制、导水裂隙带发育高度严格控制以及防止坚硬顶板断裂等,同时还需要对这些不同的目标实施效果进行实时的监测反馈,此部分已在 4.4 节进行了相关阐述。

以采选充＋留为例阐述具体的工艺装备。

6.1.2.1　采选充＋留工艺装备

(1)采选充＋留工艺

目前形成了 3 种典型的采选充一体化工作面沿空留巷工艺。

① 垒砌矸石袋墙沿空留巷

采用垒砌矸石袋墙的方式进行沿空留巷,即在充填采煤液压支架后顶梁的掩护下,直接在多孔底卸式刮板输送机机尾或机头段进行矸石装袋堆砌成巷,如图6-11至图6-12所示。

垒砌矸石袋墙沿空留巷工艺流程如下:

(a) 支护材料准备

典型支护材料包括矸石袋、双头螺母锚杆、锚索、钢筋梯、单体液压支柱、槽钢、菱形金属

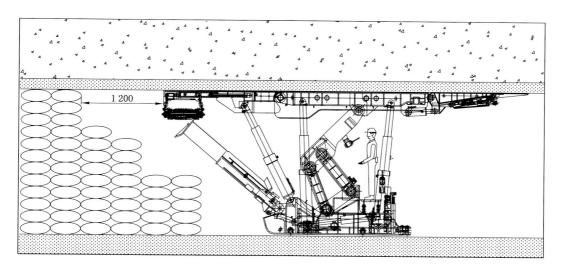

图 6-11 矸石袋垒砌工艺示意图

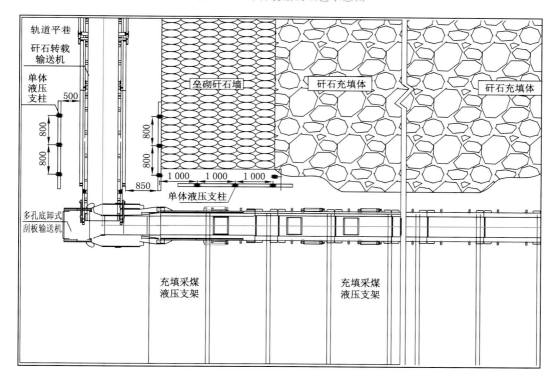

图 6-12 垒砌矸石袋墙沿空留巷示意图

网、钢带等。

垒砌矸石墙所需矸石袋,在支架后顶梁的掩护下直接在多孔底卸式刮板输送机机尾段或机头段进行装袋。装袋时,需停止运行自移式矸石转载输送机及多孔底卸式刮板输送机。

(b) 加强支护与临时支护

垒砌矸石墙之前需采取临时支护措施,采用单体液压支柱托铰接顶梁或钢梁支护。垒砌矸石袋之前，一般在巷道内沿走向打两排单体液压支柱，一排紧靠矸石墙，另一排距离自移式矸石转载输送机外侧约 500 mm，柱距与循环步距相同，托铰接顶梁支护；在支架后顶梁与矸石墙之间支设单体液压支柱托钢梁支护，钢梁长度依据巷道宽度设计；为防止采空区矸石充填体滑落，在矸石充填体与支架后顶梁之间支设单体液压支柱。

② 单体支柱挡板与夯实胶结体联合留巷

采用单体支柱挡板与夯实胶结体联合方式进行沿空留巷（如图 6-13 所示），即在工作面采煤拉架之后，在巷道内打设两排单体支柱维护留巷，同时在巷道内靠近采空区侧沿工作面推进方向安设护矸板。当充填至留巷段时，在矸石带式输送机上添加胶结料水泥，通过多孔底卸式刮板输送机向靠近运矸位置的第 1、2 台支架后方卸落胶结材料，之后通过支架后部夯实机构夯实，确保物料密实且充分接顶。

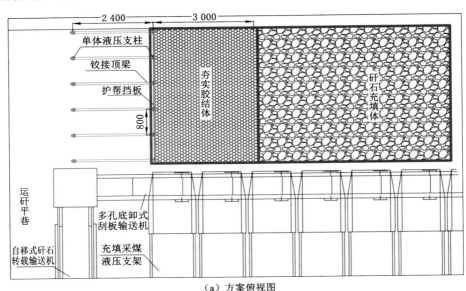

图 6-13　联合沿空留巷工艺示意图

单体支柱挡板与夯实胶结体联合留巷工艺流程如下：

（a）支护材料准备

支护材料包括单体支柱、铰接顶梁或长钢梁、锚杆或金属网、木质挡板、水泥、铁钉等。铰接顶梁或者长钢梁和单体支柱配合使用于巷道内进行加强支护。锚杆用于预防采空区上部顶板垮落,保证作业安全。木质挡板用于维护巷旁充填体夯实空间。挡板外侧的单体支柱可用来固定挡板,并提供侧向支撑力。铁钉用于挡板之间的固定。

（b）打设单体支柱,安设挡板

矸石水泥混合料夯实形成巷旁胶结体最终成型之前需采取巷内支护措施,采用单体支柱托铰接顶梁或钢梁支撑顶板。

夯实胶结体形成充填墙之前,在巷道内沿工作面推进方向打两排单体支柱,一排紧靠矸石墙,另一排距离矸石墙外侧2 400 mm。两排单体支柱沿工作面推进方向的柱距均为800 mm,托铰接顶梁或者钢梁进行支护。在巷道内靠采空区侧的单体支柱沿工作面推进方向安设挡板。两块挡板之间用铁钉固定。为了配合挡板合理支护,根据现场情况补设单体支柱,确保每块挡板有支护。

（c）安设封闭挡板,打设顶板支护锚杆

为了防止留巷区域采空区充填材料涌入工作面内,紧挨后顶梁末端的位置,垂直安设封闭挡板,挡板用铁钉固定,增大对充填体墙的侧向支撑力,防止开采扰动引起的充填体墙侧向支撑压力增大,对留巷造成破坏。在个别矿压较大的留巷段,为保证留巷质量,除采用木质挡板和单体支柱支护以外,可通过在单体支柱和挡板间增设钢梁、铺设锚网来加强巷旁充填体的侧向支护。

如果留巷区域顶板破碎,那么为保证沿空留巷施工时的安全,提前在顶板破碎处起始位置7～8 m处开始铺网。同时为了保证工人在支架后方留巷空间内的作业安全,在靠近留巷侧端头支架间打锚杆支护,铺网需覆盖整个夯实胶结体的宽度。

（d）矸石水泥充填料运输与夯实

当充填靠近留巷位置采空区时,顺序开启多孔底卸式刮板输送机、矸石转载机及运矸带式输送机、矸石破碎机及振动筛,运输矸石准备进行充填作业。接着开启螺旋输送机,将水泥倒入进料口内,利用螺旋叶片运输至水泥漏斗内。当矸石到达掺加水泥装置处时,打开漏斗以一定速度均匀掺加水泥,打开洒水装置洒水。矸石水泥材料通过转载点转载后达到均匀混合,转载点打开喷雾装置。支架后方的充填工艺按照正常的充填方式进行,确保矸石水泥巷旁支护体接顶且宽度不小于设计宽度。第1、2台支架后空间通过夯实机构无法使水泥矸石混合料充分接顶时,人工装矸石袋填塞未接顶空间。

（e）充填墙体成型

在充填混合料充入采空区后,采空区内的矸石与胶结料开始凝固胶结后,工作面继续充填,直至整个工作面充填完毕,进入下一个循环。在充填墙体充分凝固稳定后,可以根据实际支护留巷效果,回收留巷中部一排的部分或全部单体支柱。

（3）胶结充填体浇筑沿空留巷

采用胶结充填体浇筑的方式进行沿空留巷（如图6-14所示）,即采煤机割完煤后,靠近留巷侧3～5个支架后方不进行落料充填,移架后,对其空顶部分进行锚杆（索）或铺网等临时支护,并及时挂膜袋利用充填泵进行巷旁墙体浇筑。

胶结充填体浇筑沿空留巷工艺流程如下:

（a）支护材料准备与临时支护

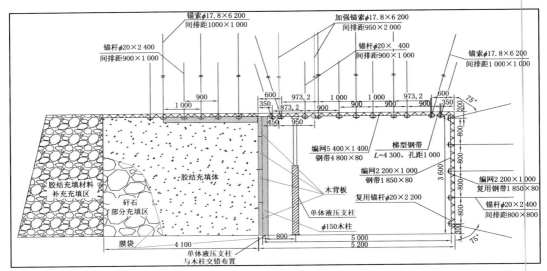

（a）方案主视图

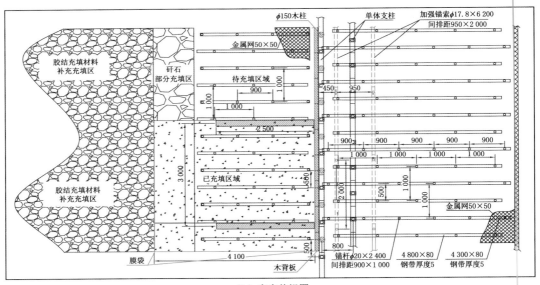

（b）方案俯视图

图 6-14　胶结充填体浇筑沿空留巷方案示意图

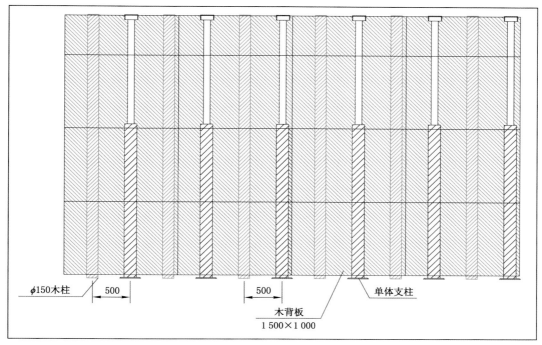

（c）方案侧视图

图 6-14（续）

支护材料包括充填膜袋、锚索、锚杆、单体液压支柱、木背板、木支柱、铰接顶梁、菱形金属网、钢带等。沿空留巷浇筑巷旁胶结充填体前，在巷道内沿走向打两排支柱，一排位于原煤帮处，使用单体支柱和木柱交错布置。另一排距离原煤帮 800～1 000 mm 处，使用单体支柱托铰接顶梁进行支护。

（b）挂膜袋并构筑封闭空间

在采煤机割完一刀煤，支架前移后，对靠近留巷侧未进行落料的 3～5 个支架上方进行铺网作业。在平巷内原煤帮位置采用单体支柱和木柱交错支护，并在靠近采空区一侧安设木背板，靠近顶板处的木板高度根据现场采煤高度确定。在支架后方留出约 3 000 mm 待浇筑空间后，采用单体支柱与木背板联合形成封闭空间，并吊挂柔性膜袋。

（c）巷旁胶结充填体浇筑

上述工作完成后，利用泵送的方式对膜袋进行胶结材料充填，待膜袋充满后，立刻通过位于膜袋上方的软管向采空区内进行补强注浆，待观察巷旁支护体或支架后方有明显冒浆时，停止补强注浆并对充填软管进行封闭。

6.1.2.2 采选充＋留关键装备

采选充＋留技术的关键装备以采选充关键装备为基础。留的方面主要指沿空留巷所采用的设备和材料，主要包括矸石袋、锚杆、钢筋梯、单体液压支柱、铰接顶梁、护帮挡板、充填膜袋、充填泵、给料机、搅拌机、充填管等。

6.2　井下煤矸高效分选技术

6.2.1　井下重介浅槽分选技术

6.2.1.1　分选原理

重介质分选方法分为重液分选和重悬浮液分选两大类,其基本原理是阿基米德原理,即浸没在液体中的颗粒所受到的浮力等于颗粒所排开同体积的液体质量。因此,如果颗粒的密度大于悬浮液密度,则颗粒将下沉;当其小于悬浮液密度时,颗粒上浮;当其等于悬浮液密度时,颗粒处于悬浮状态。

颗粒越大,相对速度越大,分选速度越快、分选效率越高。重介质分选是严格按密度分选的。颗粒粒度和形状只影响分选的速度。国内外普遍采用磁铁矿粉与水配置的悬浮液作为选煤的分选介质。

6.2.1.2　分选工艺

井下重介浅槽煤矸分选工艺包括重介质浅槽排矸工艺和煤泥水处理工艺。

重介浅槽煤矸分选工艺流程(如图 6-15 所示)为:工作面产出的毛煤通过带式输送机运输至入料准备系统,通过入料准备系统将重介分选的粒径范围内的毛煤筛选出来;通过毛煤输送机运输至煤矸分离系统,通过煤矸分离系统的核心设备重介浅槽分选机完成毛煤中煤和矸石的分离,分离出来的煤和矸石完成脱介与破碎后分别通过相应的输送机输送至井底煤仓和采区的储矸仓中;重介浅槽分选过程和脱介过程中产生的污水通过悬浮液循环系统和煤泥水处理系统完成污水中的磁粉、介质和煤泥的分离,煤泥通过煤泥输送机运输至井底煤仓,磁粉、介质经调合成合格的悬浮液再添加到重介浅槽分选机中。参数控制系统则主要完成整个煤矸分离过程中关键参数的测定并对整个系统的自动化实时控制。

其中重介质浅槽排矸工艺流程是:根据重介质浅槽分选机的分选粒度要求,工作面产出的毛煤首先通过三产品滚轴筛进行筛分处理,将毛煤分为小于 13 mm、13～250 mm 和大于250 mm 三种粒径级别。小于 13 mm 的筛下物作为精煤随主运输系统升井,大于 250 mm的筛上物作为矸石经辅助运输系统进入井下储矸仓,13～250 mm 的筛中物进入重介质浅槽分选机进行分选处理,经过脱介后的精煤、经煤泥处理系统处理后的煤泥与小于 13 mm的筛下物混合经主运输系统升井;选出的矸石经过脱介后与大于 250 mm 的筛上物混合后一并运至储矸仓用于混合工作面充填段充填。

煤泥水处理工艺流程是:随着重介质浅槽排矸系统运行,分流箱内的碎煤和煤泥含量逐渐增加,需要启动煤泥水系统。首先启动高频筛,再启动高频筛入料泵,将分流箱底部的碎煤同煤泥水排往高频筛,高频筛将颗粒较大的物料振动至精煤输送带,余下的悬浊液从高频筛漏至刮吸泥池。隔一段时间后,刮吸泥池内的煤泥浓度将增加,此时启动压滤机将刮吸泥池内的清水送至循环水池供循环使用,而池内的煤泥通过煤泥输送机送至井底煤仓。

6.2.1.3　分选装备

井下重介浅槽分选关键设备主要包括重介质浅槽分选机、破碎机、矸石脱介筛、精煤脱介机、三产品滚轴筛等。以下仅介绍重介质浅槽分选机。

(1)重介浅槽分选机

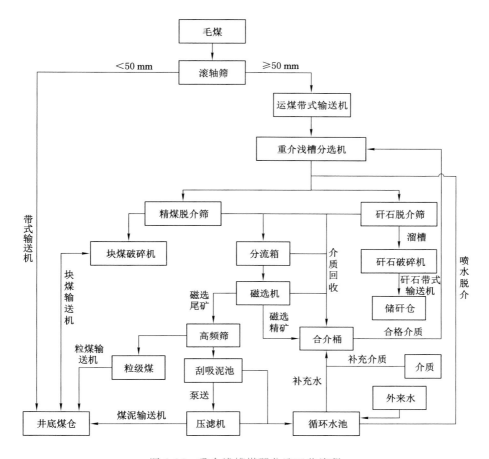

图 6-15 重介浅槽煤矸分选工艺流程

重介浅槽分选机依据阿基米德原理在重力场中对煤炭进行分选,低于介质密度的轻产物会漂浮在上方,并在水平流的作用下流过溢流堰,成为精煤产品;高于工作介质密度的物料即为矸石,会沉到槽体底部,由低运行速度的刮板链刮出浅槽分选机。在分选过程中,去分选槽体的介质一般分成两部分:水平流和上升流。分选槽中水平流-上升流-物料分布关系如图 6-16 所示。

从侧面给入的为水平流。水平流的作用是保持槽体上部悬浮液密度稳定,同时形成由入料端向排料端的水平介质流。从下部给入的为上升流。上升流的作用是保持悬浮液稳定、均匀及分散入料。

重介质浅槽分选机(如图 6-17 所示)是重介质浅槽分选系统的核心设备。其结构由槽体、电控装置、驱动机构、排矸装置、水平及上升介质槽和入料及出料溜槽六大部分组成,其结构图如图 6-18 所示。

① 分选槽,作为毛煤完成分选的场所,是一个密封良好的槽体。其主体呈长方体形,侧体呈翘起的斜锥台形。底部与悬浮液上升液流管路相通,上部分别与入料、出料溜槽相连。分选槽在入料端的侧面安装有悬浮液水平介质槽管路。因为重介质悬浮液和矸石对分选槽的磨损比较严重,所以,分选槽的底部和侧面都铺有耐磨衬板,以延长分选槽的使用寿命。

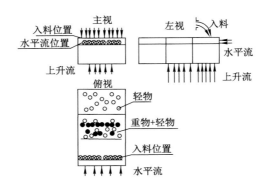

图 6-16 分选槽中水平流-上升流-物料分布关系图

图 6-17 重介浅槽分选机

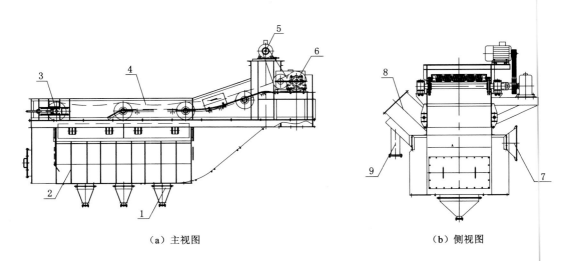

（a）主视图   （b）侧视图

1—上升介质槽；2—分选槽；3—机尾轮组；4—刮矸链；

5—电机及减速机；6—机头轮组；7—出料溜槽；8—进料溜槽；9—水平介质槽。

图 6-18 重介质浅槽分选机结构示意图

②　电控装置,主要控制重介浅槽分选机中所有电机的启停和转速等,并在过载或短路情况下对设备实施保护。

③　驱动机构,主要由电机和减速器组成。电机和减速器采用的是直连式结构,通过弹性联轴器与刮矸链的头轮机构连接。驱动机构的动力来源是电机,电机输出动力经变速箱减速后输送至排矸系统的轮机,轮机带动刮矸链的运动。

④　排矸装置,主要由头轮、尾轮、刮矸链、拉紧装置和助排轮装置组成。头轮、尾轮和拉紧装置主要作为驱动装置。助排矸装置由助排轮转动轴、轴承座、助排轮传动机构和助排轮组成,助排轮套装在助排轮转动轴上,轴承座固定在槽体上;浅槽重介分选机中的刮矸链和普通的刮板输送机刮板不同,运输方式主要是下链承载,作为分选机的一部分,布置方式多为多滚筒式。

⑤　水平和上升介质槽,分别作为介质从水平方向和垂直方向的给入通道,介质管道上装有调节阀,可以随时控制两个方向介质流入的速度,通过两个方向源源不断的介质流破坏悬浮层的稳定,促进物料按密度快速分层,同时保持整个槽体内的介质密度均匀分布,使密度较小的浮物上升更高效。

⑥　入料和出料溜槽,均为普通钢板焊接而成,分处在分选槽体的两侧,入料溜槽作为毛煤的入料口,出料溜槽是将分选后的矸石和精煤分别导入矸石和精煤脱介筛,底面和侧面均铺有耐磨衬板。

其他分选关键设备根据洗选硐室规格以及与重介质浅槽分选机配套原则进行选型。

(2)设备选型原则

井下重介浅槽分选设备不同于地面洗煤厂分选,由于受巷道高度和空间的限制,煤矿井下分选设备不仅要满足尺寸的需要,还要满足较好的适应性,因此,井下重介浅槽分选主要设备选型应遵守以下原则:

①　重介浅槽分选机等主要分选设备的尺寸应与井下分选硐室相匹配;②　井下分选能力要与煤炭产量、含矸率、可选性、工作面矸石充填能力等相匹配;③　井下分选设备处于紧凑空间、开采扰动、潮湿等复杂环境,设备应具备良好的适应性和高可靠性;④　排矸系统中各机械、电气设备必须具备相应的防爆、隔爆、防静电措施,应达到国家煤矿安全生产相关标准要求。

(3)适用范围

重介质分选具有分选效率高、分选精确度高。重介质分选密度调节范围宽,易实现自动调控;对入选原煤的数量和质量波动适应性强。重介质分选粒度范围宽。重介质分选的粒度下限为3～6 mm,配合重介质旋流器可进一步降低分选的粒度下限至0.3～0.5 mm;其粒度上限为300～400 mm。但重介质分选工艺流程中要有介质制备和净化回收系统,介耗较高,设备磨损较为严重,煤泥水处理难度大,自动控制技术有待进一步提高。

6.2.2　井下动筛跳汰分选技术

6.2.2.1　分选原理

跳汰选煤是指物料在垂直脉动为主的介质中,按其物理力学性质(主要是按密度)使动筛跳汰分选以物料在垂直升降的变速介质流中根据密度差异进行分离的方法。采用重力自流排料策略,一般水为变速介质流体。该方法利用的关键分选设备为动筛跳汰分选机。原煤在筛箱内被水介质分离,精煤经提升轮运输至精煤溜槽,矸石自然沉淀从底部分离。

6.2.2.2　分选工艺

井下动筛跳汰分选工艺主要包括跳汰排矸工艺和煤泥水处理工艺。

动筛跳汰分选工艺流程(如图6-19所示)是:井下原煤通过分级筛,筛上物(＋50 mm以上)进入入料带式输送机,筛下物进入末煤带式输送机,进入入料带式输送机的筛上物经过机械动筛跳汰机分选后,矸石进入矸石带式输送机后充填至工作面,块煤进入末煤带式输送机;机械动筛跳汰机的煤泥水通过渣浆泵传输至高频筛,对煤泥水进行脱水处理,筛上物再进入末煤带式输送机,剩余水进入沉淀池沉淀后,煤泥由人工清理至末煤带式输送机,沉淀后的水再进入清水池输送至机械动筛跳汰机循环使用。

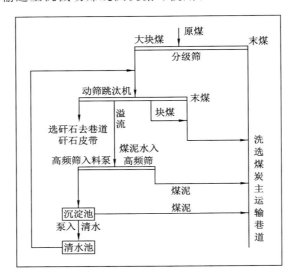

图 6-19　动筛跳汰分选工艺流程

跳汰排矸系统包括斜篦子、摆轴筛、刮板筛分输送机、大块输送带、带式除铁器、破碎机、跳汰机、脱水链斗机、循环水箱、循环水泵、精煤输送带、矸石带式输送机等设备。跳汰排矸工艺流程是:井下毛煤经除铁处理后由输送带输送到斜篦子。从斜篦子漏下的小块物料经摆轴筛筛选后,稍大的块体送至刮板筛分输送机,而碎煤落入末煤仓。刮板筛分输送机上运输的块煤经再次筛选后,粒度在 $25\sim150$ mm 的块状物料传输至跳汰机,而小的碎块经刮板筛分输送机回程刮板运至末煤仓。

煤泥水处理工艺流程是:跳汰排矸系统运行一段时间后,缓冲水箱内的碎煤和煤泥含量逐渐增加,需要启动煤泥水系统。首先启动高频筛,再启动高频筛入料泵,将缓冲水箱底部的碎煤同煤泥水排往高频筛,高频筛将颗粒较大的物料振动至精煤输送带,余下的悬浊液从高频筛漏至沉淀池。隔一段时间后,沉淀池下层的煤泥浓度将增加,此时启动水泵将上层清水泵至清水池供循环使用,而池底煤泥由人工清理至末煤带式输送机。

跳汰选煤流程分为两类:分级入选流程和不分级入选流程。分级跳汰入选范围是块煤 $13(10)\sim100(80)$ mm、末煤 $0.5\sim13(10)$ mm。采用块煤和末煤跳汰机进行分选。不分级跳汰入选粒度一般为 $0\sim50$ mm,也可将入选范围加宽,如 $0\sim80$ mm 或 $0\sim150$ mm 等,视具体情况而定。我国多采用不分级入选流程。图 6-20 和图 6-21 所示分别为不分级跳汰流程和分级跳汰流程。

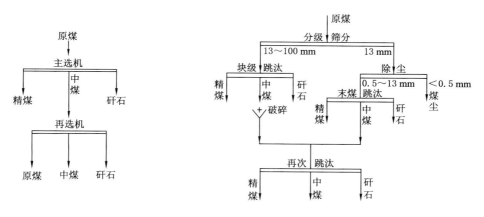

图 6-20　不分级跳汰流程　　　　　　图 6-21　分级跳汰流程

6.2.2.3　分选装备

井下动筛跳汰分选主要设备包括动筛跳汰机、破碎机和煤泥高频筛等。以下仅介绍动筛跳汰机和煤泥高频筛。

（1）动筛跳汰机

动筛跳汰机是以普通水为分选介质。其基本原理是根据煤与矸石的密度不同，使煤与矸石的混合物在上、下交变的介质水流脉动中，按密度大小分层。密度小的上层原煤由水流带走后，排至原煤带式输送机，密度大的矸石沉到下层，通过排矸系统排出。动筛跳汰机是动筛跳汰选煤的核心设备，其结构如图 6-22 所示。

动筛跳汰机机体也称箱体，是整个动筛跳汰机的外壳，也是盛装洗水的容器，并作为其他部分的支撑物体。机体内液面高度，靠位于上部的溢流口保持稳定。动筛体是物料分选的核心载体。动筛体在主驱动机构的带动下做绕固定支点的上、下往复运动，使物料在水中反复按密度做干涉沉降，实现分层。动筛体的筛板为条形筛，中部设有溢流堰。溢流堰下方是可调节的闸门，用以排矸。溢流堰上方用于排放分选后的精煤。

主驱动系统由主驱动电机驱动，通过减速机总成减速，经曲柄连杆传动，变为摆杆的往复摆动，摆轴的摆动通过可调连杆连接动筛体，就形成了动筛体的上、下往复运动。

排矸系统主要由排矸轮及其传动机构组成。位于溢流堰下方的闸门后面的是排矸轮。排矸轮由链条与箱体外的变频电机连接，组成排矸机构。排矸轮由电机驱动其旋转，来控制排矸量的大小。动筛跳汰机的排矸效果直接影响着整机分选效果。进入动筛体的物料在动筛体绕一端支点上下往复运动中不断分层并向位于动筛体中部的溢流堰靠拢。溢流堰上、下排出的精煤和矸石分别落入提升轮的前后提料板内，由提升轮脱水排出。

提升机构由电机、减速机和提升轮等组成。提升轮分前、后 2 段，分别盛装由动筛体分离的块煤和矸石。提升机构由驱动电机经减速机总成传动，与提升轮外圆的销排啮合，从而控制其转动，将物料从机体内转动提升出来。根据不同的入料条件和分选产物比例，提升机构驱动电机可以由变频电机进行控制，从而实现提料速度的控制。在动筛体的分选能力接近上限的情况下，仍然可以通过适当提高提升轮转速来应对块煤和矸石比例相差较大的情

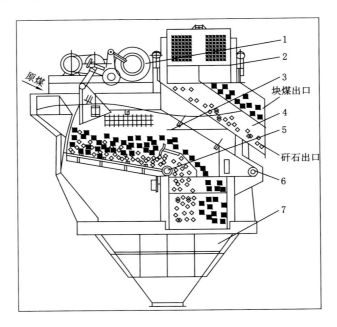

原煤

1
2
3
块煤出口
4
5
矸石出口
6
7

1—驱动机构；2—提升轮；3—筛箱；4—溜槽；5—排矸轮；6—箱轴；7—槽体。

图 6-22 动筛跳汰机结构

况,避免在提升轮内部的煤与矸石二次混合。电控装置控制驱动、提升和排矸三个电机的启动、转数,并对其进行过载保护。

(2)煤泥高频筛

井下煤矸分选系统运行过程中,动筛跳汰机会产生大量的煤泥水。煤泥水来源主要包括动筛跳汰排矸定期换水、排矸的溢流水和事故换水等。在井下特殊环境条件下,必须考虑矿井水和煤矸分选产生的煤泥水的循环利用,不仅要考虑细煤泥的回收和过滤水的循环利用,同时还要考虑煤泥水的高效处理,以满足井下煤矸分选能力的需求。为满足这两方面的要求,可以借鉴地面煤泥水的高效处理方法,采用浓缩机的方式处理井下煤泥水。煤泥高频筛(高频脱水筛)具有设备构造简单,煤泥水处理量大且工艺简便,成本投入低等优点,是井下煤矸分选煤泥水高效回收的理想设备。

6.2.3 井下水介质旋流分选技术

6.2.3.1 分选原理

旋流器分选技术是在离心力、向心浮力、流体曳力、重力和马格纳斯升力等共同作用下,形成双螺旋流态,颗粒按密度分流,进而完成分选。其关键设备为旋流器。原煤进入分选锥体中,在外旋流和内旋流作用下,矸石与精煤实现分离,矸石随底流流出,精煤从溢流管流出。

6.2.3.2 分选工艺

水介质旋流分选的主要工艺流程为:水介质旋流器一段对煤泥分级,将煤泥中的高灰分细泥分离出,为一段溢流;水介质旋流器二段对一段底流离心重选,将粗颗粒中的高灰分粗颗粒从底流排出,二段溢流后产品即为所得精煤产品。

6.2.3.3 分选装备

水介质旋流分选关键设备包括水介质旋流器、破碎机、脱水振动筛、离心脱水机、渣浆泵和搅拌器等。分选设备选型要在满足生产能力的前提下,以"设备结构紧凑、节省空间"为原则。以下仅介绍水介质旋流器。

水介质旋流器(见图 6-23)是以水作为介质,利用离心力场,按密度进行分选的重力分选设备。当物料以一定的压力,沿切线方向经入料口给入旋流器时,形成了外部向下的螺旋流与内部向上的螺旋流。同时,在离心力的作用下,物料开始分层,粒度大、密度高的颗粒向器壁运动,形成外展层;粒度大、密度低及粒度小、密度高的颗粒依次紧随其后,形成中间层;而粒度小、密度低的的颗粒则向内运动,形成内层,这样就形成具有一定松散度的旋转床层。由于锥角较大,当床层到达锥体空间内,将受到锥体内壁较强的阻碍作用,且产生"错位",松散程度加大,产生析离作用,粒度小、密度大的颗粒通过缝隙钻到外层,同时粒度大、密度小的颗粒被挤进内层,从而实现进一步按密度分层;内层中的颗粒向上进入内溢流管,由内溢流管排出,而外层中的颗粒沿锥壁向下,由底流口排出,从而实现按密度分选。

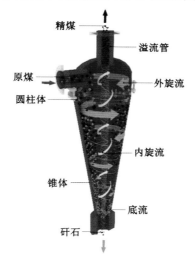

图 6-23　水介旋流器

6.2.4　井下智能干选技术

6.2.4.1　分选原理

利用不同的物质在不同波长的光源照射下,具有不同的反射、透射、散射、荧光等特征进行煤炭分选。采用射线智能识别方法,针对不同的煤质特征建立与之相适应的分析模型,通过大数据分析,对煤与矸石进行数字化识别。利用煤炭中不同组分对射线的衰减程度差异,实现 X(γ)射线识别煤与矸石;利用煤与矸石的表面颜色、光泽及纹理等差异进行识别。将煤与矸石识别出来之后,采用高频电磁阀产生空气射流将矸石吹出或利用机械手模拟人工拣选将识别出的矸石拣出,实现煤与矸石分离。

6.2.4.2　分选工艺

智能分选工艺流程为:破碎后的原煤由带式输送机运至分级筛(滚轴筛),粒径小于 50 mm 的原煤直接进入原煤运输系统,粒径大于 50 mm 筛上物进入智能干选机分选,通过 X 射线和图像识别煤与矸石,矸石经空气射流吹出或被机械手拣出,实现煤与矸石分离,分选后的精煤与粒径小于 50 mm 原煤混合进入主煤流系统,分选矸石经带式输送机运至矸石充填系统。

6.2.4.3　分选装备

智能干选机为块煤干法分选主要设备。由于其具有不用水、不用介质、系统简单、设备体积小的特点,智能干选机可与车板集装箱组合形成可移动智能干选机,如图 6-24 所示。

图 6-24　可移动智能干选机

智能干选机通过 X 射线和图像识别技术,针对不同的煤质特征建立与之相适应的分析模型,通过大数据分析,对煤与矸石进行数字化识别,最终通过智能排矸系统将矸石排出。智能干选机可部分代替手选、动筛跳汰机、浅槽分选机等。智能干选机基本原理如图 6-25所示。

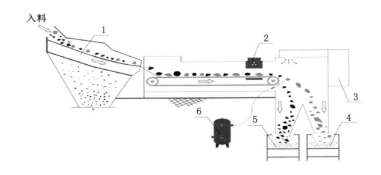

1—原煤分级筛;2—识别装置;3—除尘装置;4—矸石带式输送机;5—精煤带式输送机;6—储气罐。

图 6-25　智能干选机原理示意图

井下智能干选技术是相对于湿法选煤发展起来的一种分选技术。该选煤技术主要应用于煤质遇水极易泥化的原煤、水资源相对匮乏的干旱半干旱的矿区或产能较小的煤矿。智能干选技术由于无需进行煤泥水处理,因此系统简单、设备数量少、关联衔接点少、投资及运行成本低、建设周期短,同时分选设备的宽度和高度较低,适合井下应用。井下智能干选技术对块煤的分选精度较高,接近于跳汰分选的,但低于重介分选的,矸石带煤率在 3％左右,煤中带矸率在 5％左右。

6.3 充填材料高效输送技术

6.3.1 井下充填材料制备及运输技术

6.3.1.1 井下充填材料制备及运输工艺流程设计

充填物料井下充填材料制备及运输系统工艺流程为：

① 地面投放矸石通过投料井直接进入投料仓暂时储存。

② 掘进矸石、分选矸石通过井下带式输送机分别运至掘进储矸仓和分选储矸仓。

③ 掘进储矸仓和分选储矸仓的矸石转运至筛分机、破碎机进行筛分和破碎。

④ 当需配料时，将破碎后的矸石与地面投料矸石经带式输送机运至井下配料系统，通过皮带秤进行配料。

⑤ 将配料后的充填材料通过带式输送机运输至充填区域进行充填。

其具体工艺流程如图 6-26 所示。

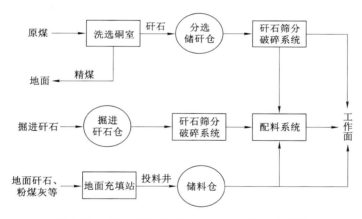

图 6-26 井下充填材料制备及运输系统工艺流程

6.3.1.2 井下充填材料制备及运输系统设备选型原则

矸石井下运输需要的设备主要有自移式矸石转载输送机、破碎机、筛分机、带式输送机、皮带秤等。设备选型的原则为：

① 系统设备的处理及输送能力应大于充填物料的最大需求。

② 由于设备安装在井下，应注意防潮、防水等因素的影响。

③ 带式输送机在选型时要确定的参数主要包括输送能力、电机功率和架体强度，电机功率主要根据运输的倾角、带长及输送量的大小等条件确定；强度应按使用可能出现最恶劣工况和满载工况进行验算。此外，需安设皮带秤实时监测固体物料输送量。

④ 井下充填材料制备及运输系统应实现整体联动控制，自动、手动开机，自动、手动关机，当后续工作出现故障时能够紧急制动。

6.3.1.3 井下充填材料制备及运输系统设备选型

以某矿系统输送能力为 500 t/h 为例，选取了井下充填材料制备及运输系统设备，其具体参数见表 6-4。

表 6-4　井下充填材料制备及运输系统设备参数表

序号	设备名称	规格型号	单位	数量	主要参数
1	带式输送机	SSJ800/40	套	1	输送长度410 m；40 kW；带宽800 mm
2	带式输送机	SSJ800/22	套	1	输送长度180 m；22 kW；带宽800 mm
3	筛分机	WZT-1042	台	1	出料粒度100 mm；处理能力500 m³/h
4	带式输送机	SSJ800/2×55	台	1	功率55 kW；带宽800 mm
5	颚式破碎机	2PLF90/150	台	1	入料粒度1 000 mm；出料粒度50 mm；破碎能力600～1 000 t/h；功率160 kW
6	多孔底卸式刮板输送机	SGZ730/320	台	1	输送量：600 t/h；刮板链速1.15 m/s；电动机型号YSB-160；总功率160 kW

6.3.2　地面充填材料高效制备技术

6.3.2.1　地面充填材料制备及运输工艺流程设计

地面充填材料制备及运输系统工艺流程为：

① 外运矸石通过矿区运矸专线运至投料井附近的矸石储存场。

② 矸石储存场的矸石通过装载机及推土机转运至筛分机、破碎机进行筛分和破碎。

③ 破碎后的矸石经带式输送机运至临时储存场。

④ 临时储存场的矸石经推土机运至矸石受料坑内。

⑤ 采用给料机将矸石受料坑内的矸石均匀地卸放到带式输送机上，经带式输送机运输至投料井上口进行投料。

其具体工艺流程如图6-27所示。

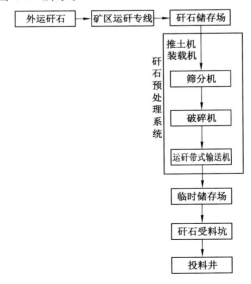

图 6-27　充填物料地面预处理及运输系统工艺流程

6.3.2.2 地面充填材料高效制备系统设备选型

根据矿井的实际充填能力对地面充填材料高效制备系统进行设备选型,地面充填材料运输系统设备具体参数见表6-5。

表6-5 地面运输系统设备参数表

序号	设备名称	规格型号	单位	数量	主要参数
1	带式输送机	TDⅡ-1000/45-41	套	1	输送长度41 m;45 kW;带宽1 000 mm
2	带式输送机	TDⅡ-1000/15-17	套	1	输送长度17 m;15 kW;带宽1 000 mm
3	梭式矿车	20×1.2-2×30	台	1	长20 m;容积30 m³
4	带式给煤机	DG-4	台	1	—
5	低压配电柜	—	台	2	—
6	低压启动柜	—	台	4	—
7	带式输送机	TDⅡ-800/45	台	1	功率45 kW;带宽800 mm
8	颚式破碎机	PE-800	台	1	进料口尺寸800 mm×1 060 mm,最大进料粒度640 mm;处理速度130～330 t/h;功率110 kW;外形为2 710 mm×2 430 mm×2 800 mm
9	多孔底卸式刮板输送机	SGB-620/40	台	1	输送量150 t/h;刮板链速0.86 m/s;电动机型号DSB-40;总功率40 kW;中部槽规格160 mm×620 mm×180 mm;总重16.5 t

6.3.3 充填材料垂直输送技术

6.3.3.1 充填材料垂直输送工艺

矸石由地面运输系统进入投料井口,通过投料井直接从地面投到井底,经缓冲器缓冲后进入储矸仓。充填矸石是否能顺利从井口投放到井底带式输送机上,投料系统是否能经受住充填矸石的冲击力及磨损是需要解决的重要问题。据现场情况及总体设计要求,投料系统工艺流程如图6-28所示。

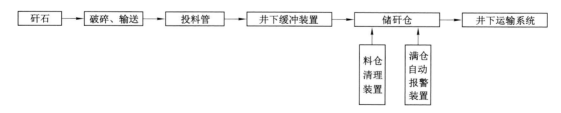

图6-28 投料系统工艺流程

6.3.3.2 充填材料垂直输送设备选型原则

矸石地面运输时需要的设备主要投料管、缓冲器、满仓报警监控装置和储矸仓清堵装置等。设备选型的原则为:

① 投料管应根据不同充填物料及投放能力合理设计、选择投料管的结构及材质。

② 缓冲器能够减小固体充填材料投至井底的冲击力,防治冲击力过大而造成设备的损坏等安全问题。

③ 满仓报警监控装置能够及时向地面控制室发送满仓报警信号,并能够自动切断矸石带式输送机的电控系统,停止供料。

④ 储矸仓清堵装置能够清理储矸仓的堵塞问题。

6.3.3.3　充填材料垂直输送设备选型

(1) 投料管选型

投料管为三层管状结构,如图 6-29 所示,其中,耐磨防冲击层主要承受投料过程中充填物料对管壁的冲击及摩擦,保证投料系统的使用年限。同时,耐磨防冲击层抗压强度较大,可以承受投料管在安装及使用过程中的外侧围压。高耐磨性材料需浇铸于内层管。设计外层管主要利于投料管的制造工艺。外层钢管可以承受安装过程中的纵向拉力及外侧围压。

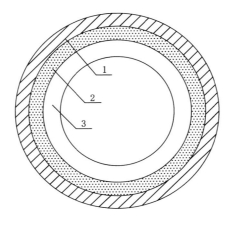

1—外层管;2—内层管;3—耐磨防冲击层。

图 6-29　投料管结构示意图

根据现有制造工艺及高耐磨性材料的性能,较合理的耐磨层厚度范围为 15～65 mm。不同厚度高耐磨性材料的投料管可以通过的物料量见表 6-6。

表 6-6　不同厚度高耐磨性材料的投料管通过物料量

项目	参　数						
高耐磨性材料厚度/mm	15	22	28	40	52	55	65
可通过物料量/万 t	500	800	1 200	2 000	3 000	4 000	5 000

(2) 缓冲装置选型

缓冲装置的设计目的是减小物料下落的冲击力。因此,需要计算出矸石下落到缓冲装置时的冲击力大小,在此基础上进行缓冲器的结构设计及材料选型设计。其中,固体物料冲击力计算方法如下所述。

把固体物料简化为球体,固体物料在投料井内的运动即可简化为垂直下落的球体的运动。下落过程中共收到重力 $F_重$、空气黏滞阻力 $F_阻$ 和空气浮力 $F_浮$ 的作用。可分别根据下式计算：

$$F_重 = mg \tag{6-1}$$

$$F_浮 = \rho_气 Vg \tag{6-2}$$

$$F_阻 = 0.5\rho_气 G_d S v^2 \tag{6-3}$$

则物体下落过程中所受合力 F 为：

$$F = F_重 - F_浮 - F_阻 = mg - \rho_气 Vg - 0.5\rho_气 G_d S v^2 \tag{6-4}$$

式中　m——下落物体的质量，kg；

　　　g——重力加速度，9.8 m/s^2；

　　　$\rho_气$——空气的密度，$1.29 \times 10^{-3} \text{ kg/m}^3$；

　　　V——下落物体的体积，m^3；

　　　S——物体受空气阻力的最大横截面积，m^2；

　　　v——物体相对于空气的速度大小，m/s；

　　　G_d——阻力系数。

其中，阻力系数 G_d 是一个与空气雷诺数有关的量，可以由下式计算得出：

$$G_d \approx \frac{24}{Re} + \frac{6}{1 + Re^{1/2}} + 0.4 \tag{6-5}$$

式中，Re 为空气雷诺数，$Re = \rho l v / \eta$，l 为与物体横截面积相联系的特征长度，η 为空气的黏度。

根据上述分析，可以得出垂直下落球体的动力学方程。

$$mx'' = mg - \rho_气 Vg - \frac{1}{2}\rho_气 - \frac{1}{2}\rho_气 G_d S v^2$$

$$= mg - \rho_气 Vg - \frac{1}{2}\rho_气 \left[\frac{24}{R_e} + \frac{6}{1 + R_e^{1/2}} + 0.4\right] S v^2$$

$$= mg - \frac{4}{3}\pi r^3 \rho_气 g - \frac{1}{2}\rho_气 \pi r^2 x' \left[\frac{12\eta}{\rho_气 x' r} + \frac{6\sqrt{\eta}}{\sqrt{\eta} + \sqrt{2\rho_气 x' r}} + 0.4\right] \tag{6-6}$$

式中　x——固体物料下落距离，即投料井深度，m；

　　　x'——固体物料下落距离对时间的一阶导数，即速度，m/s；

　　　x''——固体物料下落距离对时间的二阶导数，即加速度，m/s^2。

代入相关数据计算得出，矸石到达投料井井底时速度。

在计算过程中，将下落矸石简化为实心球体，将矸石的下落过程简化为受空气阻力的落体运动。由于下落过程中矸石还会受到管壁的摩擦阻力，所以运用上述动力学方程求出的最终速度为最大值。

受力分析过程为充填物料直接由地面投到井下。考虑到充填物料经投料管落到缓冲装置上是一个连续的过程，因此运用动量守恒原理对物料落到缓冲装置上时所产生的冲击力进行计算分析。

考虑矸石进入投料管的初速度为水平方向。水平方向的速度将在下落过程导致矸石与管壁发生摩擦和碰撞，使这部分动能被消耗。结合工程实际，下落矸石对缓冲器的冲击主要由竖直方向的运动产生，故在计算过程中认为矸石初始速度对最终的冲击力没有影响。

$$m \cdot v - m \cdot 0 = F \cdot t \tag{6-7}$$

$$m = Qt \tag{6-8}$$

式中 　F——物料与缓冲装置发生碰撞时的冲击力，N；

　　　m——投入的充填材料质量，kg；

　　　Q——投料速度，t/h；

　　　v——固体物料的速度，m/s。

由公式(6-7)和式(6-8)，可以得出：

$$F = Qv \tag{6-9}$$

带入相关数据，可求得冲击力 F。在投料过程中伴有受气流扰动，这导致矸石与管壁的摩擦进而产生的阻力作用。因此计算得出的冲击力为最大值。

上述计算是基于均匀投料得出的平均冲击力。考虑投料的不均衡性及下落过程中受到气流扰动影响，可能出现部分物料落下时不均衡作用于冲击缓冲器的情况，故最大瞬时冲击力 F_{max} 应大于 F，可由式(6-10)确定。

$$F_{max} = \eta \times F \tag{6-10}$$

式中 　η——安全系数，经模拟实验测得为 1.10～1.15，设计中取 1.15。

组合式减振器由一组弹簧组成。组合减振器的主要作用是将固体物料的动能转化为自身弹性能，其是承受固体物料冲击力的主要机构。需对弹簧进行选型设计。

（3）弹簧的材质选择

组合式减振器由一组弹簧组成。根据其结构特点可知，弹簧所承受的为 I 类载荷(循环载荷作用次数在 1×10^6 以上)，且载荷较大。参照国家标准，选用 60Si2Mn 钢为弹簧材料。同时考虑弹簧位于储矸仓内，湿度和粉尘影响较大，应增强其耐腐蚀性，需要对其表面进行抗氧化处理。

（4）弹簧的参数计算

本设计中选用的圆柱螺旋压缩弹簧应用广泛，便于购买和安装。弹簧的钢丝截面为圆形，其特征线是线性的。设计中需要选择弹簧的端部结构、钢丝表面处理技术、钢丝材料直径、弹簧中径、弹簧环绕比、弹簧圈数、弹簧高度、弹簧螺旋角和旋向、弹簧节距、弹簧展开长度。其中钢丝的直径 d、弹簧中径 D、有效圈数 n 是构成弹簧的 3 个基本参数。基本公式法是一种常用的弹簧设计方法。

（a）最大作用载荷的确定

最大载荷由矸石冲击产生的冲击力和伞部结构的重力构成。计算时假设载荷均匀作用在弹簧组的各个弹簧上，在安装满足一定精度的情况下，此假设合理。各个弹簧的最大工作载荷为：

$$F'_{max} = (F_{max} + F_{重})/N \tag{6-11}$$

其中 N 为安装弹簧的组数。为了使载荷均匀分布和安装，使弹簧对称分布在底座的以两条垂直直径划分的 4 个区域内，故 N 取值不应小于 4。

（b）最大弹簧变形 f 的确定

最大变形量 f 由式(6-12)确定：

$$\frac{0.5mv^2 + Mgf}{F'_{max}f} < 0.5 \tag{6-12}$$

式中 m——单位时间的投料量，t/h；

v——物料撞击前的速度，m/s；

M——伞部质量，kg；

g——重力加速度，9.8 m/s²。

(c) 旋绕比的选择

根据弹簧的设计经验，旋绕比取值范围为 5～8。

(d) 弹簧直径

按式(6-13)计算，计算后根据国家标准取整。

$$d \geqslant 1.6 \sqrt{\frac{KFC}{[\tau]}} \tag{6-13}$$

式中 K——曲度系数($K = \frac{4C-1}{4C-4} + \frac{0.615}{C}$)；

F——最大工作载荷，N；

C——旋绕比，取值范围为 5～8；

$[\tau]$——材料的许用切应力。

(e) 弹簧中径的确定

按式(6-14)计算，计算后按照国家标准取标准值。

$$D = Cd \tag{6-14}$$

(f) 弹簧有效圈数的确定

按式(6-15)计算，计算后按照国家标准取标准值。为了避免载荷偏心引起过大的附加力，最小工作圈数不应该小于 3 圈。

$$n = \frac{Dd^4 f}{8FD^3} \tag{6-15}$$

式中 n——弹簧有效圈数；

G——材料切变模量；

d——弹簧的钢丝直径，mm；

D——弹簧中径，mm；

F——弹簧的最大工作载荷，N。

弹簧的总圈数在弹簧有效总圈数两端各取支承圈 1 圈，即：

$$n_总 = n + 2 \tag{6-16}$$

式中 $n_总$——弹簧总圈数；

n——弹簧有效圈数。

(g) 试验载荷 F_s 的确定

试验载荷 F_s 的计算，由式(6-17)确定。

$$F_s = \frac{\pi d^3}{8D} \tau_s \tag{6-17}$$

式中 F_s——试验载荷，N；

d——弹簧钢丝直径，mm；

D——弹簧中径，mm；

τ_s——试验切应力，MPa。

（h）自由高度 H_0 的确定

按式（6-18）计算，计算出 H_0 按照国家标准取标准值。为了增加弹簧受力均匀性，采用端部结构两端并紧并磨平。

$$H_0 = nt + 1.5d \tag{6-18}$$

式中　t——节距，$t = d + \dfrac{f}{n} + \delta_1$，其中 $\delta_1 = 0.1d$。

（i）弹簧螺旋角的确定

由式（6-19）确定。

$$\alpha = \arctan \frac{1}{\pi D} \tag{6-19}$$

（j）弹簧稳定性的验算

按式（6-20）进行验算。

$$b = \frac{H_0}{D} < 5.3 \tag{6-20}$$

式中　b——高径比；

　　　H_0——自由高度，mm；

　　　D——弹簧中径，mm。

（k）弹簧刚度 F' 的确定

由式（6-21）确定。

$$F' = \frac{Gd^4}{8D^3 n} \tag{6-21}$$

（l）对应变形 f 时弹簧最大工作载荷的确定

由式（6-22）确定。

$$F = F' \cdot f \tag{6-22}$$

（m）弹簧的试验变形 f_s

由式（6-23）确定。

$$f_s = \frac{F_s}{F'} \tag{6-23}$$

弹簧的主要参数确定后，必须对弹簧进行校核。主要考虑选用弹簧，是否满足许用最大切应力要求，即 $\tau_{实际} < [\tau]$；是否满足稳定性要求，即两端固定的情况下满足 $b < 5.3$；螺旋角是否符合要求，即 $\alpha = 5° \sim 9°$；是否满足安装尺寸要求，即现行安装工艺可顺利安装。

在允许的范围内再取几个值，继续重复上述的计算过程，直至得到最优结果。

（5）组合式减振器优化设计

综合以上计算过程，对组合式减振器的弹簧进行优化设计。弹簧的优化主要考虑弹簧的稳定性 b；弹簧的总质量 $m_{总}$；弹簧的利用率，即 n/n_1。在满足设计要求的情况下，选择稳定性高、弹簧总质量小、弹簧的利用率高的方案，其中总质量为优先考虑因素，在总质量相近的情况下，再比较其他两因素，确定最优方案。组合式减振器弹簧基本参数见表 6-7。

表6-7 组合式减振器弹簧的基本参数

项目	旋绕比	钢丝直径/mm	中径/mm	有效圈数	总圈数
参数	6.4	10	64	17	19
项目	曲度系数	工作切应力/MPa	许用切应力/MPa	自由高度/mm	刚度/N/mm
参数	1.24	28.0	445	340	21.16
项目	节距/mm	平均冲程/mm	螺旋角/°	最大变形/mm	高径比
参数	19.2	97.5	5.35	104	5.23

（6）满仓报警监控装置

根据矿井的料仓的高度情况选取。以某矿的料仓的高度25 m为例，选取RD-P4型脉冲式雷达物位计，其具体参数见表6-8。

表6-8 RD-P4型脉冲式雷达物位计的参数

项目	参数	项目	参数
最大量程	70 m	过程温度	$-40 \sim 200$ ℃
测量精度	±20 mm	过程压力	$-1.0 \sim 40$ bar
过程连接	法兰316L	频率范围	6 GHz
天线材料	不锈钢316L/PTFE	信号输出	两线制/四线制；4～20 mA/HARTt

（7）储矸仓清堵装置

受储矸仓内环境的影响，随着矸石在储矸仓内的积压，可能会出现矸石胶结的现象。为了保证储矸仓下部出料口的畅通，应从各个方面减少矸石等固体物料对仓壁黏料。但即便如此，堵仓问题依然是矿井不可避免的问题，有时甚至会严重影响矿井生产。解决堵仓问题的办法如下：

① 减少料仓直径，提高料仓高度，使仓斗锥体仰角加大。这种做法使料仓的仓体高度加大，仓体稳定性变差，施工和维修难度大，投资增大，而且也不能彻底解决料仓黏料、堵塞等问题。

② 人工捅捣，压风喷吹，炸药爆炸。这种做法劳动强度大，操作不安全，运行成本高。

③ 使用振打器。这种做法噪音大，对仓壁有损伤，清堵效果不好。

全新的空气炮形式的清仓手段，成为理想的选择。空气炮具有冲击力大、安全、节能、操作简单、对料仓无损伤等优点；适用于各种钢制、混凝土以及其他材料制成的筒式料仓。

空气炮的工作原理为：由储矸仓下部的储气罐存储一定的高压空气，当储矸仓发生堵仓现象时，储气罐内的高压气体从储气罐的喷嘴中突然喷出，产生强大的气流，直接冲入储存物料的阻塞滞留区域；压缩空气在料仓的阻塞滞留区域急剧膨胀，所产生的能量克服了物料的阻塞，使仓内物料恢复重力流动，从而保证物料输送和生产的连续性。空气炮的实物如图6-30所示。

基于相关计算和分析，根据某矿的实际情况，选取空气炮的型号为KQP-A-170型，其相关参数见表6-9。

图 6-30　空气炮

表 6-9　空气炮参数

型号	容积 /L	筒身直径 /mm	筒身长度 /mm	喷管直径 /mm	冲击力 /N	爆破能 /J	质量 /kg
KQP-A-170	170	500	1 220	108	5 500～12 500	151 597	76.18

第二篇　实践篇

7　采选充＋留绿色化开采技术工程应用

7.1　工程背景

7.1.1　矿井概况

新巨龙煤矿位于巨野县城西南约 20 km，西距菏泽市约 40 km，在行政区划上隶属菏泽市巨野县龙堌镇。矿井占地面积 142.289 4 km²，设计能力为 600 万 t/a。矿井主采煤层为上组煤即 3($3_上$)、$3_下$煤层，设计服务年限为 65 年。矿井开拓方式为立井开拓，采用两个水平开拓：第一水平为−810 m 水平，服务于前期开发北西区；第二水平为−950 m 水平，服务于中后期开发北东区。整个井田划分为十六个采区，目前矿井开采 3($3_上$)煤层，主要采掘活动集中在−810 m 水平一、二、三采区。

含煤地层为山西组与太原组，含煤 24 层，平均总厚 236.89 m。其中山西组含煤 2 层[2、3($3_上$、$3_下$)]；太原组含煤 22 层。煤层平均总厚 17.79 m，含煤系数 7.5%。可采及局部可采煤层[3($3_上$)、$3_下$、$15_上$、$16_上$、17、$18_中$]平均总厚 14.96 m，占煤层总厚的 84%，其中 3($3_上$)煤层平均厚 7.21 m，占可采煤层总厚的 48%，是主采及首采煤层。

随着开采深度加大，新巨龙煤矿开采面临以下难题：

① 新巨龙矿井不断开拓延伸，矿井采掘过程中矸石产量较多，严重影响矿井主运系统提升、地面选煤加工等；降低了主运系统提煤效率、增加了矿井运行成本，且矸石地面堆积影响生态环境。

② 随着矿井采深的增加，井下矿压显现逐渐剧烈，巷道支护问题愈发严重，存在着巷道支护难、变形大等问题。

③ 开采深度超过 1 000 m，浅部资源开采殆尽，矿井延伸工程量大，采掘接替紧张，需尽可能实施无煤柱开采新技术，提高矿井资源综合回收率。

基于此，新巨龙煤矿建立了井下采选充＋留系统，将原煤在井下分选，采掘与井下分选矸石就地充填，并实施了充填采煤沿空留巷技术，实现了深部矿井矸石不升井，同时提高了深部资源采出率。井下煤矸分选采用了水介质跳汰＋旋流器分选方法；充填采用了固体密实充填技术；沿空留巷采用了单体支柱挡板与夯实胶结体留巷方式。

7.1.2　工程应用区域采矿地质条件

7.1.2.1　煤层赋存特征

3($3_上$)煤层位于山西组中部，下距太原组三灰 41.14（G-29 孔）～97.60 m（155 孔），平均 61.52 m。该煤层有分叉、合并现象,分叉后为 3$_上$、3$_下$煤层,合并后为 3 煤层,合并区位于工作区中西部及北端,分叉区位于工作区中部、东南部及东北部。3(3$_上$)煤层平均厚度 7.21 m,可采性指数 1,厚度变异系数 42.9%,属全区可采的较稳定煤层。

3$_上$煤为黑色,以暗煤为主,亮煤、丝炭次之,属半暗型煤。黑色、褐黑色条痕玻璃光泽块状,参差状断口、贝壳状断口、眼球状断口,内生裂隙较发育,夹少量方解石黄铁矿薄膜。夹矸为碳质泥岩,属低灰低硫易洗选型。煤种为肥煤。肥煤视密度 1.36 t/m。

工程应用区域首采工作面为 1303N-1$^#$ 充填工作面,开采 3$_上$煤层。煤层厚度为 2.2~3.63 m,平均厚 3.19 m。煤层变异系数为 11.9%,3$_上$煤层为稳定煤层,煤层倾角为 9°~13°,平均为 11°。煤层普氏硬度系数为 1.5,结构简单。

7.1.2.2 煤层顶底板条件

3(3$_上$)煤层结构较简单,含 0~3 层夹石。夹石岩性多为泥岩、炭质泥岩。顶板多为泥岩、粉砂岩,个别点为中、细砂岩。底板多为泥岩、粉砂岩。煤层顶底板情况见表 7-1。

表 7-1　煤层顶底板情况表

顶底板	岩层	厚度/m	硬度	岩性特征
基本顶	粉砂岩	19.87	5.0	灰色,局部含细砂质,局部炭化,夹细砂岩条带,裂隙发育,充填方解石等,水平层理
直接底	泥岩	1.45	4.0	浅灰至灰色,质纯,贝壳状断口,性脆,含黄铁矿薄膜、炭质及植物根部化石
基本底	粉砂岩	3.40	5	深灰色,较致密,裂隙发育充填黄铁矿,底部夹细砂岩条带,具水平层理

7.2　采选充＋留绿色化开采技术系统布置

7.2.1　采选充＋留绿色化开采技术系统总体构成

新巨龙煤矿采选充＋留生产系统包括煤矸高效分选系统、采充留系统,其构成如图 7-1 所示。将沿空留巷技术有效衔接在采充系统内,在充填采煤过程中实施沿空留巷。

7.2.2　井下煤矸高效分选系统

煤矸高效分选系统布置充分考虑设备与现有系统的衔接关系,同时满足现有井下硐室空间要求。整套生产系统主要包括原煤准备系统、分选系统、粗煤泥回收分选系统、煤泥水系统、产品储运系统六大子系统。将井下煤矸精确分选工艺根据具体分选功能分系统独立布置。根据新巨龙煤矿井下生产能力、井下空间分布将各个模块进行优化组合,实现各模块中子系统结构紧凑、子模块的分区清晰简明,以满足井下复杂空间条件下煤矸高效分选系统建设要求。

7.2.2.1 分选硐室布置

新巨龙公司煤矸分选硐室群位于北区胶带运输大巷、一采区回风上山与 1301 采区所围成的三角区域,主要包括筛分破碎硐室、产品转运硐室、煤矸分离硐室和煤泥水澄清硐室等。

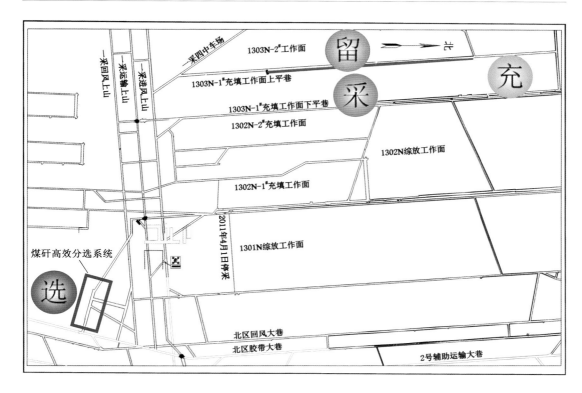

图 7-1　新巨龙煤矿采选充＋留系统

碉室群位置关系如图 7-2 所示。

图 7-2　碉室群布置图

主要分选碉室的设计与施工参数如下：

（1）筛分破碎碉室

碉室总宽×碉室总高＝6.5 m×8.0 m，碉室长度为 49.25 m。碉室断面面积为 57.0 m²。碉室施工分两次掘进施工：碉室第一次掘进时，断面形状为三心拱形，荒宽×荒高＝6.8 m×4.15 m，$S_荒$＝25.7 m²，净宽×净高＝6.5 m×4.0 m，$S_净$＝23.8 m²；碉室第二次掘进时，断面形状为矩形,荒宽×荒高＝6.8 m×4.0 m,$S_荒$＝27.2 m²,净宽×净高＝6.5 m×4.0 m,$S_净$＝26.0 m²。喷浆厚度为150 mm。

（2）筛分产品转运硐室

硐室宽×硐室高＝(7.5～8.0) m×(6.5～8.0)m,硐室长度为88.59 m。起端断面面积为48.75 m²,终端断面面积为64.0 m²。硐室施工小断面在分两次掘进施工,大断面分两次掘进施工。① 起始端小端面:硐室第一次掘进时,断面形状三心拱形,荒宽×荒高＝7.8 m×4.65 m,$S_荒$＝33.0 m²,净宽×净高＝7.5 m×4.5 m,$S_净$＝30.8 m²;硐室第二次掘进时,断面形状为矩形,荒宽×荒高＝7.8 m×1.0 m,$S_荒$＝15.6 m²,净宽×净高＝7.5 m×2.0 m,$S_净$＝15.0 m²。② 终结端大端面:硐室第一次掘进时,断面形状三心拱形,荒宽×荒高＝8.3 m×4.15 m,$S_荒$＝30.7 m²,净宽×净高＝8.0 m×4.0 m,$S_净$＝28.6 m²;硐室第二次掘进时,断面形状为矩形,荒宽×荒高＝8.3 m×4.0 m,$S_荒$＝33.2 m²,净宽×净高＝8.0 m×4.0m,$S_净$＝32.0 m²。喷浆厚度为150 mm。

（3）煤矸分离硐室

硐室总宽×硐室总高＝7.5 m×8.0 m,局部高度为9.0 m,硐室长度为70.30 m。通断面的断面面积为60 m²,局部断面面积为104.25 m²。分两次掘进施工:第一次掘进时,断面形状为三心拱形,荒宽×荒高＝7.8 m×4.15 m,$S_荒$＝29.1 m²,净宽×净高＝7.5 m×4.0 m,$S_净$＝27.0 m²;第二次掘进时,断面形状为矩形,荒宽×荒高＝7.8 m×4.0 m,$S_荒$＝31.2 m²。净宽×净高＝7.5 m×4.0 m,$S_净$＝30.0 m²。喷浆厚度为150 mm。

（4）煤泥水处理硐室

硐室总宽×硐室总高＝7.0 m×7.5 m,硐室长度为67.48 m。硐室面积为74.2 m²。硐室施工分两次掘进施工:硐室第一次掘进时,断面形状为三心拱形,荒宽×荒高＝7.3 m×4.65 m,$S_荒$＝31.04 m²,净宽×净高＝7.0 m×4.5 m,$S_净$＝28.9 m²;硐室第二次掘进时,断面形状为矩形,荒宽×荒高＝7.3 m×3.0 m,$S_荒$＝21.9 m²。净宽×净高＝7.0 m×3.0 m,$S_净$＝21 m²。喷浆厚度为150 mm。

7.2.2.2 分选系统组成

新巨龙煤矿井下分选系统按照功能主要分为三大部分,包括"跳汰分选"、"细粒煤水介质旋流器分选"、"煤泥水井下巷道式大型高效斜管沉降"三大模块。井下模块化煤矸分选系统集成如图7-3所示。各模块三维图分别如图7-4、图7-5、图7-6所示。

7.2.3 采充留系统

以新巨龙煤矿1303N-1$^#$充填面为例,布设采充＋留系统。

7.2.3.1 工作面布置情况

首采充填采煤工作面为1303N-1$^#$。1303N-1$^#$工作面长103.6 m,推进长度为983.1 m。1303N-1$^#$工作面位于－810水平一采区进风上山以北,东为1302N-2$^#$充填工作面,西为1303N-2$^#$工作面,南为一采区三条上山及村庄保护煤柱,北为1303N工作面老空区保护煤柱。该工作面具体布置如图7-7所示。

7.2.3.2 工作面生产系统

1303N-1$^#$充填工作面运输路线如图7-8所示。

（1）原煤运输系统

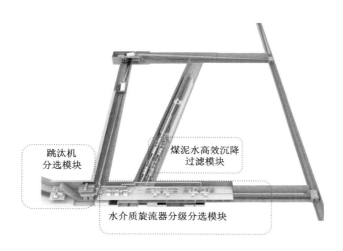

图 7-3　井下模块化煤矸分选系统集成

图 7-4　井下跳汰功能模块三维图

图 7-5　井下水介旋流器分选功能模块三维图

图 7-6　煤泥水井下巷道式大型高效斜管沉降功能模块三维图

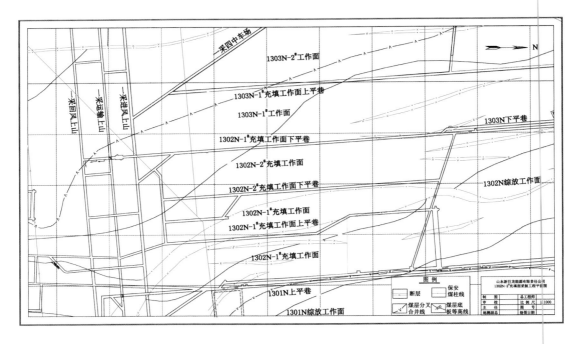

图 7-7　1303N-1#工作面布置图

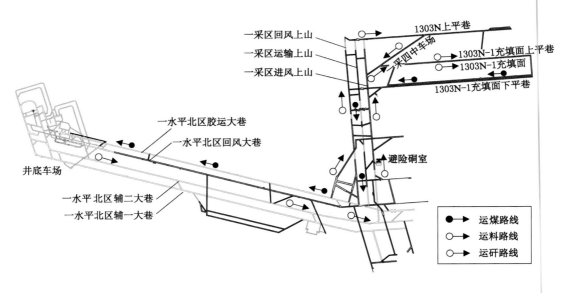

图 7-8　1303N-1#充填工作面运输路线示意图

原煤通过工作面下平巷转载一采区运输上山，进入北区胶运大巷形成原煤运输系统。
1303N-1#充填工作面→工作面下巷(125带式输送机)→联络通道(电动滚筒带式输送机)→
1302N上平巷(125带式输送机)→一采区运输上山带式输送机→一水平北区胶运大巷。

（2）矸石运输系统

矸石运输路线：一采区回风上山（125 带式输送机）→1303N 上平巷带式输送机头通道（电动滚筒带式输送机）→1303N 上平巷（125 带式输送机）→一采区四中车场（125 带式输送机）→工作面上平巷（125 带式输送机）→1303N-1# 充填工作面。

（3）辅助运输系统

工作面材料、设备运输路线：-810 井底车场→5°单轨吊换装站→5°上山→一采区进风上山→一采区三中车场→一采区四中车场→1303N-1# 充填工作面上平巷。人员运输路线：采用 WC24R 型防爆中巴车将作业人员由井底车场直接运送至一采区三中车场门口。

（4）通风系统

新风：由 1# 主井、2# 主井→-728 联络巷→南翼辅助进风巷→一采区进风巷→一采区进风上山→一采区三中车场→1303N-1# 充填工作面下平巷→1303N-1# 充填工作面；乏风：1303N-1# 充填工作面→1303N-1# 充填工作面上平巷→1303N 探巷→1303N 上平巷→南翼工作面→南翼疏水巷→一水平北区回风大巷→南风井。

（5）沿空留巷系统

确定巷旁充填体合理留巷位置、巷旁充填体参数、巷旁充填材料之后，提出了两种适应于新巨龙煤矿的留巷技术：密实充填下的单体支柱挡板与夯实胶结体联合留巷技术，以及非密实充填下的切顶留巷技术，如图 7-9 所示。

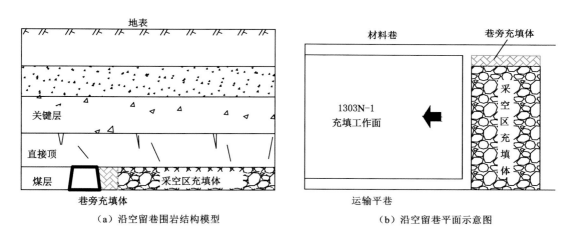

（a）沿空留巷围岩结构模型　　　　　　　（b）沿空留巷平面示意图

图 7-9　1303N-1# 工作面沿空留巷示意图

以联合留巷技术为例，综合考虑沿空留巷效果、安全富余系数、维护费用及成本投入，最终确定巷旁支护体宽度为 2.5 m，充填体强度为 4.0 MPa。

沿空留巷方案设计：在原巷道支护的基础上，根据矸石充填采煤沿空留巷围岩移动规律，结合充填采煤沿空留巷巷旁支护参数优化设计数值模拟分析结果，设计采用垒砌矸石墙加混合巷旁支护体的综合支护方式进行沿空留巷的巷旁支护，留巷之后的巷道高度 3.6 m，宽度 4.8 m。沿空留巷方案见图 7-10。

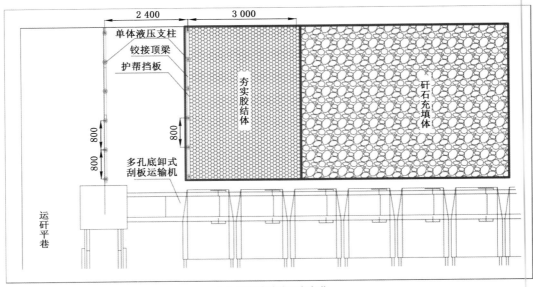

（a）夯实胶结体沿空留巷

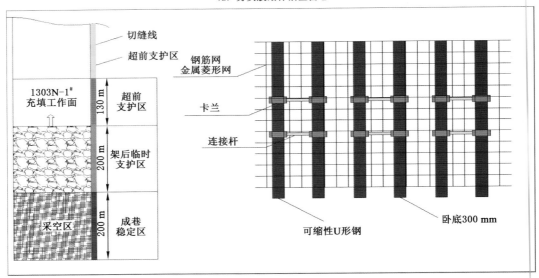

（b）非密实切顶自留巷

图 7-10　沿空留巷示意图

7.3　采选充＋留绿色化开采技术工艺设计

新巨龙"采充留"绿色化开采技术的总体工艺流程为：根据煤矿的生产能力，确定充填工作面的矸石充填物料需求量；同时布置少矸化的煤炭开采系统，并行实施充填采煤工艺和沿空留巷工艺。随着充填工作面向前推进,采充工艺与留巷工艺同时进行,在端头支架的掩护下,采用单体液压支柱挡板与夯实胶结体联合留巷的方式。以下分别介绍采、选、充、留具体工艺流程及其关键装备。

7.3.1 煤矸分选工艺设计及关键装备

7.3.1.1 水介质跳汰＋旋流器分选工艺

新巨龙煤矿采用了井下水介质跳汰＋旋流器分选的综合方法,其工艺主要包括原煤准备工艺、分选工艺、粗煤泥回收分选工艺、煤泥水处理工艺、产品储运工艺,井下煤矸分选工艺流程见图 7-11。水介质排矸流程见图 7-12。

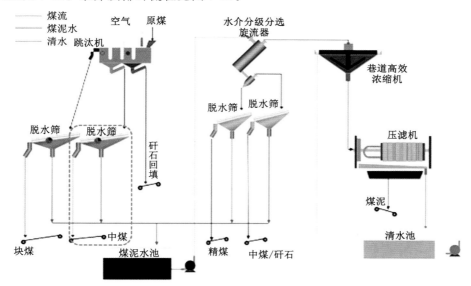

图 7-11 井下煤矸分选工艺流程图

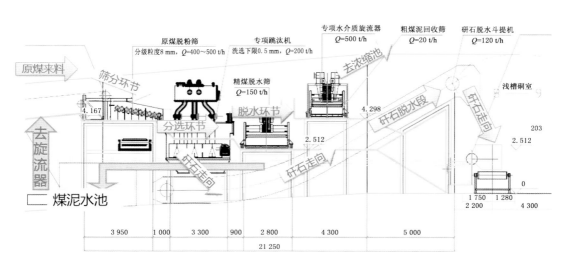

图 7-12 水介质排矸流程图

① 原煤准备工艺：来煤－100 mm原煤进入到原煤细粒筛分设备。细粒筛分采用13 mm分级，筛上物料进入排矸跳汰机内，－13 mm以下末煤通过转载搭入大巷运煤带式输送机。

② 分选工艺：针对13(0)～100 mm粒级的原煤进行入洗，原煤输送至跳汰机内进行洗选；跳汰机分选出矸石、精煤两种产品，矸石采用斗提机进行脱水后，进入到矸石带式输送机内，由输送机输送至矸石缓冲仓上，矸石在缓冲仓上完成破碎后进入到矸石缓冲仓内，作为井下充填原料来使用；跳汰机溢流经分级筛脱水后，筛上的产品进入到洗混煤带式输送机内，－2.0 mm煤泥水直接进入到煤泥水池内缓冲。

③ 粗煤泥回收分选工艺：－2.0 mm煤泥水采用泵输送至水力分级分选旋流器内，溢流进入到煤泥水处理系统，其底流进入高频筛内进行脱水，脱水后的产品直接进入到精煤带式输送机。

④ 煤泥水处理工艺：－0.15 mm煤泥水首先进入到浓缩沉淀池内沉淀。浓缩池采用井下专用浓缩机，占地面积20 m×6.8 m，高6.8 m。该设备溢流后的煤泥水进入到循环水池作为循环水复用。沉淀物料采用渣浆泵输送到压滤机内进行脱水，脱水后的散状煤泥作为混煤产品外运。

⑤ 产品储运工艺：井下洗选系统设有一座矸石缓冲仓。储矸仓主要用于井下充填系统原料供应。洗选后的精煤产品则直接由带式输送机运输至原有大巷带式输送机上，直接输送到原煤仓内，再经由输送系统升井后接入地面生产系统。

7.3.1.2 水介质跳汰＋旋流器分选关键设备

依照《煤炭洗选工程设计规范》有关规定及生产实践经验确定设备处理能力。所选设备的型号与台数，与矿井生产能力相匹配，尽量采用大型设备，充分估计到机组间的配合与井下巷道硐室之间布置的紧凑，便于生产操作。所选设备的类型应适合原煤特性和产品质量要求，不均衡系数的选取参考选煤厂设计规范并结合实践经验取值。本系统采用井下原煤入洗工艺，井下生产部分不均衡系数取值为1.15。

主要分选设备参数见表7-2。

表7-2　主要分选设备参数

序号	名称	型号	数量	主要参数
1	紧凑型跳汰机	JYT-G12	1	入料粒度范围100～10(0)mm，矸石排出率达到94%，分选精度0.11～0.12，用水量为1.5～2.2 m³/t，用风风压0.039～0.029 MPa
2	旋流器	XL-600	2	长2.7 m，宽2.2 m，高2.7 m，单台处理量约300 m³/h，两台共600 m³/h
3	浓缩机	JYT-G70	1	长20 m，宽6.8 m，高6.8 m，总容量924 m³，含循环池容积30 m³，总沉淀面积136 m²，处理水量达500～1 100 m³/h

紧凑型跳汰机如图7-13所示。

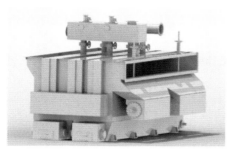 

（a）紧凑型跳汰机三维示意图　　　　　　（b）紧凑型跳汰机地面调试

图 7-13　紧凑型跳汰机图

7.3.2　"采充"工艺设计及关键装备

7.3.2.1　"采充"工艺设计

采充工艺主要包括以下流程:采煤机割煤→拉架→推刮板输送机→顺直并开动多孔底卸式刮板输送机→开动工作面运矸胶带→工作面充填→停止运矸胶带→停止多孔底卸式刮板输送机(当完成 3 个正规循环作业时,则对上平巷进行留巷施工)→卫生清理。

其中充填作业需达到以下要求:

①工作面支架和尾梁接顶严实,支架平直一条线,后部运输机吊挂高度一致,确保多孔底卸式刮板输送机的平直。

②工作面上端头 3 个支架、下端头 2 个支架充矸高度距离顶板不得超过 1.5 m,剩余支架充填高度距离顶板不得超过 0.4 m。

③每班充填结束后,夯实机构收回放落高度一致,且夯实机构上不得有浮矸。当落矸高度达到夯实机构上沿时,关闭卸料口,平推夯实机构进行推压充填,压实后收回夯实机构,打开卸料口继续充矸,当落矸高度再次到达夯实机构上沿时,关闭卸料口。不断重复以上夯实机构操作方法,直到充填高度满足要求为止。

7.3.2.2　采充关键设备

（1）充填采煤液压支架

选用 ZC9000/20/38D 型六柱支撑式充填采煤液压支架作为基本架型,其技术参数见表 7-3。

表 7-3　ZC9000/20/38D 六柱支撑式充填采煤液压支架技术参数

序号	名称	参数	序号	名称	参数
1	支架中心距	1 750 mm	4	支架初撑力	7 750 kN
2	支架高度	2 000～3 800 mm	5	支架工作阻力	9 000 kN
3	支架推移步距	800 mm	6	支护强度	0.9 MPa

（2）采煤机

所选采煤机型号为 MG300/730-WD,其主要技术参数见表 7-4。

表 7-4 采煤机主要技术参数

名　称	参　数	名　称	参　数
型号	MG300/730-WD	截割电机功率/kW	300×2
适应采高/m	2.0～4.0	总装机功率/kW	730(300×2＋55×2＋11×2)
机面高度/mm	1 410	铲间距/mm	220
最大卧底量/mm	498	最大牵引拉力/kN	550
过煤高度/mm	595	牵引速度/(m/min)	0～7.7/12.8
滚筒形式/mm	直径 2 000,截深 600	电源电压/V	1 140
适应工作面倾角/(°)	≤40	控制方式	中部手控＋遥控＋两端电控
牵引方式	交流变频无链电牵引		

（3）多孔底卸式刮板输送机

所选多孔底卸式刮板输送机型号为 SGZ730/400,其主要技术参数见表 7-5。

表 7-5 多孔底卸式刮板输送机技术参数主要技术参数

名　称	多孔底卸式刮板输送机
型号	SGZ730/400
运输能力/(t/h)	700/300
出厂长度/m	103
电机功率/kW	2×200
电源电压/V	1 140
中部槽规格/mm	1 750×730×275
圆环链规格/mm	$\phi 26×92$
减速器型号	JS200,i=36.737
电机型号	YBSS-200

（4）其他设备

其他设备具体型号及技术参数见表 7-6。

表 7-6 其他配套装备参数

序号	名称	型号	数量	主要参数
1	自移式矸石转载输送机	SZZ730/200	1	运量 800 t/h,长度 64 m,链速 1 m/s,电源电压 1 140 V
2	破碎机	PLM1000	1	破碎能力 1 000 t/h,破碎粒度<300 mm,电源电压 1 140 V
3	带式输送机	DSJ100/63/2×125	2	输送能力 630 t/h,输送带宽度 1 000 mm,带速 2m/s,功率 2×125 kW

（5）工作面设备配套

该工作面共布置充填采煤液压支架 60 台,多孔底卸式刮板输送机 1 部,端头支架 2 台,超前支架 26 台。工作面设备布置平面图如图 7-14 所示。

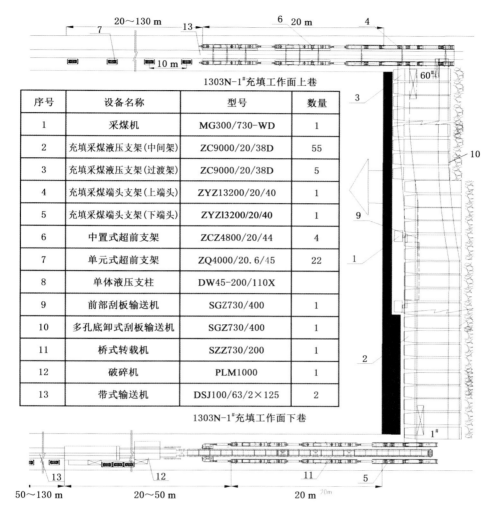

序号	设备名称	型号	数量
1	采煤机	MG300/730-WD	1
2	充填采煤液压支架(中间架)	ZC9000/20/38D	55
3	充填采煤液压支架(过渡架)	ZC9000/20/38D	5
4	充填采煤端头支架(上端头)	ZYZ13200/20/40	1
5	充填采煤端头支架(下端头)	ZYZ13200/20/40	1
6	中置式超前支架	ZCZ4800/20/44	4
7	单元式超前支架	ZQ4000/20.6/45	22
8	单体液压支柱	DW45-200/110X	
9	前部刮板输送机	SGZ730/400	1
10	多孔底卸式刮板输送机	SGZ730/400	1
11	桥式转载机	SZZ730/200	1
12	破碎机	PLM1000	1
13	带式输送机	DSJ100/63/2×125	2

图 7-14　工作面设备布置平面图

7.3.3　沿空留巷工艺设计

根据新巨龙煤矿的开采条件,在 1303N-1# 充填采煤工作面采用了单体支柱挡板与夯实胶结体留巷技术。

在原巷道支护的基础上,根据矸石充填采煤沿空留巷围岩移动规律,结合充填采煤沿空留巷巷旁支护参数优化设计数值模拟分析结果,设计采用单体支柱挡板与夯实胶结体联合留巷方式(图 7-15)进行沿空留巷,留巷之后的巷道高度 3.6 m,宽度 4.8 m。

沿着 1303N-1 运矸平巷边缘,每排 3 块挡矸木板长边对接使用,挡矸板至顶板剩余空间利用背板及铁钉封闭。挡矸板外侧打一排单体液压支柱固定挡矸板,间距 1.0 m。

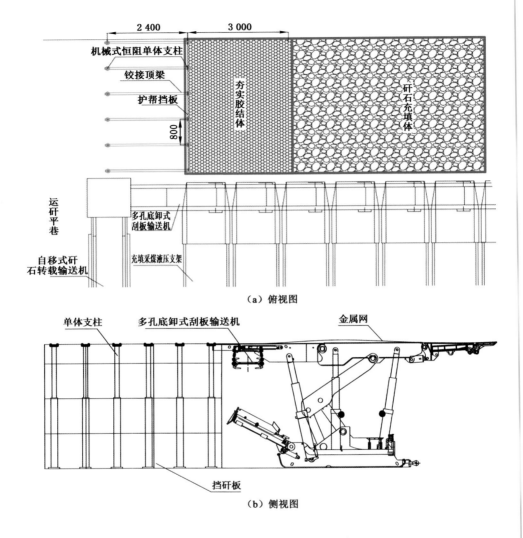

图 7-15 1303N-1 沿空留巷方案

矸石墙构筑完成后,在支架后方卸落含有一定水分的矸石高聚合物充填材料,通过支架后部夯实机构夯实矸石高聚合物充填材料,确保矸石高聚合物充填材料巷旁支护体充分接顶且其宽度不小于 2.5 m。

采用单体液压支柱挡板与夯实胶结体联合留巷的方式进行沿空留巷。即在工作面采煤拉架之后,在巷道内打设两排单体支柱维护留巷,同时在巷道内靠近采空区侧沿工作面推进方向安设护矸板。当充填至留巷段时,在运矸带式输送机添加胶结料水泥,通过多孔底卸式刮板输送机向靠近运矸位置的第 1、2 台支架后方卸落含有一定水分的矸石水泥混合充填料,之后通过支架后部夯实机构夯实混合充填料,确保混合物料密实且充分接顶。沿空留巷工艺流程如图 7-16 所示。

（a）留巷工艺流程

（b）现场实拍

图 7-16　沿空留巷工艺流程和现场实拍图

7.4　采选充＋留绿色化开采技术工程应用效果评价

7.4.1　煤矸分选效果评价

在新巨龙煤矿北区胶带运输大巷、一采回风上山与 1301 采区所围成的三角区域,建立了单模块能力达 400 万吨/年的井下结构紧凑型煤矸智能化分选系统。

煤矸智能分选系统在现场应用有如下效果。

① 紧凑型多频井下专用跳汰机分选下限为 8~0.5 mm。

② 分选带煤率稳定在 2%左右,不完善度为 0.11~0.12。该系统的分选效果优于传统跳汰机的。

③ 跳汰分选模块排矸率为 94.6%,矸石带煤率为 1.7%,处理量为 650~850 t/h。

④ 细粒煤分选模块排矸率为 91.67%,带煤率为 4.37%,处理能力为 1 800 m³/h。

⑤ 煤泥水处理模块底流浓度为 300~400 g/L,溢流浓度小于 10 g/L,浓缩机尺寸长×宽×高为 32m×6.0m×6.8m,处理能力为 1 100~1 500 m³/h。

⑥ 旋流器分选下限为 0.25 mm,处理能力为 300 m³/h,分选精度为 0.085。

⑦ 井下煤矸有效分选粒度达到 0.25 mm,矸石选出率达到 94.6%;矸石带煤率小于 1.7%,单系统原煤分选能力大于 400 万吨/年。

煤矸智能分选系统现场应用情况如图 7-17 所示。

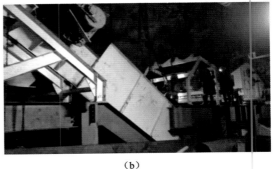

（a）　　　　　　　　　　　　　（b）

图 7-17　煤矸智能分选系统现场适用实拍

7.4.2　采充效果评价

7.4.2.1　煤炭开采及矸石充填效果评价

对于 1303N-1# 充填面,在研究与实践期间共推进 983.1 m,共采出原煤 53.31 万吨,共充填矸石 66.71 万吨。密实充填时采充比可控制在 1∶1.25 左右。

矸石充填效果通过顶板位移、充填体应力进行评价。

（1）顶板位移与充填体应力监测方案设计

煤矿开采巷道充填后,充填体对采空区顶板起支撑作用。在充填体内部布置一定数量的顶板位移传感器及充填体应力传感器,用于评价开采巷道充填后充填体对顶板下沉的控制效果。在充填体内安设了 25 个 GPD30 型充填体应力传感器及 25 个采空区顶板位移传感器。两种传感器对应布置。在距工作面开切眼 350 m 时,进行第一排传感器的安装。在工作面推进到 450 m、550 m、700 m、850 m 时,进行了第二排、第三排、第四排、第五排传感器的安装。由于充填体应力传感器及采空区顶板位移传感器位于采空区内,其数据传输线容易受到破坏,所以应将其数据传输线放置于特制管路中。在两巷内应将特制管路悬挂于两巷煤帮三分之二处以上。充填体应力传感器、顶板位移传感器布置如图 7-18 所示。

（2）顶板位移与充填体应力监测结果分析

采用采空区顶板下沉监测仪、充填体应力监测仪分别对充填后的采空区顶板下沉量与应力进行监测。测量并记录采空区顶板的下沉量与应力,通过有线连接的方式传输监测数据。选择工作面推进到 450 m 时第二排中间的 1# 测点进行监测分析。1# 测点顶板动态下沉量与应力监测曲线如图 7-19 所示。

由图 7-19 可知:充填采煤采空区顶板下沉值与充填体应力值基本上可分为 3 个阶段。顶板下沉值分为下沉加速增加阶段(工作面距测点的距离 0~88 m)、下沉缓慢增加阶段(88~188 m)、下沉变形稳定阶段(188 m 以后)。充填体应力值分为初始应力阶段(工作面距测点的距离 0~32 m)、应力增高阶段(32~89 m)、应力稳定阶段(89 m 以后);充填体应力最终稳定值为 14.2 MPa。

针对顶板下沉值来说,在下沉加速增加阶段,随着工作面的推进距离不断增大,充填体尚未及时压实,充填体不能承担上覆岩层的载荷,直接顶顶板随采随冒,这加快了顶板的下沉速率;在下沉缓慢增加阶段,充填体逐渐被压实,这顶板下沉速率低于围岩加速增加阶段

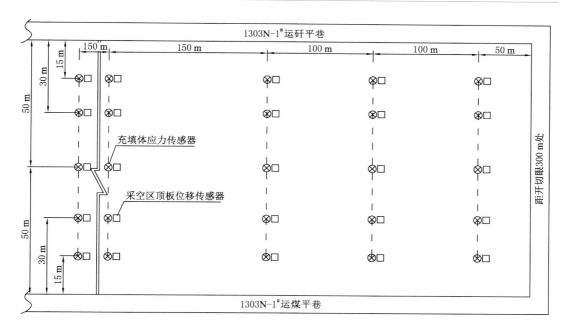

图 7-18　充填体应力传感器、顶板位移传感器布置

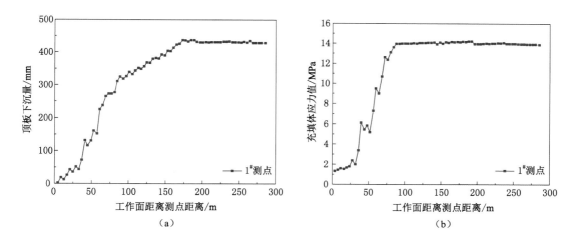

图 7-19　1#测点实测顶板动态下沉量与应力监测曲线

的压实速率；之后随着工作面的推进，充填体逐步被压实且成为承担上覆岩层载荷的主体，顶板的下沉值趋于稳定。

　　针对充填体内部应力值，在初始应力阶段，充填之后充填体只支承部分垮落直接顶的载荷，上覆岩层的载荷仍是岩石自身承担；在应力增高阶段，采空区顶板在上覆岩层的作用下逐渐发生弯曲下沉，充填体也逐步被压实；随着工作面的推进，充填体内部应力逐步稳定，最大值达到 14.2 MPa，趋于原岩应力值。

7.4.2.2　充填开采矿压显现

　　为研究 1303N-1#充填示范工作面充填采煤液压支架工作阻力随工作面推进的变化规

律,沿工作面液压支架上布置工作阻力监测仪,采集 1303N-1# 充填工作面充填采煤液压支架在线矿压监测系统数据,得到不同时间段工作面充填采煤液压支架工作阻力。

不同时间段工作面充填采煤液压支架工作阻力实测曲线如图 7-20 所示。

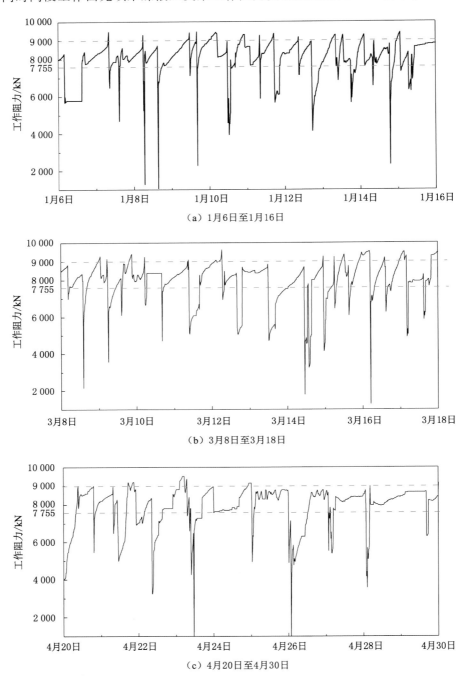

（a）1月6日至1月16日

（b）3月8日至3月18日

（c）4月20日至4月30日

图 7-20 不同时间段工作面液压支架工作阻力实测

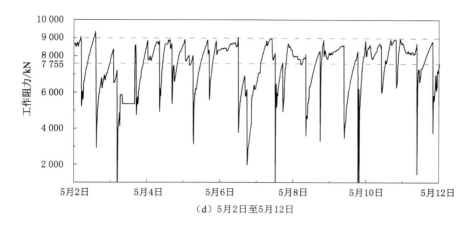

（d）5月2日至5月12日

图 7-20（续）

由图 7-20 可知：

① 在回采过程中，充填采煤液压支架的工作阻力变化较为平稳，平均工作阻力在 7 755～9 000 kN 之间，工作阻力缓慢增加，在超过充填采煤液压支架的额定工作阻力 9 000 kN 后，支架安全阀开启，支架卸压。

② 在回采过程中，初撑力超过 7 755 kN 的循环数量超过总数量的 85％，说明支架支撑状态良好，满足支架设计与支撑效果要求；平均初撑力在 7 500～8 500 kN 之间，与支架的平均工作阻力（7 755～9 000 kN）相差很小，由此可见充填采煤液压支架有效地控制了充填之前顶板的下沉量。

7.4.2.3　地表变形效果评价

（1）地表变形监测方案设计

在结合已有的地表沉陷预计结果基础上，设计地表移动观测线布置方案（见图 7-21）。

图 7-21　观测站布设

① 沿东西方向田间小路布设了新的倾向观测线 QXN1 至 QXN67，观测线长度为约 1 676 m；布置工作测点 67 个；布置控制点 4 个，布设在张楼村内路面；。

② 沿南北方向田间布设了走向观测线 ZXZ1 至 ZXZ64，观测线长度为约 1 609 m；布置工作测点 64 个；布置控制点 4 个，布设在充填区域西南角外的龙润大道。

设计区域工作面开采深度远大于 300 m，故设计各观测线测点间距 25 m，控制点间距大于 50 m。设计区域地表移动观测站工作测点和控制点个数见表 7-7。

表 7-7　设计区域地表移动观测站工作测点和控制点个数

观测线名称	观测线长度/m	工作点/个	控制点/个	工作点＋控制点
倾向观测线 QXN1 至 QXN47	1 676	67	4	71
走向观测线 ZXZ1 至 ZXZ46	1 609	64	4	68
合　　计	3 285	131	8	139

（2）地表变形监测结果分析

1303N-1# 工作面地表变形监测结果如图 7-22 至图 7-24 所示。由图 7-22 至图 7-24 可知，倾向观测线最大下沉值为 110 mm，走向观测线最大下沉值为 215 mm。

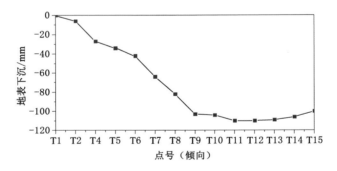

图 7-22　1303N-1# 工作面倾向地表下沉曲线

倾向观测线最大下沉点为 T11，累积下沉量为 110 mm，下沉率为 0.04（采厚 2.73 m），最大下沉速度为 0.74 mm/d，地表下沉未进入活跃期。T11 测点下沉速度及累积沉降量曲线如图 7-23 所示。

走向观测线最大下沉点为 C3 点，下沉值为 215 mm，下沉率为 0.08（采厚 2.73 m），最大下沉速度为 0.84 mm/d，地表下沉未进入活跃期。C3 测点下沉速度及累积沉降量曲线如图 7-25 所示。

通过上述观测结果分析可知，1303N-1# 充填工作面由于采用了密实充填开采技术，各个测线观测的地表下沉量较小，下沉率分布在 0.04～0.08 之间，最大下沉速度分布在 0.74～0.84 mm/d 之间，地表下沉未进入活跃期，地表变形均控制在Ⅰ级采动影响范围内。

7.4.3　沿空留巷效果评价

7.4.3.1　巷旁充填体压实率监测方案设计

在充填段采空区安设充填体压缩率监测仪及充填体应力传感器。监测仪采用预埋信号

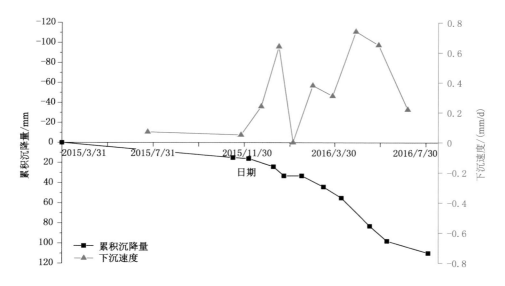

图 7-23　T11 测点的下沉速度及下沉曲线

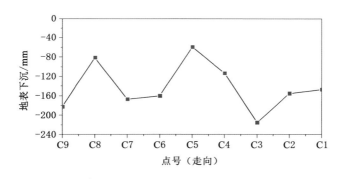

图 7-24　1303N-1＃工作面走向地表下沉曲线

线安装方式,与井下数据分站和地面数据总站构成采空区充填体压实率及应力的监测反馈系统,以在井上井下同时监测采空区不同位置处充填体压缩变形量和应力,实现充填体压实率及所受应力的实时监测与反馈。

充填体压实率及应力的监测反馈系统的布置如下所述。在工作面开切眼前方 60 m、120 m 及 180 m 分别布置一个监测站,用于监测矸石聚合物充填体压缩率监测仪及应力变化情况,如图 7-26 所示。安设监测仪时需铺设好连接 3 台监测仪的信号线到井下数据分站,同时在压缩率监测仪上安装应力传感器;继续进行充填与采煤作业的,同样将信号线接入井下数据分站,最终数据汇入地面数据总站实时显示,从而完成充填体压缩率及应力的实时监测与反馈。

7.4.3.2　巷旁充填体应力及压缩率实测结果与分析

（1）应力变化实测结果与分析

通过对图 7-27 分析可知,巷旁充填体应力分为初始应力、应力增高和应力稳定等三个阶段。

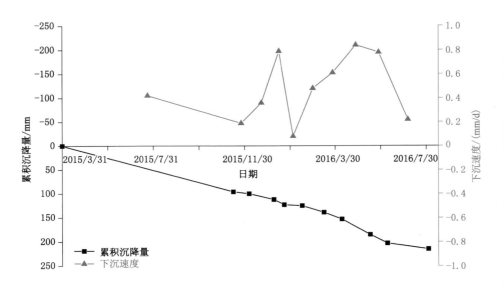

图 7-25　C3 测点的下沉速度及累积沉降量曲线

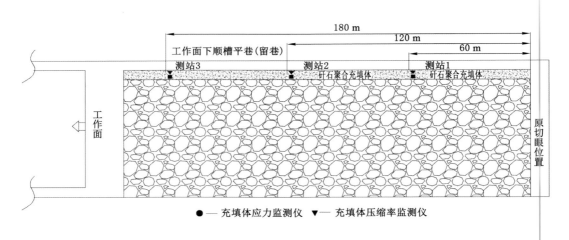

图 7-26　充填体压缩率实时监测方案

　　① 初始应力阶段(工作面后方 0~20 m 范围)。应力传感器安装后,由于不充分接顶影响,充填体受力滞后于顶板下沉过程,充填体内部存在应力传递过程,充填体应力逐渐上升。随着工作面向前推进,顶板主要为整体平行下沉,顶板悬顶量不断增大,导致充填体应力传递效应增强,充填体应力迅速上升。② 应力增高阶段(进入采空区 20~60 m 后)。随着顶板继续向前推进,顶板悬顶量进一步增大,此时顶板发生旋转倾斜下沉,与巷旁充填体进一步接触。充填体受上覆岩层的载荷,表现为充填体内部应力进一步增大。③ 应力稳定阶段(进入采空区 60 m 后)。充填体应力缓慢上升,充填体应力值逐渐趋于稳定;进入到采空区 180 m 时,充填体应力达到最大值(0.40 MPa 左右),这表明采空区覆岩活动逐渐趋于稳定。

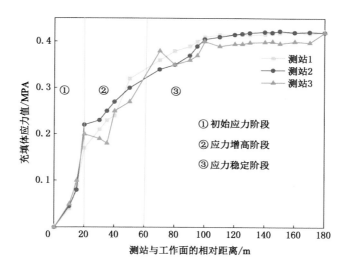

图 7-27 巷旁充填体应力随开采距离的变化

（2）压缩率实测结果与分析

通过对图 7-28 分析可知，巷旁充填体压缩分为快速压缩阶段、缓慢压缩阶段、相对稳定阶段和长期流变阶段。各阶段最大累计压缩量和压缩速率见表 7-8。

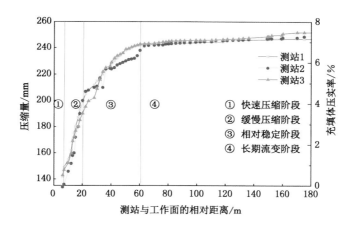

图 7-28 巷旁充填体压缩量和压实率随距工作面距离的变化曲线

表 7-8 巷旁充填体各阶段最大压缩量

阶段	最大压缩量/mm	最大压缩速率/(mm/m)
快速压缩阶段	142.4	28.48
缓慢压缩阶段	60.4	4.02
相对稳定阶段	42.9	1.07
长期流变阶段	5.0	0.04

① 快速压缩阶段(工作面后方 0～5 m 范围内)。随着工作面推进,巷道上方岩层发生破断并形成悬顶,致使充填体受载荷明显,充填体压缩量迅速增大。在监测时间段内,3$^{\#}$测站充填体压缩量最大,其最大压缩量为 142.4 mm,对应的顶板最大压缩率为 28.48 mm/m。此阶段是采空区内充填体相对压缩速率最大的阶段。

② 缓慢压缩阶段(工作面后方 5～20 m 范围内)。随着工作面继续推进,采空区顶板继续沉降。2$^{\#}$测站充填体相对压缩量最大,达到 60.4 mm。此阶段所有监测点充填体累计沉降量达 200 mm 左右,巷旁充填体最大压缩速率为 4.02 mm/m。充填体与采空区破碎岩体共同支撑顶板,顶板沉降速度放缓,充填体压缩速率逐渐变缓。

③ 相对稳定阶段(工作面后方 20～60 m 范围内)。此阶段,巷旁充填体最大相对压缩量达 42.9 mm,累计最大沉降量达 242 mm,巷旁充填体最大压缩速率为 1.07 mm/m。随着工作面的继续向前推进,监测站逐渐远离工作面,该处围岩受采动影响逐渐减小,上覆顶板逐渐达到充分采动状态。充填体的支撑作用进一步限制了顶板表面位移下沉,并且采空区破碎岩体的自支撑作用对顶板位移起到一定控制作用,充填体压缩变形量也趋于稳定。

④ 长期流变阶段(工作面后面 60 m 范围以外)。随着顶板沉降,充填矸石被压缩的同时其抵抗顶板变形的能力逐渐增强。此阶段,充填体承受顶板的长期稳定载荷,发生缓慢的流变变形。此阶段充填体压缩速率基本趋于稳定。充填体最终压缩率为 7.7％,也即满足现场需求。

7.4.4 资源采出率核算

根据 1303N-1$^{\#}$ 充填工作面地质条件,采用巷旁胶结沿空留巷支护方案。区段煤柱由原来的 25 m 减小至 5 m,留巷长度为 550 m。通过下式计算可以得出采区资源采出率。

$$C = \frac{P - P_s}{P} \times 100\%$$

式中 C——采区资源采出率,％;

$\quad\quad P$——采区工业储量,10^4 t;

$\quad\quad P_s$——保护煤柱总量,10^4 t。

把相关数据代入上式得出采区采出率提高至 87％,比原设计充填采区资源采出率(75％)提高了 12％。

8　采选充＋抽绿色化开采技术工程应用

8.1　工程背景

8.1.1　矿井概况

平顶山天安煤业股份有限公司十二矿位于平顶山市东部,距离平顶山市区中心约 7.5 km。矿井开拓方式采取主副立井,主斜井,三个水平(−150 m 水平、−270 m 水平、−600 m 水平)上下山开拓。矿井开采方法采用走向长壁后退式综合机械化采煤法,全部垮落法管理顶板。矿井目前单一开采己组煤。矿井综合核定生产能力为 130 万 t/a。矿井采深从−150 m 延伸到−800 m,埋深达 1 100 m。己组煤己$_{15}$煤原始瓦斯含量为 15.256 m³/t,原始瓦斯压力为1.78 MPa,煤层透气性系数仅为 0.077 6 m²/(MPa²·d),瓦斯含量大且抽采率低。

随着平煤十二矿开采深度的加大,己$_{15}$煤开采存在以下难题:

① 己$_{15}$煤瓦斯含量高,渗透率低,抽采率低,瓦斯潜在危险严重,煤炭安全开采受到严峻挑战。

② 主采己$_{15}$煤上覆己$_{14}$煤层赋存不稳定,厚度薄,不具备常规保护层开采的技术条件。若将己$_{14}$煤层设计为上保护层进行开采,则是近全岩保护层开采,必将导致煤流含矸率高,次生矸石排放或井下处理问题。

③ 矿井煤炭产量主要依靠开采"三下"(尤其建筑物下)压煤,矿井煤炭产量无法保障,需要成套的技术解放压煤。

如何安全高效地开采己$_{15}$煤层,成为矿井亟须解决的重大技术难题。依据矿井实际情况,提出采选充＋抽的技术思路,即运用近全岩保护层开采上覆己$_{14}$煤(岩)层,采出的高含矸率煤矸在井下进行分选,分选的大量矸石在己$_{15}$煤层的充填协同垮落式开采面进行回填,同时实施瓦斯抽采,进而实现高瓦斯低渗透煤层的开采。

8.1.2　工程应用区域采矿地质条件

工程应用区域三水平位于十二矿井田北部,为十二矿最深部开采水平。三水平走向长度为 2 250 m,倾向宽度为 1 800 m,未开采面积为 4.05 km²,开采上限标高约为−620 m,开采下限标高约为−840 m(约为李口向斜轴部)。地面标高为＋180～＋400 m,覆盖层厚度为0～53 m。主力采区三水平可采储量为 2 125.3 万 t,可采储量占工业储量的 65.8%。其中井田边界煤柱储量为 139.8 万 t,上下山煤柱储量为 333.5 万 t。三水平的"三下"压煤主要为十二矿的北山风井压煤,其工业储量为 457.2 万 t,占总工业储量的 14.2%。

8.1.2.1　煤层赋存特征

三水平的煤系自上而下可采煤组为丁、戊、己、庚四个煤组。己组煤共有四组煤,自上而下为己$_{14}$、己$_{15}$、己$_{16}$、己$_{17}$煤。主采煤层己$_{15}$煤层厚度稳定,一般厚 3.00～4.30 m,平均厚 3.2 m;己$_{16-17}$煤层厚度变化较大,一般厚 0.9～2.30 m,平均厚 1.7 m。己组煤层赋存稳定,煤层倾角由南向北逐渐变小,南部平均倾角 10°左右,中间部分 6°左右,北部靠近李口向斜轴部附近 2°左右或近于水平。煤层埋深近千米,煤层结构简单。煤质较好,属变质程度较高的 1/3 焦煤或焦煤。

8.1.2.2　煤层顶底板条件

主采煤层己$_{15}$煤层直接顶为灰黑色砂质泥岩,厚 8.5～16.5 m,具有近于垂直的节理,致密,性脆,透气性差,含有大量的植物化石,坚固性系数 2～5,抗压强度 29.4～45 MPa,孔隙率 2.15%;其基本顶为灰白色中粗粒砂岩,厚 25～30 m,坚固性系数 6～10,抗压强度 53.9～186.2 MPa,层位稳定,岩性坚硬;其直接底就是己$_{16-17}$煤层直接顶,为深灰色泥岩,厚 0.6～1.8 m,坚固性系数 0.8～3,抗压强度 8.6 MPa,遇水易膨胀。

8.1.2.3　瓦斯情况

己$_{15}$煤层原始瓦斯含量为 15.256 m^3/t,原始瓦斯压力为 1.78 MPa;己$_{14}$煤层原始瓦斯含量为 1.41 m^3/t,原始瓦斯压力为 0.26 MPa。

8.2　采选充＋抽绿色化开采技术系统布置

8.2.1　采选充＋抽绿色化开采技术系统总体构成

十二矿采选充＋抽绿色化开采技术系统包括井下近全岩保护层开采系统、井下少煤多矸高效分选系统、充填协同垮落法开采系统以及低渗透煤层瓦斯立体抽采系统。该系统总体的工作原理为:己$_{14}$保护层开采产生的高含矸率原煤经井下煤矸分选系统处理,分选出的矸石运输至己$_{15}$被保护层充填工作面,借助充填采煤液压支架和多孔底卸式刮板输送机等关键设备实现采空区充填;同时在保护层、被保护层中布置瓦斯抽采系统,通过采动影响增加被保护层瓦斯的透气性,提高瓦斯抽采率,从而整体实现高瓦斯低渗透煤层的安全高效开采。采选充＋抽绿色化开采技术系统布置如图 8-1 所示。

8.2.2　井下近全岩保护层开采系统

以首采面己$_{14}$-31010 工作面为例介绍井下近全岩保护层开采系统。该工作面对应地面标高＋300～＋350 m,工作面标高－720～－772 m。该工作面走向长 571.9 m,倾斜长 150 m,煤层倾角 3°～8°,平均 5.5°,煤层厚度 0～1.1 m,平均煤厚 0.5 m。该工作面顶板为砂质泥岩和砂岩,底板均为砂质泥岩,构造简单。井下近全岩保护层开采系统主要包括运煤系统、运料系统、人员运送系统、运矸系统等。己$_{14}$-31010 工作面近全岩保护层开采系统布置如图 8-2所示。

己$_{14}$-31010 工作面近全岩保护层开采系统布置详述如下。

（1）运煤系统

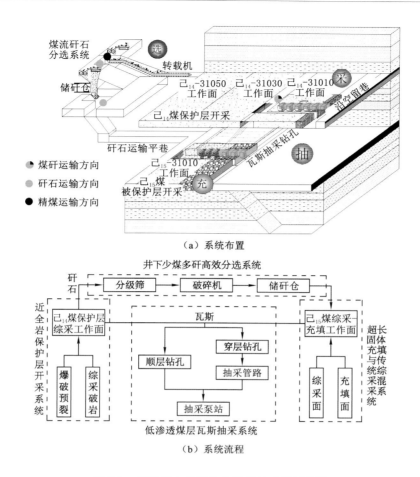

（a）系统布置

（b）系统流程

图 8-1 采选充＋抽绿色化开采技术系统布置

路线为：己₁₄-31010 工作面→己₁₄-31010 上进风平巷→己₁₅-31010 回风平巷石门→三水平一期主运输下山→三水平溜煤眼→己ₜ二期主运输下山→己ₜ一期主运输下山→主斜井→地面。

（2）运矸系统

路线为：己₁₄-31010 工作面→己₁₄-31030 下进风平巷→三水平东西翼运矸联巷→三水平第二回填联巷→三水平西翼运矸巷→分选硐室（分选后矸石进入三水平上部储矸仓、煤炭经主运输系统运至地面）。

（3）运料系统

路线为：地面→中央一号副井→一水平大巷→己ₜ一期轨道下山→己ₜ二期轨道下山→三水平轨道下山→己₁₄₋₁₇-31051 进风巷片盘→己₁₄-31010 下进风平巷（无极绳）→己₁₄-31010 工作面。

（4）通风系统

采用"二进一回"Y 形通风方式。

① 新鲜风路线为：地面→北山进风井→三水平大巷→三水平主运输下山→己₁₄-31010

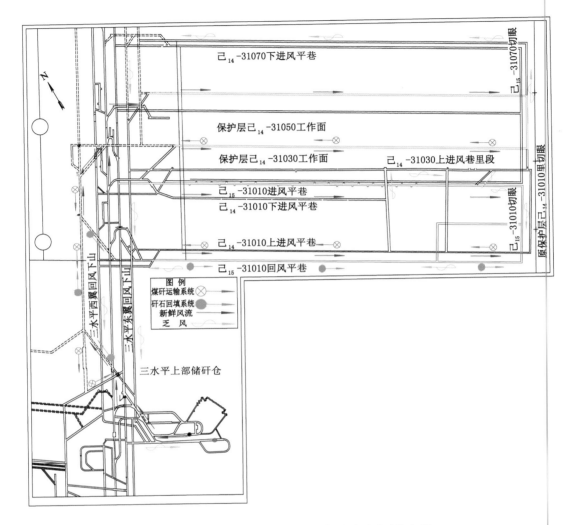

图 8-2　己$_{14}$-31010 工作面近全岩保护层开采系统布置

进风平巷石门→己$_{14}$-31010 下进风联巷→己$_{14}$-31010 下进风巷→己$_{14}$-31010 工作面；地面→北山进风井→三水平大巷→三水平主运输下山→中部胶回联巷→己$_{14}$-31010 上进风巷→己$_{14}$-31010工作面。

　　② 乏风路线为：己$_{14}$-31010 工作面→己$_{14}$-31010 下进风平巷（沿空留巷）→己$_{14}$-31030 外切眼→己$_{14}$-31030 上进风平巷里段→己$_{14}$-31010 进风平巷探煤巷→己$_{15}$-31010 切眼→己$_{15}$-31010 回风平巷→己$_{15}$-31010 专用回风巷→三水平西翼回风下山→北山回风井。

8.2.3　井下少煤多矸高效分选系统

　　己$_{14}$-31010 近全岩工作面因煤层薄，所以在开采过程中少煤多矸。依据该工作面的实际情况，设置井下少煤多矸高效分选系统，如图 8-3 所示。在三水平西翼运矸巷和三水平西翼运矸斜巷的贯通处设计布置了井下分选硐室以及三水平西翼运矸巷胶带机头硐室。煤矸井下分选硐室水平方向长 49.7 m，最大高度 8.8 m，宽 4 m。分选硐室从与三水平西翼运矸斜巷处开始沿着煤层底板 4° 的方向上山布置。与分选硐室紧接着布置了三水平西翼运矸巷胶带机头硐室，其水平长 60 m，高 6 m，宽 8.4 m。

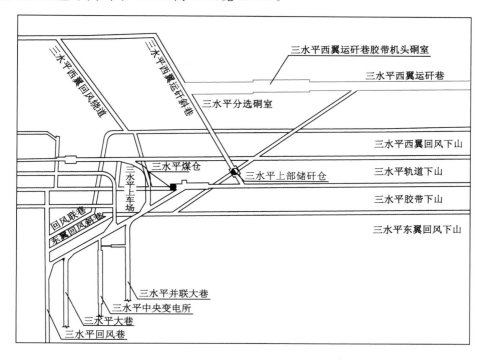

图 8-3　井下少煤多矸分选系统布置

8.2.4　充填协同垮落法开采系统

十二矿己$_{15}$被保护层开采区域分东、西两翼。东翼暂规划 4 个被保护层超长充填协同垮落开采工作面(即一个工作面由垮落段、过渡段和充填段混合组成)。己$_{15}$被保护层各工作面基本参数见表 8-1。己$_{15}$被保护层开采区域整体规划布置如图 8-4 所示。

表 8-1　己$_{15}$被保护层各工作面基本参数

工作面	采高/m	绝对瓦斯涌出量 /(m³/min)	瓦斯抽采量 /万 m³	瓦斯治理 方式	所在区域
己$_{15}$-31010	3.2	34	967	保护层	东翼
己$_{15-17}$-31031	3.5	34	835	底抽巷＋保护层	
己$_{15-17}$-31051	3.5	35	898	保护层	
东翼未规划区域	3.4	35	1 802	保护层	
己$_{15}$-31040	3.3	35	524	保护层	西翼
西翼未规划区域	3.3	35	5 240	保护层	

被保护层首采工作面为己$_{15}$-31010 充填协同垮落法工作面,其余被保护层工作面分别为己$_{15-17}$-31031 充填协同垮落法工作面、己$_{15-17}$-31051 充填协同垮落法工作面、己$_{15}$-31040 充

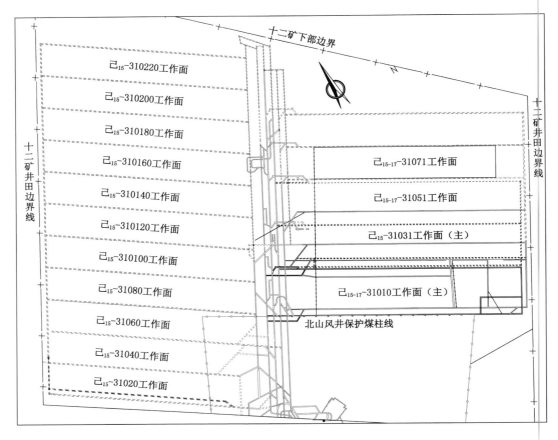

图 8-4　己$_{15}$被保护层开采区域整体规划布置

填协同垮落法工作面。

　　充填协同垮落法是指在同一个工作面同时布置综合机械化固体充填采煤设备与传统综采设备，各设备之间相互协同，共同完成采煤、充填工艺的采煤方法。根据采空区是否充填，以及多孔底卸式刮板输送机机头布置位置，将固体充填与传统综采充填协同垮落法工作面设置为充填段、过渡段和垮落段。充填段工作面布置有充填采煤液压支架及后部多孔底卸式刮板输送机等关键设备，该工作面以矸石固体材料作为充填料充填后部采空区。垮落段工作面采用传统综合机械化采煤方法采煤，该工作面布置传统液压支架，采场顶板自然垮落。充填段与垮落段工作面前部共用一套采煤机和运煤刮板输送机，在充填段工作面与垮落段工作面的过渡部分布置过渡液压支架实现平稳过渡；运煤平巷内布置破碎机、运煤转载输送机和带式输送机等设备；运矸平巷内布置矸石带式输送机、自移式矸石转载输送机等设备。充填协同垮落法工作面布置如图 8-5 所示。

　　己$_{15}$-31010 充填协同垮落法工作面生产系统布置如图 8-6 所示，其主要包括矸石运输系统、运煤系统、运料系统及通风系统。

　　（1）运煤系统

　　运煤系统路线：己$_{15}$-31010 工作面→己$_{15}$-31010 进风巷→三水平胶带下山→三水平煤

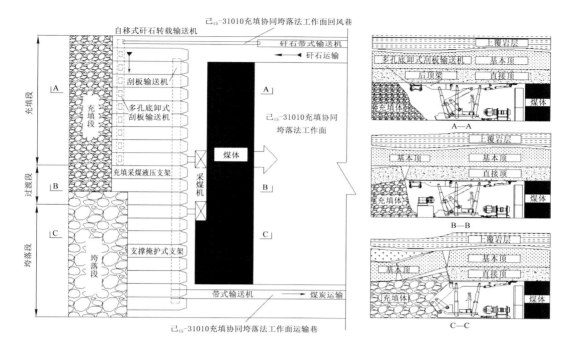

图 8-5　充填协同垮落法工作面布置

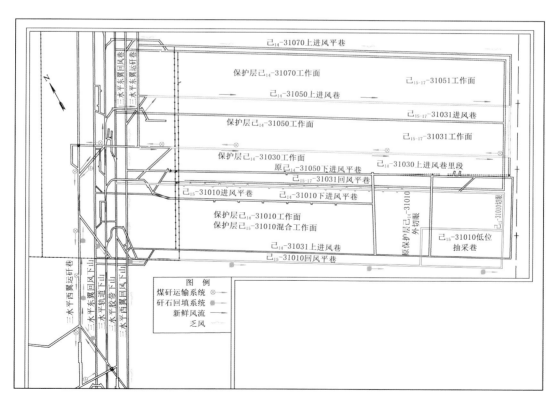

图 8-6　己₁₅-31010 充填协同垮落法工作面生产系统布置

仓→己$_七$二期主运输下山→己$_七$一期主运输下山→主斜井→地面。

（2）矸石运输系统

矸石运输系统路线：分选后矸石回填运输系统→三水平西翼分选硐室→三水平储矸仓→三水平西翼运矸平巷→己$_{14}$-31010 运矸平巷→己$_{15}$-31010 回风平巷外段→己$_{15}$-31010 回风平巷→己$_{15}$-31010 充填段工作面采空区。

（3）运料系统

运料系统路线：地面→中央一号副井→一水平大巷→己$_七$一期轨道下山→己$_七$二期轨道下山→三水平大巷→三水平轨道下山→己$_{15}$-31010 回风平巷→己$_{15}$-31010 回风平巷→己$_{15}$-31010 工作面。

（4）通风系统

进风路线：三水平轨道下山→己$_{15}$-31010 片盘→己$_{15}$-31010 进风巷→己$_{15}$-31010 工作面；回风路线：己$_{15}$-31010 工作面→己$_{15}$-31010 回风巷→三水平西翼回风下山→北山风井。

根据矸石来源分布，主要布置两个矸石处理系统来处理不同来源的矸石，其分别为井下掘进矸石的破碎运输系统与井下分选矸石的原煤分选系统。两个矸石处理系统处理的矸石集中运输至充填采煤工作面进行充填。井下矸石处理流程如图 8-7 所示。

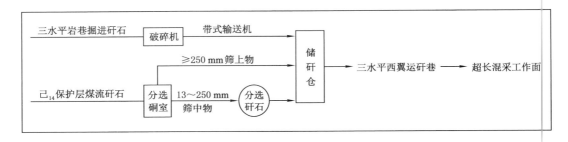

图 8-7　井下矸石处理流程示意图

如图 8-8 所示，掘进矸石和分选矸石井下运输路线如下所述。

① 掘进矸石井下运输路线：各掘进工作面→三水平东西翼运矸联巷→三水平第二回填联巷→三水平西翼运矸巷→三水平中部储矸仓→三水平西翼运矸平巷→己$_{15}$-31010 工作面回风巷→己$_{15}$-31010 工作面采空区。

② 分选矸石井下运输路线：己$_{14}$煤保护层工作面（煤矸）→己$_{14}$煤保护层工作面下进风平巷→三水平东西翼运矸联巷→三水平第二回填联巷→三水平西翼运矸巷→分选硐室。筛上物（粒度≥250 mm）→三水平西翼运矸斜巷→三水平上部储矸仓；筛中物（13 mm＜粒度＜250 mm）→重介浅槽分选机→三水平西翼运矸斜巷→三水平储矸仓→三水平西翼运矸巷→己$_{15}$-31010 工作面回风平巷→己$_{15}$-31010 工作面采空区。

8.2.5　低渗透煤层瓦斯立体抽采系统

己$_{15}$-31010 工作面走向长 1 041 m，倾斜长 220 m。把该工作面分为里、外两段进行区域瓦斯治理。里段由于岩石硬度大，采取做底位抽采巷水力冲孔、穿层预抽钻孔，进、回风平巷顺层预抽钻孔相结合的方式进行区域瓦斯治理；外段采取开采保护层与煤层预抽钻孔相

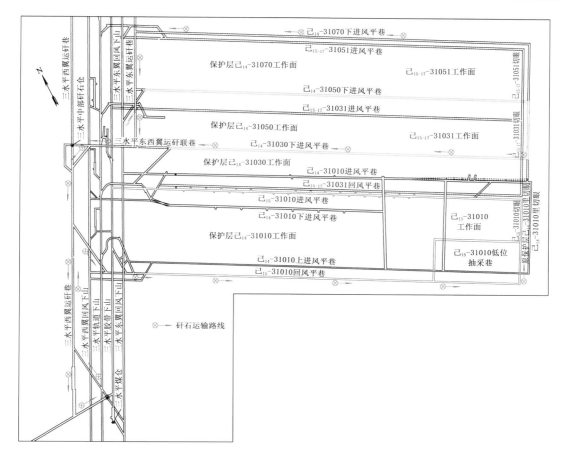

图 8-8 井下矸石运输路线示意图

结合的区域瓦斯治理方式，即在己$_{14}$-31010 工作面布置穿层钻孔与埋管抽采相结合，在己$_{15}$-31010 工作面布置顺层钻孔。在己$_{14}$-31050 工作面采用采空区埋管抽采与穿层钻孔预抽相结合的方式抽采瓦斯。瓦斯抽采系统整体设计如图 8-9 所示。以下将以己$_{15}$-31010 工作面外段瓦斯抽采系统设计为例进行阐述。

8.2.5.1 己$_{15}$-31010 工作面外段瓦斯抽采系统设计

在保护层己$_{14}$-31010 工作面与己$_{15}$-31010 充填协同垮落法工作面分别布置瓦斯抽采管路进行外段区域瓦斯抽采，同时在己$_{15}$-31010 充填协同垮落法工作面外段进行局部瓦斯治理。己$_{15}$-31010 充填协同垮落法工作面外段瓦斯抽采系统设计如图 8-10 所示。

8.2.5.2 己$_{15}$-31010 工作面瓦斯抽采系统管路布置

己$_{15}$-31010 工作面瓦斯抽采系统由设于三水平和北山地面的瓦斯抽采站及抽采管路组成。其中，三水平瓦斯抽采站用于采空区及上隅角瓦斯抽采系统，北山地面的瓦斯抽采站用于本煤层及穿层抽采系统。

（1）三水平瓦斯抽采系统管路布置

三水平瓦斯抽采系统，由三水平西翼回风下山的干管分为两路支管：一路进入己$_{14}$-31010 下进风平巷抽采采空区瓦斯；另一路进入己$_{15}$-31010 回风巷抽采上隅角瓦斯。三水平瓦斯

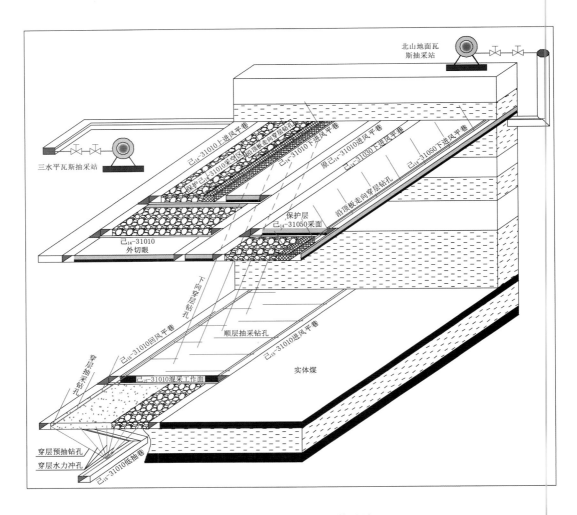

图 8-9 瓦斯抽采系统整体设计

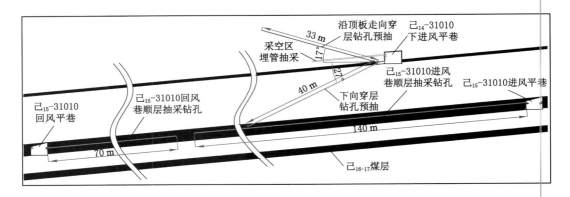

图 8-10 己₁₅-31010 工作面外段瓦斯抽采系统设计

抽采系统管路布置和巷道内瓦斯抽采系统实拍如图 8-11 和图 8-12 所示。

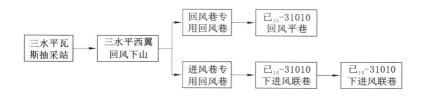

图 8-11 三水平瓦斯抽采系统管路布置

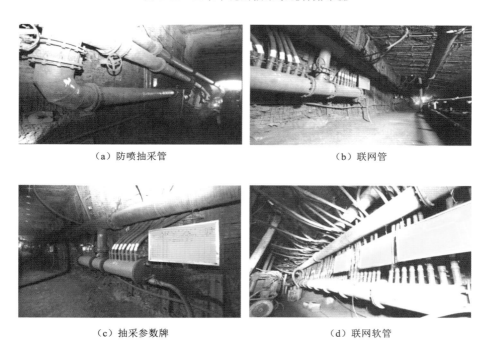

（a）防喷抽采管　　　　　　　　　　（b）联网管

（c）抽采参数牌　　　　　　　　　　（d）联网软管

图 8-12 巷道内瓦斯抽采系统实拍

（2）北山地面瓦斯抽采系统管路布置

北山地面瓦斯抽采系统，由三水平东翼回风下山的干管分为两路支管：一路进入己$_{14}$-31010下进风巷穿层抽采瓦斯；另一路进入己$_{15}$-31010回风巷并再次分为两路，其中一路直接进入己$_{15}$-31010里切眼，另一路进入己$_{15}$-31010位低抽采巷，均用于穿层抽采瓦斯。北山地面瓦斯抽采系统管路布置如图 8-13 所示。

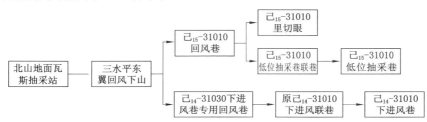

图 8-13 北山地面瓦斯抽采系统管路布置

8.3 采选充十抽绿色化开采技术工艺设计

8.3.1 近全岩保护层回采工艺设计和关键装备选型

8.3.1.1 近全岩保护层回采工艺设计

（1）采煤机割煤方式

针对己$_{14}$-31010、己$_{14}$-31050工作面推进过程中煤岩层厚度不断变化的情况，当工作面中的岩层厚度在0.6 m以下时，此时回采工艺为传统的综采工艺。采煤机的工作方式为双向割煤，追机作业；前滚筒割顶煤，后滚筒割底煤；采煤机割煤后先推移支架后推移刮板输送机。移架滞后采煤机后滚筒三架，推移刮板输送机滞后采煤机后滚筒5～10 m。

采煤机的进刀方式为工作面割三角煤端部斜切进刀。采用该进刀方式时，采煤机的纯割煤时间长，近全岩综采面端部煤壁可以割直，有利于确保工程质量。

（2）爆破预裂处理工作面岩层

当工作面中的岩层厚度达到0.6 m及以上时，采用传统采煤设备难以破岩，经济成本过高，开采效率低下。此时工作面开采应及时采用爆破工艺处理岩层（即通过岩层打钻孔，放震动炮预裂，将较厚及完整的岩层破碎），再采用采煤机进行切割，完成近全岩保护层的开采。爆破预裂处理工作面岩层的具体工艺如下所述。

① 工作面岩层厚度为0.6～0.8 m时

当工作面岩层厚度为0.6～0.8 m时，爆破孔采用单排孔布置方式，孔距为0.5～0.7 m，仰角为10°。单排孔炮孔布置方式如图8-14所示。

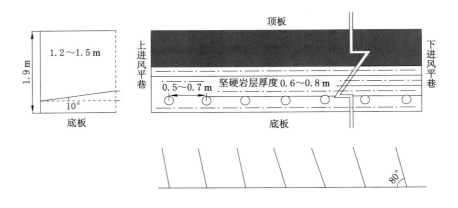

图8-14 单排孔炮孔布置方式

炮孔孔深1.2～1.5 m。每个孔装药量为500～750 g。用水炮泥和黄泥封满封实炮孔，封泥长度不小于0.6 m，正向装药，串联连线，一次装药一次起爆。

单排孔爆破参数见表8-2。

表 8-2　单排孔爆破参数

孔深/m	爆破孔角度/(°)	炸药名称	爆破孔数/个	每孔装药量/g	封泥长度/m	连线方法	起爆顺序
1.2～1.5	仰角 10	乳化炸药	≤20	500～750	≥0.6	串联	一次装药一次起爆

② 工作面岩层厚度大于 0.8 m 时

当工作面岩层厚度大于 0.8 m 时,爆破孔采用三花孔布置方式,孔距为 0.5～0.7 m,仰角为 15°,俯角为 15°～20°。三花孔炮孔布置方式如图 8-15 所示。

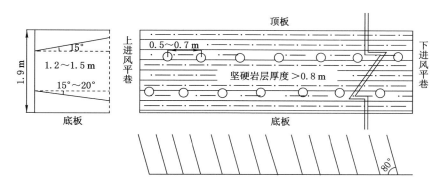

图 8-15　三花孔炮孔布置方式

炮孔孔深为 1.2～1.5 m。每个孔装药量为 500～750 g。用水炮泥和黄泥封满封实炮孔,封泥长度不小于 0.6 m,正向装药,串联连线,一次装药一次起爆。

三花孔爆破参数见表 8-3。

表 8-3　三花孔爆破参数

孔深/m	爆破孔角度/(°)	炸药名称	爆破孔数/个	每孔装药量/g	封泥长度/m	连线方法	起爆顺序
1.2～1.5	仰角 15,俯角 15～20	乳化炸药	≤20	500～750	≥0.6	串联	一次装药一次起爆

8.3.1.2　近全岩保护层回采关键装备选型

(1) 采煤机选型

根据十二矿近全岩综采面地质采矿条件和开采技术条件,对 MG500/1130-WD 型采煤机进行技术参数验算,相关技术参数验算结果表明:该采煤机满足开采要求。从设备选型原则和节约生产设备投入成本考虑,近全岩综采面采煤机选用矿方原有的 MG500/1130-WD 型采煤机。MG500/1130-WD 型采煤机主要性能参数见表 8-4。

表 8-4　MG500/1130-WD 型采煤机主要性能参数

参数	取值	参数	取值
采高	1 800～3 760 mm	滚筒中心距	2.5 m

表 8-4（续）

参数	取值	参数	取值
总装机功率	1 130 kW	牵引速度	8.3～14.8 m/min
滚筒直径	2 000 mm	最大牵引力	680 kN
滚筒截深	600 mm	最大生产能力	2 050 t/h
滚筒转速	27.73 r/min	机器总质量	57 t

（2）刮板输送机选型

根据设备选型原则并结合十二矿实际情况,选择矿方原有的 SGZ-960/1050WS 型刮板输送机即可满足开采要求。SGZ-960/1050WS 型刮板输送机主要技术参数见表 8-5。

表 8-5　SGZ-960/1050WS 型刮板输送机主要技术参数

参数	取值	参数	取值
中部槽尺寸	1 500 mm×960 mm×318 mm	刮板链速	1.31 m/s
最大输送能力	2 500 t/h	刮板链形式	中双链

（3）综采液压支架选型

根据计算,综采液压支架支护阻力应大于 3 200 kN,支护强度应大于 0.45 MPa。同时,考虑综采液压支架稳定性方面的要求,其工作阻力应尽量大。综合考虑,近全岩工作面选择 ZY6800-12/25D 型掩护式液压支架。ZY6800-12/25D 型掩护式液压支架主要技术参数见表 8-6。

表 8-6　ZY6800-12/25D 型掩护式液压支架主要技术参数

参数	取值	参数	取值
支架尺寸	7 400 mm×1 420 mm×2 000 mm	初撑力	5 064 kN
中心距	1 500 mm	工作阻力	6 800 kN
高度	1 200～2 500 mm	支护强度	0.77～0.92 MPa
宽度	1 420～1 590 mm	底板比压	2.10～4.2 MPa
推移步距	600 mm	质量	约 28.5 t

8.3.2　煤矸分选工艺设计和关键装备选型

8.3.2.1　煤矸分选工艺设计

根据矸石来源不同,主要布置两个矸石处理系统处理不同来源的矸石,其分别为井下掘进矸石的破碎运输系统与井下分选矸石的原煤分选系统。这两个系统处理的矸石集中运输至充填采煤工作面进行充填。保护层回采、掘进及其他岩巷产生的煤矸石,经排矸巷运输至井下煤矸分选系统进行分选;分选后,筛下物(主要成分为煤及小颗粒矸石)经带式输送机运至煤仓储存,后供矸石电厂使用;筛上物经带式输送机运至储矸仓,而后根据生产系统进行充填或分时段运输升井。井下煤矸分选系统主要包括重介浅槽排矸系统和煤泥水处理系统两部分。

井下煤矸分选系统工艺流程：对己$_{14}$保护层生产的毛煤，选择合适筛孔的滚轴筛进行筛分，使小粒度的筛下物灰分降到一定水平，对筛中物采用重介浅槽分选机进行回收处理，随后通过煤泥回收系统再次进行煤泥分选。井下煤矸分选整体工艺流程如图 8-16 所示。井下煤矸分选硐室实拍如图 8-17 所示。

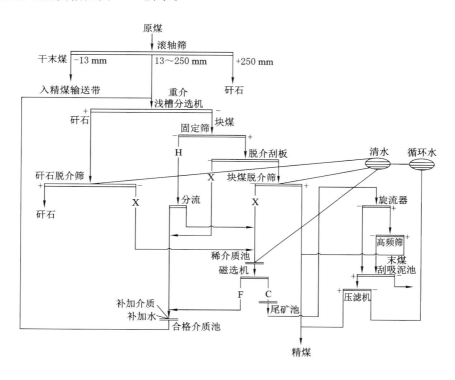

图 8-16　井下煤矸分选整体工艺流程

图 8-17　井下煤矸分选硐室实拍

（1）重介浅槽排矸工艺流程

根据重介浅槽分选机的分选粒度要求，工作面产出的毛煤首先通过三产品滚轴筛进行筛分处理，将毛煤分为小于13 mm、13～250 mm 和大于 250 mm 的三种粒径级别。小于13 mm 的筛下物作为精煤随主运输系统升井。大于 250 mm 的筛上物作为矸石经辅助运输系统进入井下储矸仓。13～250 mm 的筛中物进入重介浅槽分选机进行分选处理，选出的精煤经过脱介、煤泥经煤泥处理系统处理后一并与小于 13 mm 的筛下物混合经主运输系统升井；选出的矸石经过脱介后与大于 250 mm 的筛上物混合后运至储矸仓，用于充填协同垮落法工作面充填段充填。

（2）煤泥水处理工艺流程

随着排矸系统运行，分流箱内的碎煤和煤泥含量逐渐增加，需要启动煤泥水系统。首先启动高频筛，然后启动高频筛入料泵，将分流箱底部的碎煤同煤泥水排往高频筛，高频筛将颗粒较大的物料振动至精煤输送带，余下的悬浊液从高频筛漏至刮吸泥池。刮吸泥池内的煤泥浓度将增加，启动压滤机将刮吸泥池内的清水送至循环水池供循环使用，而池内的煤泥通过输送机送至井底煤仓。

8.3.2.2 煤矸分选关键设备选型

经过计算选型，井下煤矸分选系统关键设备如图 8-18 所示。井下煤矸分选系统主要设备型号和主要技术参数见表 8-7。

（a）重介浅槽分选机

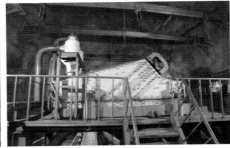
（b）破碎机

（c）矸石脱介筛

（d）三产品滚轴筛

图 8-18　井下煤矸分选系统关键设备

表 8 7 井下煤矸分选系统主要设备型号和主要技术参数

设备名称	主要技术参数	数量
除铁器	RCDB-8T3	1 台
三产品滚轴筛	XCG-16/28	1 台
重介浅槽分选机	XZQ1525，$N=18.5$ kW	1 台
精煤脱介刮板输送机	$B=10\ 00$ mm，$L=16$ m，$N=18.5$ kW	1 台
精煤刮板	$B=1\ 000$ mm，$L=40$ m，$N=45$ kW	1 台
精煤脱介固定筛	宽 2 400 mm，筛缝 0.75 mm	1 台
精煤脱介筛	条缝 0.75 mm，$B=1\ 800$ mm，$L=4\ 800$ mm	1 台
矸石脱介筛	条缝 0.75 mm，$B=2\ 400$ mm，$L=6\ 000$ mm	1 台
合格介质泵	200ZJ-i-A58，$N=75$ kW	2 台
稀介质泵	100ZJG-1-B42，$N=15$ kW	2 台
磁选机	2XCTN1027，磁强度＞150 A/m	1 台
旋流器入料泵	100ZJG-1-B42，$N=18.5$ kW	2 台
浓缩旋流器	$\phi350$ mm	2 台
煤泥高频筛	QZK1533，$Q>15$ t/h，筛缝 0.2 mm	1 台
压滤机入料泵	100ZJG-1-B42，$N=18.5$ kW	2 台
煤泥压滤机	XMZ120/1250，$N=5.5$ kW	1 台
循环水/事故泵	100ZJG-1-B42，$N=15$ kW	2 台
介质添加泵	80ZJG-1-B42，$N=11$ kW	2 台
合介分流箱	DKJ-2100H，输出力矩 100 N·m	1 台
煤泥浓缩机	GNS-2X12	1 台
电动葫芦	CD1-5，吊装能力 5 t，起吊高度 12 m	2 台

8.3.3 充填协同垮落法工作面"采充"工艺设计和关键装备选型

8.3.3.1 充填协同垮落法工作面"采充"工艺设计

充填协同垮落法工作面开采工艺包括采煤工艺和充填工艺两部分。

采煤工艺主要是采煤机工作,采煤机双向割煤,追机作业;前滚筒割顶煤,后滚筒割底煤;采煤机过后先移架后推移刮板输送机。移架滞后采煤机后滚筒三架,推移刮板输送机应滞后采煤机后滚筒 15 m 左右。

充填工艺主要靠悬挂于充填采煤液压支架后顶梁下方的多孔底卸式刮板输送机来完成。充填工艺为:矸石从井下储矸仓通过给料机、自移式矸石转载输送机、矸石带式输送机、矸石转载机等相关运输、转载设备运至充填协同垮落法工作面充填段的多孔底卸式刮板输送机上,通过多孔底卸式刮板输送机的卸料孔将充填物料充填入采空区。

充填作业与采煤作业是两道平行工序,即充填协同垮落法工作面前部割煤时后部可以进行矸石回填作业,采煤机过后 15～20 m 将充填采煤液压支架移直后,即可进行充填段后部矸石回填作业。

8.3.3.2 充填协同垮落法工作面关键装备选型

(1) 采煤机选型

充填协同垮落法工作面要同时完成两项工作(即全工作面割煤和充填段矸石充填)。因此在充填协同垮落法工作面设备选型时首先要解决采煤机的选型问题。根据充填协同垮落法工作面基本条件,选择 MG400/940-WD 型采煤机。MG400/940-WD 型采煤机性能参数见表8-8。

表 8-8　MG400/940-WD 型采煤机性能参数

参数	取值	参数	取值
采高	2 000～4 600 mm	滚筒中心距	12.81 m
总装机功率	940 kW	牵引速度	7.12/12.8 (m/min)
滚筒直径	2 000 mm	最大牵引力	748 kN
滚筒截深	600 mm	最大生产能力	2 050 t/h
滚筒转速	40 r/min	机器总质量	60 t

(2) 刮板输送机选型

根据设备选型原则并结合矿井实际情况,选择 SGZ-800/800WS 型刮板输送机即可满足要求。SGZ-800/800WS 型刮板输送机主要技术参数见表8-9。

表 8-9　SGZ-800/800WS 型刮板输送机主要技术参数

参数	取值	参数	取值
中部槽尺寸	1 500 mm×800 mm×318 mm	刮板链速	1.31 m/s
最大输送能力	2 500 t/h	刮板链形式	中双链

(3) 充填采煤液压支架选型

经过计算选型之后,固体充填与充填协同垮落法工作面充填段选择 ZC5200/20/40 型四柱支撑式充填采煤液压支架。ZC5200/20/40 型四柱支撑式充填采煤液压支架主要技术参数见表8-10,其结构如图8-19所示。

表 8-10　ZC5200/20/40 型充填采煤液压支架主要技术参数

参数	取值	参数	取值
支架尺寸	7 400 mm×1 420 mm×2 000 mm	初撑力	5 785 kN(31.5 MPa)
中心距	1 500 mm	工作阻力	7 800 kN(42.47 MPa)
高度	2 000～4 000 mm	支护强度	0.84 MPa
宽度	1 420～1 590 mm	底板比压	1.98 MPa
推移步距	600 mm	质量	约28.5 t

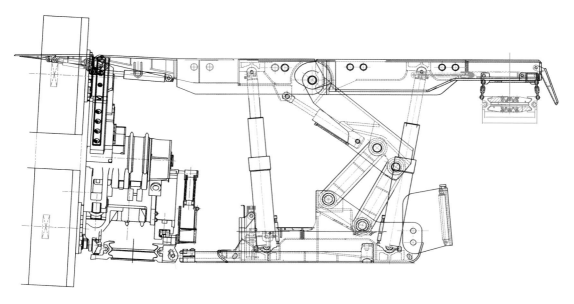

图 8-19 ZC5200/20/40 型四柱支撑式充填采煤液压支架结构

（4）多孔底卸式刮板输送机选型

参考十二矿一水平 130 矸石充填采区多孔底卸式刮板输送机使用情况，进行充填协同垮落法工作面多孔底卸式刮板输送机卸料孔设计。多孔底卸式刮板输送机形状尺寸及设计：卸料孔的形状为长方形（345 mm×460 mm）；卸料孔孔间距为 1.5 m；链条中双链布置，电机选择双电机驱动平行布置。选用 SGZ764/2×200 型多孔底卸式刮板输送机。SGZ764/2×200 型多孔底卸式刮板输送机主要技术参数见表 8-11。

表 8-11 SGZ764/2×200 型多孔底卸式刮板输送机主要技术参数

参数	取值	参数	取值
输送能力	500 t/h	装机功率	400 kW
链条中心距	120 mm	中部槽规格	1 500 mm×710 mm(内宽)×265 mm
刮板链速	0.9 m/s	卸料孔尺寸	345 mm×460 mm
电压	3 300 V	槽间连接方式	2 000 kN 哑铃连接

（5）升降平台选型

结合十二矿原升降平台使用情况，机头、机尾分别选用 ZCS700/09/18 型和 ZCS700/08/16 型升降平台。其主要技术参数见表 8-12，机头、机尾升降平台结构见图 8-20。

表 8-12 机头、机尾升降平台主要技术参数

编号	项目	机头平台	机尾平台
1	型号	ZCS700/09/18	ZCS700/08/16
2	举升力	700～1 250 kN(31.5 MPa)	700～1 250 kN(31.5 MPa)
3	升降高度	900～1 800 mm	800～1 600 mm
4	泵站工作压力	31.5 MPa	31.5 MPa

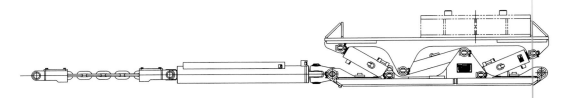

图 8-20　机头、机尾升降平台结构

经过各设备的综合计算选型配套之后，被保护层己$_{15}$-31010 工作面共布置两柱支撑式综采支架 66 架、四柱支撑式充填支架 80 架（含过渡支架 4 架）、多孔底卸式刮板输送机 1 台等。工作面设备配套与平面布置如图 8-21 所示。

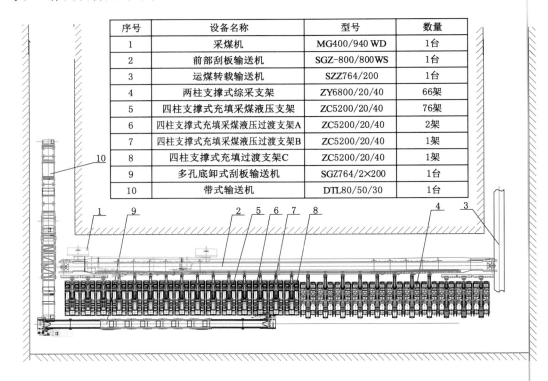

序号	设备名称	型号	数量
1	采煤机	MG400/940 WD	1台
2	前部刮板输送机	SGZ-800/800WS	1台
3	运煤转载输送机	SZZ764/200	1台
4	两柱支撑式综采支架	ZY6800/20/40	66架
5	四柱支撑式充填采煤液压支架	ZC5200/20/40	76架
6	四柱支撑式充填采煤液压过渡支架A	ZC5200/20/40	2架
7	四柱支撑式充填采煤液压过渡支架B	ZC5200/20/40	1架
8	四柱支撑式充填过渡支架C	ZC5200/20/40	1架
9	多孔底卸式刮板输送机	SGZ764/2×200	1台
10	带式输送机	DTL80/50/30	1台

图 8-21　工作面设备配套与平面布置

8.3.4　瓦斯抽采工艺设计

瓦斯抽采工艺设计以己$_{15}$-31010 充填协同垮落法工作面外段瓦斯抽采为例进行介绍。己$_{15}$-31010 工作面外段采取开采保护层与煤层预抽钻孔相结合的区域瓦斯治理方式，在己$_{14}$-31010 工作面布置穿层钻孔，并与埋管抽采相结合；在己$_{15}$-31010 工作面布置顺层钻孔。

8.3.4.1　己$_{14}$-31010 工作面区域瓦斯抽采工艺设计

己$_{14}$-31010 保护层工作面瓦斯治理的基本思路是分源抽采的瓦斯治理模式。采取穿层抽采与采空区抽采等分源抽采形式。穿层抽采形式采用沿顶板走向穿层钻孔预抽和下向穿层钻孔预抽。采空区抽采形式采用埋管抽采。

（1）沿顶板走向穿层钻孔预抽

在己$_{14}$-31010下进风平巷工作面帮每隔50 m施工孔径89 mm、孔深30 m的顶板走向穿层钻孔，用来抽采经开采保护层从下部己$_{15}$煤层裂隙带内逸散至保护层己$_{14}$-31010工作面的瓦斯。

（2）下向穿层钻孔预抽

在己$_{14}$-31010下进风平巷工作面帮每隔10 m施工一个孔径89 mm、孔深40 m的下向穿层预抽钻孔，钻孔终孔位置至少穿透煤层0.5 m，采前预抽被保护层己$_{15}$煤和邻近层卸压瓦斯以及采后抽采卸压瓦斯。

（3）采空区埋管抽采

考虑沿空留巷"Y"形通风采空区上部积聚大量高浓度瓦斯，为保证较高的瓦斯抽采率，保证工作面本质安全型生产，设计在留巷充填体内每间隔一定距离埋设一组瓦斯抽采管，沿下进风平巷敷设至西翼回风下山，与西翼回风下山抽采干管连接，由北山地面抽采泵站进行抽采，实现采空区高浓度瓦斯的埋管抽采。

在己$_{14}$-31010下进风平巷沿空留巷墙体每隔10 m埋直径300 mm抽采管路，用来抽采开采保护层从下部己$_{15}$煤层逸散至采空区的瓦斯，如图8-22所示。

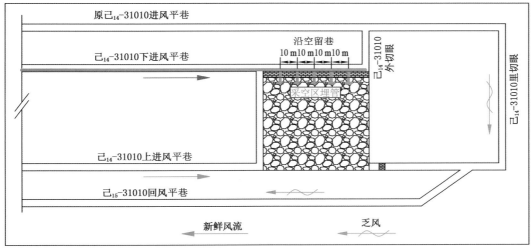

（a）工艺设计

（b）井下实拍

图8-22　己$_{14}$-31010采空区埋管抽采瓦斯工艺设计和井下实拍

8.3.4.2 己₁₅-31010 充填协同垮落法工作面区域瓦斯抽采工艺设计

在己$_{15}$-31010 进、回风平巷分别布置顺层抽采钻孔进行本煤层瓦斯抽采。

（1）己$_{15}$-31010 进风巷顺层抽采钻孔

在己$_{15}$-31010 进风平巷向工作面帮施工顺层抽采钻孔，设计直径 89 mm，孔深 140 m，孔间距 2 m，治理被保护层己$_{15}$-31010 充填协同垮落法工作面下部区域瓦斯。

（2）己$_{15}$-31010 回风平巷顺层抽采钻孔

在己$_{15}$-31010 回风巷向工作面帮施工顺层抽采钻孔，设计直径 89 mm，孔深 70 m，孔间距 2 m，治理被保护层己$_{15}$-31010 充填协同垮落法工作面下部区域瓦斯。

8.4 采选充十抽绿色化开采技术工程应用效果评价

8.4.1 井下近全岩保护层开采系统工作效果

长期开采实践证明，保护层卸压开采是煤与瓦斯突出最有效、最经济的防治途径。保护层层位的选择直接关系到保护层卸压效果及开采技术、经济效果。

8.4.1.1 近全岩保护层采煤效果

以十二矿为示范基地建成的采选充＋抽绿色化开采技术系统，在三水平三采区东翼实施了工程示范。在工程实践期间共规划 4 个非常规保护层工作面，回采 2 个工作面。

8.4.1.2 近全岩保护层围岩控制效果

为确保己$_{14}$保护层安全卸压开采及瓦斯抽采，对己$_{14}$保护层沿空留巷围岩变形进行实时在线监测。己$_{14}$保护层巷旁充填留巷工艺及监测点布置，如图 8-23 所示。

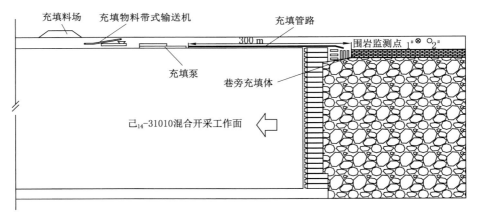

图 8-23 己$_{14}$保护层巷旁充填留巷工艺及监测点布置

在超前段巷道中观测巷道顶底板和两帮移近量随着工作面推进的变化规律。巷道围岩变形量实测曲线如图 8-24 所示，变形速度曲线如图 8-25 和图 8-26 所示。

由图 8-24 至图 8-26 可知：

① 随着工作面推进，在初始阶段，巷道两帮围岩变形速度较大，两帮最大移近量约为 420 mm，顶底板最大移近量约为 220 mm。距离工作面煤壁 200 m 以外，继续增加留巷长度，巷道围岩变形受采动影响变小，巷道围岩变形明显趋缓，逐渐稳定。

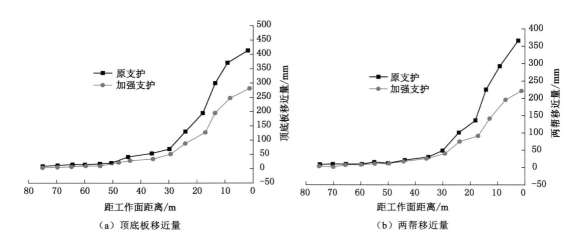

（a）顶底板移近量 （b）两帮移近量

图 8-24 巷道围岩变形量实测曲线

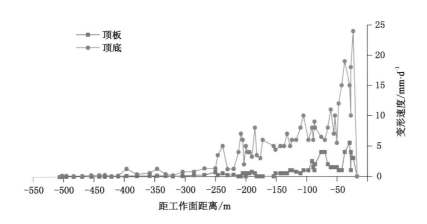

图 8-25 顶底板变形速度曲线

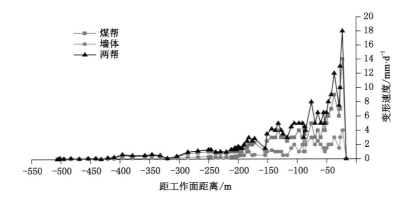

图 8-26 两帮变形速度曲线

② 沿空留巷顶板下沉速度较小,而且其稳定周期较短,工作面推过 120 m 之后顶板变形速度在 1 mm/d 以下;而底板从观测开始到工作面推过 250 m 一直保持较大的变形速度。顶板最大下沉速度为 5.5 mm/d,顶底板最大移近速度为 24 mm/d。

③ 在沿空留巷过程中,两帮变形以实体煤帮变形为主,墙体变形较小,墙体变形量占两帮总移近量的 26.8％;除底鼓外,巷道收缩率为 14.5％。

④ 加强支护能有效控制巷道顶底板移近量:顶板下沉量由 413.64 mm 变为 280.86 mm,下降 32.1％;两帮移近量由 366.23 mm 变为 220.9 mm,下降 39.6％。在加强支护方案下巷道围岩变形得到有效控制。

保护层己$_{14}$-31010 工作面沿空留巷围岩效果实拍如图 8-27 所示。

(a) (b)

图 8-27 保护层己$_{14}$-31010 工作面沿空留巷围岩效果实拍

8.4.2 井下少煤多矸高效分选系统工作效果

井下采空区充填材料包括煤流矸石和岩巷掘进矸石两部分,分别来自己$_{14}$煤近全岩保护层工作面和三水平所有岩巷掘进工作面。其中煤流矸石为充填工作面充填材料的主要来源。己$_{14}$保护层开采厚度为 1.9 m,其中煤层厚度平均仅为 0.5 m,煤流矸石量达 73.7％。因此需建立井下煤矸分选系统,实现煤流矸石井下分选与处理,达到矸石不出井的目的。

在工程实践期间处理井下矸石 72.1 万 t,煤矸全部井下分选及就地充填。煤矸分选系统的分选粒径为 13～250 mm,分选能力为 220 万 t/a。重介浅槽分选系统的设计分选能力为 132 万 t/a。经煤矸分选后,原煤灰分由 70％降低至 20％。

8.4.3 充填协同垮落法开采系统工作效果

8.4.3.1 充填协同垮落法工作面充填采煤效果

超长充填协同垮落法工作面长 220 m,产煤能力达 120 万 t/a,矸石处理能力达 60 万 t/a。超长充填协同垮落法工作面共解放煤炭资源 588.0 万 t,其中己$_{15}$-31010 工作面回采煤炭资源 134.0 万 t,充填矸石 32.0 万 t。

8.4.3.2 充填协同垮落法工作面矿压监测结果

(1) 监测方案

① 工作面监测设备布置方案

分别在第 1、14、27、40、53、66、77—82、94、107、120、133、145 号支架上安设采煤液压支

架工作阻力监测仪。其中 6 部 1 通道采煤液压支架工作阻力监测仪,10 部 2 通道采煤液压支架工作阻力监测仪。这 16 部采煤液压支架工作阻力仪分别用于监测正常支架立柱载荷和充填采煤液压支架的前柱、后柱载荷。工作面采煤液压支架监测设备布置方案如图 8-28 所示。

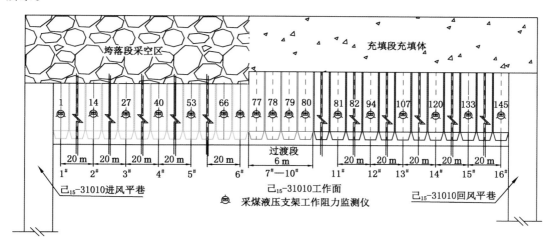

图 8-28　工作面液压支架监测设备布置方案

② 工作面两巷监测设备布置方案

工作面两巷布置监测设备主要是对回采期间两巷矿压显现、超前支承压力等数据进行观测。在两巷内分别设置了 6 个测站。1#、2#、3# 测站位于己$_{15}$-31010 工作面进风巷内:1# 测站距离切眼位置 450 m,2#、3# 测站分别距离切眼位置 500 m、550 m。4#、5#、6# 测站位于己$_{15}$-31010 工作面回风巷内,其位置分别与 1#、2#、3# 测站位置对称。每个测站长度为 10 m。在 10 m 范围内布置监测设备进行观测。工作面两巷监测设备布置方案如图 8-29 所示。

(a) 两巷矿压监测仪器布置方案

为观测己$_{15}$-31010 充填协同垮落法工作面巷道顶底板及两帮移近量、锚杆(索)纵向受力、围岩深部位移情况,在两巷内布置了 6 台巷道表面位移监测仪、12 台锚杆(索)应力监测仪。将这些设备平均分布于各测站内,进行各种数据的监测。

(b) 超前支承压力监测设备布置方案

为监测工作面开采过程中两巷超前支承压力,在工作面两巷内布置 6 台单体支柱压力监测仪,分别布置在两巷距离工作面切眼 450 m、500 m、550 m 的位置。

(c) 煤体应力监测设备布置方案

为了监测己$_{15}$-31010 工作面煤体在采动影响下的压力变化,在煤体内安设了 18 个钻孔应力计。钻孔应力计分为 3 排布置,每排 3 个,在两巷内对称布置。钻孔深度分别为 5 m、10 m、15 m,距离己$_{15}$-31010 工作面切眼的距离分别为 450 m、500 m、550 m。煤体钻孔应力计布置方案如图 8-30 所示。

(2) 监测结果分析

己$_{15}$-31010 充填协同垮落法工作面两巷围岩变形量实测结果如图 8-31 和图 8-32 所示。

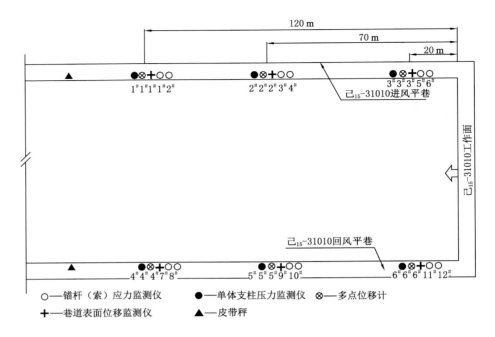

图 8-29　工作面两巷监测设备布置方案

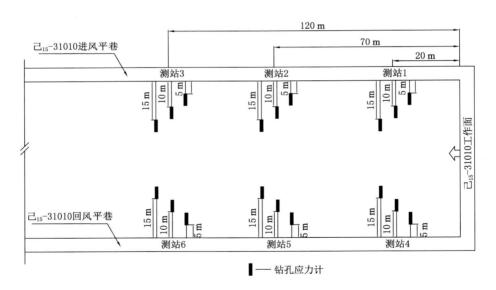

图 8-30　煤体钻孔应力计布置方案

由图 8-31 与图 8-32 可知：

（a）工作面前方巷道的变形可以分为三个阶段：巷道围岩变形剧烈阶段（0～10 m）、巷道围岩变形升高阶段（10～30 m）和巷道围岩变形稳定阶段（30 m 之后）。

（b）工作面前方运矸巷围岩最大变形量为 210 mm，运煤巷围岩最大变形量为 350 mm；运煤巷围岩变形量较大且在工作面回采靠近过程中变形速度较大，这说明己$_{15}$-31010 工作

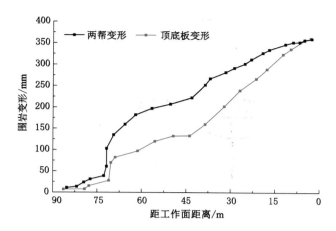

图 8-31 己$_{15}$-31010 工作面进风巷围岩变形实测曲线

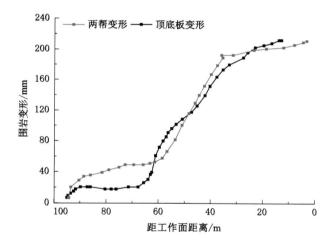

图 8-32 己$_{15}$-31010 工作面回风巷围岩变形实测曲线

面运煤巷比运矸巷围岩变形程度及受采动影响范围大。

8.4.4 低渗透煤层瓦斯立体抽采系统工作效果

8.4.4.1 被保护层瓦斯卸压效果

（1）监测方案

在己$_{15}$-31010 工作面切眼前方 40 m 开始每隔 20～30 m 的距离布置 1 个瓦斯压力监测点，在己$_{15}$-31010 工作面进风平巷、回风平巷各布置 3 个瓦斯压力监测点。钻孔及瓦斯压力监测点布置方案如图 8-33 所示。

（2）监测结果分析

① 被保护层瓦斯压力实测结果分析

在保护层开采期间，通过测点 1 测得的己$_{15}$-31010 工作面瓦斯压力变化曲线如图 8-34 所示。

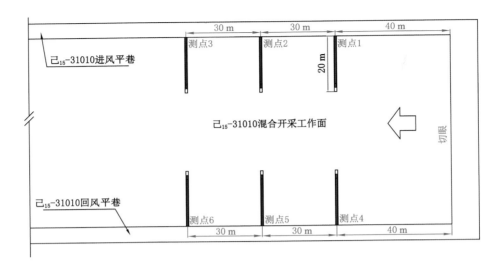

图 8-33　钻孔及瓦斯压力监测点布置方案

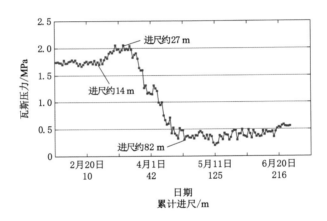

图 8-34　己$_{15}$-31010 工作面瓦斯压力变化曲线

由图 8-34 可知：

（a）在保护层开采初期，下伏被保护层尚未受到开采的影响，己$_{15}$突出煤层煤体仍处于原始高瓦斯压力状态，己$_{15}$-31010 工作面测点 1 位置煤层瓦斯压力稳定在 1.8 MPa 左右，与开采前的相比变化不大。

（b）随着保护层工作面继续推进，下伏被保护层煤体处于己$_{14}$保护层工作面开采引起的支承应力范围内，被保护层煤体处于压缩状态，煤体应力增高，测点 1 实测瓦斯压力略有上升，其峰值约为 2.0 MPa，上升幅度不大，且维持时间相对较短（17 d 左右）。该时期煤层裂隙闭合程度提高，瓦斯透气性系数较低，无法取得理想的瓦斯抽采效果。

（c）随着保护层工作面继续推进，测点 1 附近煤体逐渐进入保护层卸压区影响范围，瓦斯压力突然下降。保护层的开采使保护层下方的底板岩层裂隙发育并延伸到被保护层，被保护层中的煤层解吸瓦斯通过顶板裂隙逸散到保护层采空区，使被保护层瓦斯压力持续降低。瓦斯压力长时间处于低压稳定状态,煤层瓦斯压力仅为 0.35 MPa 左右,且持续时间长达 3 个月。在该阶段对煤层进行瓦斯抽采能够取得良好的抽采效果。

己$_{15}$-31010 工作面原始瓦斯压力为 1.78 MPa。通过己$_{14}$保护层工作面卸压后,该工作面残余瓦斯压力仅为 0.35 MPa 左右,瓦斯压力下降幅度高达 80％,这说明保护层开采取得了良好的瓦斯卸压效果。

② 被保护层瓦斯浓度实测结果分析

随着保护层工作面卸压开采,煤层透气性不断提高,煤层瓦斯压力不断下降,瓦斯浓度也随之发生变化。下面通过己$_{15}$-31010 回风平巷瓦斯抽采钻孔瓦斯浓度实测结果进一步分析保护层开采瓦斯卸压效果。

如图 8-35 所示,选取 123 号钻孔为例,钻孔初期瓦斯抽采平均浓度为 21％,随后其稳定在 10％左右。该孔距保护层 26.4 m。保护层回采初期,瓦斯浓度呈现上升趋势;当保护层工作面切眼与钻孔在同一位置时,瓦斯浓度相对较高;随着保护层工作面推进,瓦斯浓度迅速升高,保持在 80％以上。

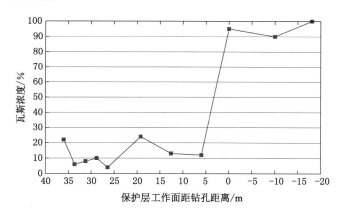

图 8-35　己$_{15}$-31010 回风平巷 123 号钻孔瓦斯浓度变化曲线

8.4.4.2　被保护层瓦斯抽采效果

（1）监测方案

在开采过程中对保护层己$_{14}$-31010 工作面及被保护层己$_{15}$-31010 工作面进行瓦斯抽采效果监测。共布置 4 条抽采管道,分别为己$_{14}$-31010 下进风巷穿层抽采管道、己$_{14}$-31010 下进风巷采空区抽采管道、己$_{15}$-31010 回风平巷本煤层抽采管道、己$_{15}$-31010 进风平巷本煤层抽采管道。抽采管道采用 V 锥流量计、红外瓦斯浓度传感器对管道瓦斯流量、负压、温度、瓦斯浓度进行实时连续监测。

（2）监测结果分析

己$_{15}$-31010 工作面进风平巷、回风平巷瓦斯浓度监测近 5 个月。进风平巷监测数据显示:瓦斯浓度 3.87％～32.89％,平均 15.69％;瓦斯流量 0.29～12.42 m³/min,平均 4.53 m³/min;累计抽采瓦斯 94.93 万 m³。回风平巷监测数据显示:瓦斯浓度 4.34％～74.49％,平均 23％;瓦斯流量 0.62～17.88 m³/min,平均 4.11 m³/min;累计抽采瓦斯 86.81 万 m³。

① 被保护层瓦斯抽采量实测结果分析

保护层工作面开采期间，被保护层工作面瓦斯抽采量变化曲线如图 8-36 所示。己$_{14}$-31010保护层开采后，己$_{15}$-31010 工作面瓦斯抽采量随之增加。其中己$_{15}$-31010 进风平巷瓦斯抽采量增加幅度较大，由 180 m^3/d 上升至 6 056 m^3/d，保护层开采后平均抽采瓦斯量每天比开采前的升高 5 876 m^3；己$_{15}$-31010 回风平巷的瓦斯抽采量由 445 m^3/d 上升至 2 982 m^3/d，保护层开采后平均抽采瓦斯量每天比开采前的升高 2 537 m^3。这说明保护层开采瓦斯卸压效果良好，大量瓦斯由吸附状态转变为游离状态，煤层中可抽采瓦斯量大大提高，瓦斯抽采效果良好。

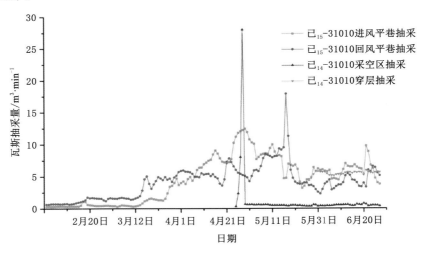

图 8-36　被保护层工作面瓦斯抽采量变化曲线

己$_{14}$-31010 保护层工作面外段主要靠低位抽采巷抽采瓦斯，里段靠保护层卸压开采结合沿空留巷穿层钻孔进行瓦斯抽采。从图 8-36 中实测数据分析可知，穿层钻孔瓦斯抽采效果良好，有效降低了突出煤层瓦斯含量。

从图 8-36 中采空区瓦斯抽采量变化曲线分析可知，采空区瓦斯抽采量较少，说明卸压开采后穿层钻孔抽采和本煤层瓦斯抽采以及己$_{15}$煤层风排瓦斯处理了大部分煤层瓦斯，突出煤层卸压瓦斯只有少部分沿穿层钻孔逸散至保护层工作面采空区。这消除了保护层瓦斯安全隐患，进一步说明瓦斯抽采效果显著。

② 被保护层瓦斯抽采率结果分析

通过对瓦斯抽采实测数据进行进一步整理和分析，绘制出被保护层工作面瓦斯抽采率变化曲线，如图 8-37 所示。

被保护层卸压范围内的煤层瓦斯抽采率统计时间约 5 个月。被保护层工作面瓦斯抽采率呈现以下特征：

（a）保护层工作面开采初期，瓦斯抽采率有一个小幅度的下降及稳定阶段。此阶段时间较短，瓦斯抽采率维持在 23％左右。瓦斯卸压效果不明显，瓦斯涌出量较小，煤层瓦斯维持原有状态。

（b）随着保护层工作面继续推进，被保护层逐渐进入卸压阶段，己$_{15}$煤层在采动影响下裂隙发育，煤层透气性增加，大量瓦斯由吸附状态转变为游离状态，瓦斯涌出量迅速增加。

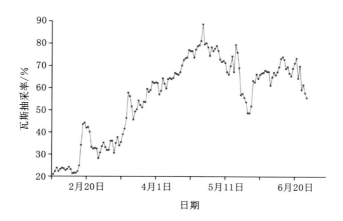

图 8-37　被保护层工作面瓦斯抽采率变化曲线

穿层钻孔抽采、本煤层钻孔抽采瓦斯来源增加,瓦斯抽采量大幅提高,从而导致瓦斯抽采率急剧上升。此阶段,瓦斯抽采率由 23% 提高到 80% 左右。此阶段维持时间较长,瓦斯治理效果明显,瓦斯卸压消突效果良好,累计抽采瓦斯 1.3 亿 m^3,被保护层瓦斯压力由 1.78 MPa 下降至 0.35 MPa。

通过实施采选充＋抽绿色化开采技术,一是实现了煤矸井下分选与矸石就地充填的无固废生产,实现了低生态损害的绿色开采;二是实施了立体化瓦斯抽采系统,瓦斯压力降幅达 80%,回采期间被保护层己15-31010 工作面瓦斯抽采率达 66.0%,实现了高瓦斯低渗透煤层安全开采;三是实施了充填协同垮落混采工艺,确保处理矸石的主采面 220 万 t/a 的产能要求,实现了深部煤炭高效开采。此外,采选充＋抽绿色化开采技术创造了煤矸分选系统分选矸石而导致煤质提升的煤质提升效益、节省了煤炭地面分选的成本和煤流矸石辅助提升的成本以及立体抽采瓦斯进行地面发电而节省的电费。

9 采选充＋控绿色化开采技术工程应用

9.1 工 程 背 景

9.1.1 矿井概况

开滦（集团）有限责任公司唐山矿业分公司（以下简称"唐山矿"）位于河北省唐山市区，是全国唯一一座坐落于市中心的国有特大型煤矿，隶属开滦（集团）有限责任公司。唐山矿井田面积为 37.28 km²，煤系为石炭二叠纪地层，煤系总厚度为 508 m。唐山矿主可采煤层为 5、8、9 和 12 煤层，煤层平均厚度为 18.81 m。

近年来，随着矿井浅部煤炭资源的持续性开采，矿井可采储量日趋枯竭，矿井开采深度不断加大。矿井开采主要面临以下难题。

① 矿井地处市中心，建（构）筑物下压煤问题十分突出。矿井资源总量为 3.67 亿 t，可采储量为 1.84 亿 t。矿井资源全部为"三下"压煤资源，主要包括建（构）筑物下压煤 2.07 亿 t，铁路下压煤 1.6 亿 t，这已严重制约矿井的发展。

② 在深部煤炭资源开采过程中，原煤含矸率大，新增煤矸石约 80 万 t/a，造成主井提升任务加大，提升设备维修费用高。并且矸石在地面堆积引发各种环境问题。

③ 唐山矿现有地表矸石堆放量大。该矿地处市区，已没有可利用的矸石堆放区域。唐山市环保部门也加大了矸石排放的控制力度，唐山矿亟须矸石规模化处理。

基于以上工程难题，结合矿井实际条件，唐山矿与中国矿业大学进行了深入合作，研发了煤矸井下分离技术，开发了综合机械化矸石密实充填回收煤层群技术，使煤矿矸石不出井，回收传统方法无法采出的"三下"压煤，并控制地表下沉，从而形成了一种采选充＋控一体化的煤矿绿色化开采技术。

9.1.2 工程应用区域采矿地质条件

唐山矿初期在 8 煤层和 9 煤层、后期在 5 煤层进行了固体充填开采。以下主要介绍 8 煤层、9 煤层和 5 煤层的相关采矿地质条件。

9.1.2.1 煤层赋存特征

5 煤层：厚度一般为 1.67～3.05 m，西翼厚 2.23 m，南翼厚 2.57 m，岳胥区厚 3.05 m。局部构造运动导致煤层厚度达 6.17 m。除因后期冲刷造成的不可采带外，全井田范围可采。冲刷造成煤层变薄并使粗砂岩或细砾岩直接覆于煤层之上时，对采掘工程影响较大。

8 煤层：8 煤层厚度比较稳定，岳胥区局部（其余与 9 煤层合并）厚 3.37 m。除 8 煤层独立存在的区域外，其他区域由于间距变为 1 m 以下而与 9 煤层合并为一层特厚煤层，煤层厚度一般大于 10 m。唐山矿将井田南翼的该煤层称为 8 煤层。8 煤层平均厚 3.71 m。

9 煤层:9 煤层厚度比较稳定,岳胥区局部厚 5.36 m。除 9 煤层独立存在的区域外,其他区域由于间距变为 1 m 以下而与 8 煤层合并为一层特厚煤层,煤层厚度一般大于 10 m。唐山矿将井田西翼的该煤层称为 9 煤层。9 煤层平均厚 4.78 m。

各煤层赋存特征见表 9-1。

表 9-1　各煤层赋存特征

序号	煤层名称	煤层平均厚度/m	煤层倾角/(°)	煤层结构	稳定程度
1	5 煤层	2.2	11	简单	稳定
2	8 煤层	11.3	8	复杂	稳定
3	9 煤层	10.9	12	复杂	比较稳定

9.1.2.2　煤层顶底板条件

5 煤层:基本顶为灰白色细砂岩,厚度 17.5 m;直接顶为灰色条带状中、细砂岩,厚度 3.7～6.0 m;直接底为深灰色泥岩,厚度 0.4～1.4 m;基本底为灰色条带状细砂岩,厚度 5.2 m。

8 煤层:基本顶为灰白色中砂岩,厚度 4.5 m;直接顶为灰色粉砂岩、灰白色细砂岩,厚度 0～3 m;直接底为灰黑色砂质泥岩,厚度 1.5 m;基本底为灰白色细砂岩,厚度 15.2 m。

9 煤层:基本顶灰白色、浅褐色砂岩,厚度 5～15.5 m;直接顶为黑色泥岩,厚度 0～1.5 m;直接底为深灰色砂质泥岩,厚度 1 m;基本底为深灰色泥岩,厚度 4.6 m。

各煤层顶底板情况见表 9-2。

表 9-2　各煤层顶底板情况

煤层名称	顶底板名称	岩性	厚度/m	岩性特征
5 煤层	基本顶	灰白色细砂岩	17.5	成分以石英、长石为主,硅质胶结,分选性较差
	直接顶	灰色条带状中、细砂岩	3.7～6.0	主要成分以石英、长石为主,坚硬,本层为中、细砂岩互层
	直接底	深灰色泥岩	0.4～1.4	致密均一,断口平坦,含植物根化石
	基本底	灰色条带状细砂岩	5.2	主要成分为石英及暗色矿物,条带状,硅质胶结,具水平层理
8 煤层	基本顶	灰白色中砂岩	4.5	成分以石英、长石为主,硅质到硅泥质胶结,局部风化
	直接顶	灰色粉砂岩、灰白色细砂岩	0～3.0	成分以石英、长石为主,硅质胶结,含植物叶化石
	伪顶	深灰色碳质泥岩	0～0.5	泥质成分,碳质成分高
	直接底	灰黑色砂质泥岩	1.5	泥质胶结,含云母碎屑和植物根化石
	基本底	灰白色细砂岩	15.2	成分以石英、风化长石为主,硅泥质胶结,坚硬

表 9-2(续)

煤层名称	顶底板名称	岩性	厚度/m	岩性特征
9 煤层	基本顶	灰白色、浅褐色砂岩	5～15.5	主要成分为石英,暗色岩屑,含钙质结核含大量叶片,上部具微波状水平层理
	直接顶	黑色泥岩	0～1.5	泥质成分,局部含硅质,含植物根化石
	直接底	深灰色砂质泥岩	1.0	成分以泥质为主,砂质次之,有植物根化石
	基本底	深灰色泥岩	4.6	泥质,贝壳状断口,有黄铁矿及菱铁质结核,上部含砂质

9.2 采选充十控绿色化开采技术系统布置

9.2.1 采选充十控绿色化开采技术系统总体构成

唐山矿采选充＋控绿色化开采技术系统的设计原理是,将"采选充"系统与"充填开采岩层控制技术"结合,对其子系统在时间和空间上进行合理布置,以达到处理矸石、回收资源、控制地表沉降的目的。

唐山矿采选充＋控绿色化开采技术系统包括井下煤矸分选系统、矸石井上下运输系统(矸石地面运输系统、矸石井下运输系统)、充填采煤系统及岩层控制效果监控系统。

唐山矿初期在 8 煤和 9 煤进行该技术的实施。采选充＋控绿色化开采技术系统构成如图 9-1 所示。

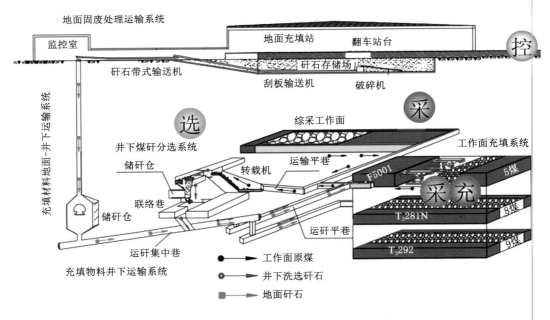

图 9-1 采选充＋控绿色化开采技术系统构成

9.2.2 井下煤矸分选系统布置

根据唐山矿实际条件,将井下煤矸分选巷道(硐室)系统设置于风井 11 水平;将来煤胶带布置在 502 煤仓与 5020 煤仓的新建联络巷内;向东北开拓矸石巷道,与新建储矸仓贯通;将分选排矸系统布置在矸石巷道中。井下煤矸分选系统布置如图 9-2 所示。

图 9-2 井下煤矸分选系统布置

9.2.3 矸石井上下运输系统布置

9.2.3.1 矸石地面运输系统布置

根据唐山矿地表和井下巷道布置情况,地面充填站布置于唐山矿 B 区东南侧。地面充填站南邻铁路中粮线,东侧为唐岳公路。整个地面充填站场区呈斜 L 形,东西边长约为 124 m,南、北宽度分别约为 66 m、98 m。地面充填站主要包括翻车系统、矸石存储场地、矸石机械运输系统、配电室和投料站等。矸石存储场地占地面积为 5 760 m²,储矸场最大设计储矸量为 1.11 万 t。矸石机械运输系统由 1# 刮板输送机、破碎机、2# 刮板输送机、1# 带式输送机和 2# 带式输送机组成。

矸石由矸石地面运输系统进入投料井口,通过垂直投料井直接从地面投到井底,经缓冲器缓冲后进入储矸仓,继而井下继续运输。

矸石井上下运输系统布置如图 9-3 所示。

9.2.3.2 矸石井下运输系统布置

根据唐山矿铁三区固体充填开采试验采区矸石源的不同分布,以及所确定的地面矸石、掘进矸石及分选矸石井下运输路线,结合充填采区的实际情况,设计矸石井下运输系统。矸石井下运输系统布置如图 9-4 所示。

① 地面矸石井下运输路线

地面充填站→投料井→矸石储料仓→矸石集中运输巷(矸石运输斜巷)→溜矸眼→各煤

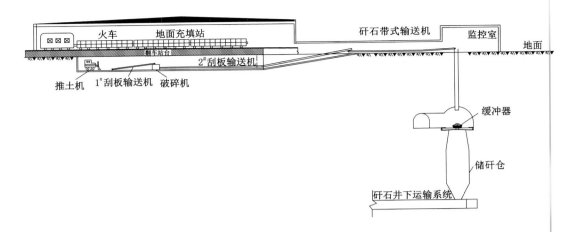

图 9-3   矸石井上下运输系统布置

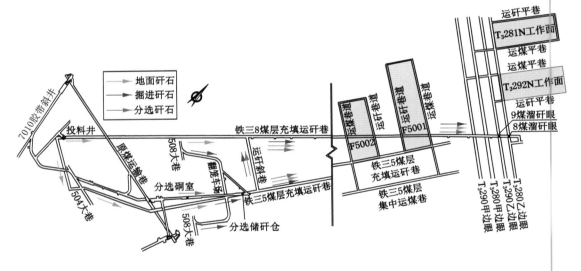

图 9-4   矸石井下运输系统布置

层运料边眼→工作面。

　　② 掘进矸石井下运输路线

　　各掘进工作面→矸石翻笼车场→矸石运输联络巷→矸石集中运输巷(矸石运输斜巷)→溜矸眼→各煤层运料边眼→工作面。

　　③ 分选矸石井下运输路线

　　各采煤工作面→井下分选硐室→分选矸石运输巷→分选储矸仓→矸石集中运输巷(矸石运输斜巷)→溜矸眼→各煤层运料边眼→工作面。

9.2.4　充填采煤系统布置

　　充填采煤系统主要包括运煤系统、运料系统、通风系统和运矸系统。充填采煤系统布置如图 9-5 所示。以 T₃292 充填采煤工作面为例,具体说明充填采煤的生产系统。

| （a）F5002工作面 | （b）T₃281工作面 | （c）T₃292工作面 |

图 9-5　充填采煤系统布置

① 运煤系统路线

T₃292 工作面→T₃292 回风巷→T₃290 乙边眼→T₃280 运煤巷→5021 边眼→5021 煤仓。

② 充填物料运输系统路线

12 水平大巷料场→四石门→T₃290 绕道→T₃290 甲边眼→T₃292 进风巷→T₃292 工作面。

③ 运料系统路线

12 水平大巷料场→四石门→T₃290 绕道→T₃290 甲边眼→T₃292 进风巷→T₃292 工作面。

④ 通风系统路线

新风路线：12 水平大巷→T₃290 甲边眼→T₃292 回风巷→T₃292 工作面。

乏风路线：T₃292 工作面→T₃292 进风巷→T₃292 回风巷→T₂092 探硐→T₂092 甲边眼→T₂092 边眼→南翼副巷→2 号回风井。

9.3　采选充＋控绿色化开采技术工艺设计

9.3.1　井下煤矸分选工艺设计和关键装备选型

9.3.1.1　井下煤矸分选工艺设计

　　井下煤矸分选系统主要包括跳汰排矸系统和煤泥水系统两部分。煤流矸石井下分选工艺包括跳汰排矸工艺和煤泥水处理工艺。煤流矸石井下分选的整体工艺过程是：井下原煤通过分级筛，筛上物（＋50 mm）进入入料带式输送机，筛下物进入末煤带式输送机；进入入料带式输送机的筛上物经过机械动筛跳汰机分选后，矸石进入矸石带式输送机后充填至工作面，块煤进入末煤带式输送机；机械动筛跳汰机的煤泥水通过渣浆泵传输送至高频筛，对煤泥水进行脱水处理，筛上物再进入末煤带式输送机，剩余水进入沉淀池沉淀后，煤泥由人工清理至末煤带式输送机，沉淀后的水再进入清水池输送至机械动筛跳汰机循环使用。煤流矸石井下分选整体工艺流程如图 9-6 所示。

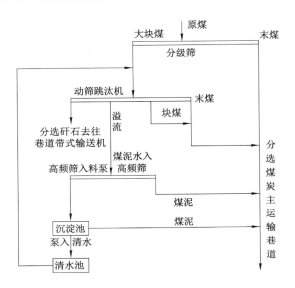

图 9-6　煤流矸石井下分选整体工艺流程

9.3.1.2　井下煤矸分选系统关键装备选型

井下煤矸分选主要设备包括煤矸分选跳汰机、分级筛、破碎机、高频筛和渣浆泵等。井下煤矸分选主要设备型号及参数见表 9-3。井下煤矸分选系统关键设备如图 9-7 所示。

表 9-3　井下煤矸分选主要设备型号及参数

序号	设备名称	型号及参数	数量
1	动筛跳汰机	WD2000 型, $Q=220\sim280$ t/h,入料粒度 $50\sim300$ mm	1 台
2	齿辊式滚盘筛	GPS5010 型, $Q=500\sim600$ t/h,透筛粒度 50 mm	2 台
3	煤泥高频筛	QZK1533 型, $\delta=0.3$ mm	1 台
4	破碎机	2PLF70150 型, $Q=150\sim200$ t/h,出料粒度 $50\sim300$ mm	1 台

（a）井下分选储矸仓

（b）井下分选硐室

图 9-7　井下煤矸分选系统关键设备

其中动筛跳汰机是核心设备。根据唐山矿煤质特征,选择采用动筛跳汰方式进行井下煤矸分选。结合唐山矿实际情况,确定动筛跳汰机的驱动方式为机械式。

9.3.2 矸石井上下运输系统工艺设计和关键装备选型

9.3.2.1 矸石地面运输系统工艺设计和关键装备选型

（1）矸石地面运输系统工艺设计

矸石地面运输系统主要处理选煤厂矸石和矸石山矸石。选煤厂矸石通过矿用自翻车经由唐山南站国铁、中粮铁路运至本铁路高位翻车线，自卸在地面充填站矸石存储场地。受翻车线有效长度的限制，一次只能卸四辆车矸石。需利用装载机将矸石送到 2# 刮板输送机上，再经过振动筛的筛分后将粒径小于 50 mm 的充填材料直接送到 1# 带式输送机上，1# 带式输送机通过转载站与 2# 带式输送机搭接，最后通过 2# 带式输送机机头溜槽将矸石经投料井送至井下进行充填。

矸石山矸石由汽运运输卸载至地面充填站矸石存储场地。利用装载机将矸石送到 1# 刮板输送机上，再经破碎机破碎后将物料投至 2# 刮板输送机上，其后的工艺流程同上。矸石地面运输系统工艺流程如图 9-8 所示。

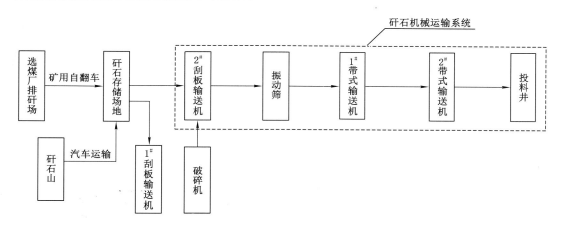

图 9-8 矸石地面运输系统工艺流程

（2）矸石地面运输系统关键装备选型

矸石地面运输系统主要设备有带式输送机、破碎机、刮板输送机、装载机、推土机等。矸石地面运输系统主要设备型号及参数见表 9-4。

表 9-4 矸石地面运输系统主要设备型号及参数

序号	名　称	型　号	数量	主　要　参　数
1	1# 带式输送机	DT II	1台	$Q=500$ t/h，$B=1$ m，$L=33$ m，$V=1.6$ m/s，$\beta=5.5°$
2	2# 带式输送机	DT II	1台	$Q=500$ t/h，$B=1$ m，$L=35$ m，$V=1.6$ m/s，$\beta=9.5°$
3	1# 刮板输送机	SGZ730/55	1台	$W=55$ kW
4	2# 刮板输送机	SGZ730/150	1台	$W=2\times75$ kW
5	鄂式破碎机		1台	$W=130$ kW
6	装载机	ZL50	2台	
7	推土机	T140	1台	$F=143$ kN，$\alpha=30°$

9.3.2.2　矸石井下运输系统工艺设计和关键装备选型

（1）矸石井下运输系统工艺设计

井下矸石来源于地面充填站投料系统、井下掘进矸石的矸石翻笼车场系统以及井下原煤分选系统。三个系统处理的矸石集中运输至充填采煤工作面进行充填，矸石井下处理和运输的工艺流程如图9-9所示。

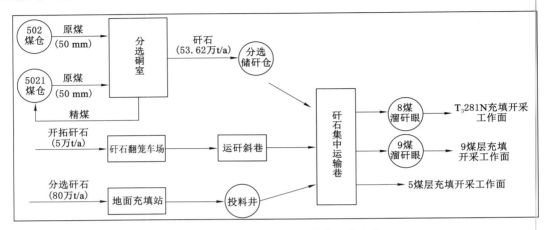

图9-9　矸石井下处理和运输的工艺流程

（2）矸石井下运输系统关键装备选型

①运矸带式输送机选型

矸石集中运输巷和采区边眼运矸带式输送机，型号为BEA-500(74V)。该型号带式输送机的带宽为1.0 m，运输能力为600 t/h。

②破碎机选型

铁三区掘进矸石属于中等硬度的脆性材料，其粒径一般小于1 000 mm。要求破碎之后的物料粒径小于50 mm。因此选择辊式破碎机。选择2PLF400型矿用分级破碎机进行掘进矸石的破碎。该型号破碎机的破碎能力为400 t/h。

③配套设备选型

矸石翻笼车场配套设备包括给料机和刮板输送机。分别选用GLW800-DP型给料机和SGZ730/320型刮板输送机。

9.3.3　充填采煤系统工艺设计和关键装备选型

9.3.3.1　充填采煤系统工艺设计

充填物料从地面通过投料井、矸石带式输送机、自移式充填物料转载机等相关运输设备运至工作面多孔底卸式刮板刮板输送机上，通过卸料孔充填入采空区内，然后由夯实机压实并接顶。

在工作面刮板输送机移直后，将多孔底卸式刮板刮板输送机移至支架后顶梁后部，进行充填。充填顺序由多孔底卸式刮板刮板输送机机尾向机头方向进行，当前一个卸料孔卸料到一定高度后，即开启下一个充填卸料孔，随即启动前一个卸料孔所在支架后部的夯实机构千斤顶，推动夯实板对已卸下的充填材料进行夯实，如此反复几个循环，直到夯实为止，一般需要2～3个循环。当整个工作面全部充满后，停止第1轮充填，将多孔底卸式刮板输送机拉移一个步距，移至支架后顶梁前部，用夯实机构把多孔底卸式刮板输送机下面的矸石全部推到支架后上部，使其接顶并压实。最终关闭所有卸料孔，对多孔底卸式刮板输送机的机头进行充填。第1轮充填完成后将多孔底卸式刮板输送机推移一个步距至支架后顶梁后部，开始第2轮充填，如此往复。

9.3.3.2　充填采煤系统关键装备选型

（1）充填采煤液压支架选型

唐山矿选用 ZZC7000/20/40 型四柱支撑式充填采煤液压支架，其结构如图 9-10 所示，其主要技术参数见表 9-5。

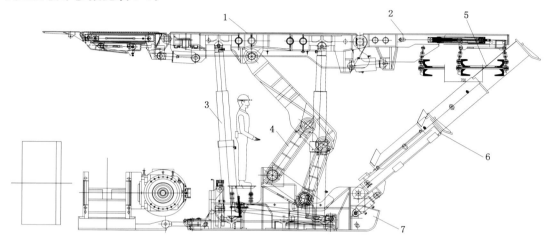

1—前顶梁；2—后顶梁；3—立柱；4—四连杆机构；5—多孔底卸式刮板输送机；6—夯实机构；7—底座。

图 9-10　ZZC7000/20/40 型四柱支撑式充填采煤液压支架结构

表 9-5　ZZC7000/20/40 型四柱支撑式充填采煤液压支架主要技术参数

序号	参数	取值	序号	参数	取值
1	支架中心距	1 500 mm	5	支架初撑力	5 708 kN
2	支架高度	2 000～4 000 mm	6	支架工作阻力	7 000 kN
3	支架宽度	1 420～1 590 mm	7	支护强度	0.725 MPa
4	支架推移步距	600 mm			

（2）采煤机选型

经计算，唐山矿选用 MG200/500-QW 型采煤机，其主要技术参数见表 9-6。

表 9-6　MG200/500-QW 型采煤机主要技术参数

参数	取值	参数	取值
截割高度	1 800～3 500 mm	适应煤层倾角	≤45°
总装机功率	500 kW	牵引功率	2×40 kW
滚筒直径	1 600 mm	截割功率	2×200 kW
滚筒截深	800 mm	电压等级	1 140 V
滚筒转速	40 r/min	质量	42 t

（3）多孔底卸式充填开采刮板输送机选型

结合满足工作面正常生产时运输量的能力要求，经过调研及充分的论证后，选用SGBC764/250型多孔底卸式刮板输送机。SGBC764/250型多孔底卸式刮板输送机主要技术参数见表9-7。

表 9-7　SGBC764/250 型多孔底卸式刮板输送机主要技术参数

参数	取值	参数	取值
设计长度	137 m	紧链型式	闸盘紧链
出厂长度	137 m	刮板链型式	双边链
输送量	500 t/h	圆环链规格	2-φ26 mm×92 mm
刮板链速	1.09 m/s	链条中心距	600 mm
电机型号	YBSD-250/125-4/8Y	槽规格	1 500 mm×730 mm×315 mm
额定功率	250 kW	卸载方式	底卸
额定电压	1 140 V		

（4）辅助配套设备选型

辅助配套设备主要包括乳化液泵站、运煤带式输送机、多孔底卸式刮板输送机升降平台等。辅助配套设备主要技术参数见表9-8。

表 9-8　辅助配套设备主要技术参数

设备名称	型号	主要技术参数
乳化液泵站	BRW-400/31.5	电机功率:200 kW;额定流量:400 L/min;额定压力:31.5 MPa
运煤带式输送机	SDJ-150	电机功率:2×75 kW;输送量:540 t/h
多孔底卸式刮板输送机升降平台	ZCS2500/10/19	高度:1 000～1 900 mm;外形尺寸:2 700 mm×1 800 mm;支撑力:2 500 kN

五机配套参数见表9-9。

表 9-9　五机配套参数

设备名称	型号	数量
液压支架	ZZC7000/20/40	74 架
	ZZCG700/20/40	4 架
采煤机	MG200/500-QW	1 台
工作面刮板输送机	SGZ730/400	1 台
多孔底卸式刮板输送机	SGBC764/250	1 部
自移式充填材料转载机	SDY80/500/55S	1 部

9.4　采选充十控绿色化开采技术工程应用效果评价

9.4.1　井下煤矸分选效果

唐山矿井下煤矸分选系统主要监测指标为井下分选矸石总运输量、月最大运输量等反映运输能力的指标。根据井下煤矸分选系统运行统计数据可知,其主要指标如下:

(a) 井下月分选煤矸质量峰值为 2.02 万 t。

(b) 充填矸石来源主要依赖于井下分选矸石,占总充填矸石量的 72.7%。

(c) 井下分选煤矸质量达到 42.11 万 t/a,月平均煤矸运输量为 2.47 万 t。

9.4.2　充填采煤效果

经过多年工程实践,唐山矿在 5 煤层、8 煤层、9 煤层完成了 4 个固体充填采煤工作面的开采,这些采煤工作面分别是 8 煤层 T_3281N 工作面、9 煤层 T_3292 工作面、5 煤层 F5001 工作面和 5 煤层 F5002 工作面。唐山矿充填矸石的主要目的是控制建构筑物变形。因此,受矸石产量限制,采取以矸定产的措施。3 个煤层的充填开采生产能力情况见表 9-10。

表 9-10　3 个煤层的充填开采生产能力情况

项目	5 煤层	8 煤层	9 煤层
设计煤炭生产能力/(万 t/a)	40.0	60.0	70.0
设计矸石充填能力/(万 t/a)	50.0	75.0	90.0
设计充采比	1.25	1.25	1.3

8 煤层 T_3281N 首采工作面采出原煤 73 974 t,矸石充填量为 101 098 t,采充比达到 1 : 1.37。

其余 4 个典型充填采煤工作面共累计回采原煤 94.6 万 t,累计充填矸石 117.9 万 t。4 个典型充填采煤工作面的综合采充质量比为 1：1.3。这实现矸石完全井下处理。

9.4.3　岩层控制效果

9.4.3.1　监测方案

(1) 充填采煤工作面监测设备布置方案

充填采煤工作面监测设备主要分为两种:充填采煤液压支架工作阻力监测仪和夯实机构夯实力监测仪,其分别用于研究充填采煤工作面顶板来压和周期破断规律,以及评价夯实机构的夯实效果。各煤层充填采煤工作面监测方案类似。以 T_3292 工作面为例,沿工作面充填采煤液压支架上布置 8 台充填采煤液压支架工作阻力监测仪和 8 台夯实机构夯实力监测仪。充填采煤液压支架工作阻力监测仪和夯实机构夯实力监测仪均布置在 2、9、17、25、33、41、49、57 号支架上,如图 9-11 所示。

(2) 充填体内监测设备布置方案

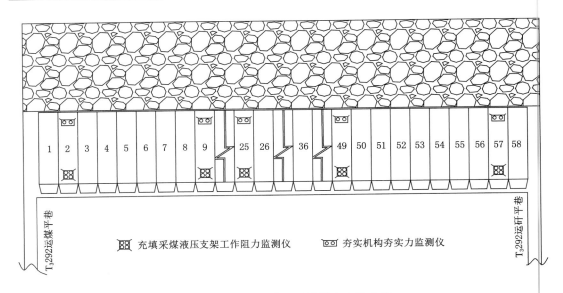

图 9-11 T_3292 工作面监测设备布置方案

以 T_3292 工作面为例,充填体内安设了9个充填体应力监测仪和9个顶板下沉监测仪,如图 9-12 所示。这些仪器分为 3 排布置,每排 3 个。各排分别位于工作面 885 m(距切眼 305 m)、875 m(距切眼 315 m)和 865 m(距切眼 325 m)处。每排三组监测点分别距 T_3292 运煤平巷巷帮 20 m、45 m、70 m。由于充填体应力监测仪位于采空区内,其数据传输线容易受到破坏,应将数据传输线放置于特制管路中。在两巷内应将特制管路悬挂于两巷煤帮2/3高度处以上。

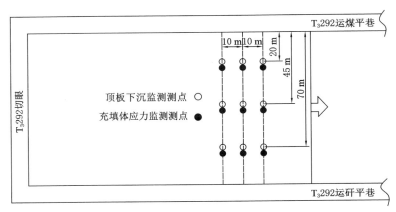

图 9-12 T_3292 工作面充填体内监测仪布置方案

9.4.3.2 监测结果分析

(1)支护质量实测结果分析

为研究 T_3292 工作面充填采煤液压支架的周期来压现象,监测 41 号支架循环末阻力与工作面推进距离的关系。41 号支架距运煤平巷 61.5 m。此阶段工作面从切眼开始推进了 140 m。41 号支架循环末阻力(用后力柱应力表示)曲线如图 9-13 所示。

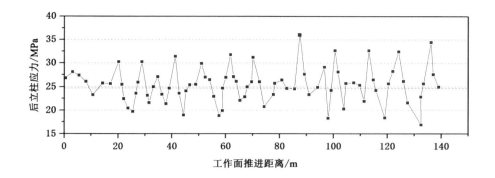

图 9-13 41 号支架循环末阻力曲线

由图 9-13 可以得出：

（a）工作面初期推进 20 m 时，41 号支架出现了压力升高现象，判断此时顶板初次来压，初次来压步距为 20 m。此后至工作面推进 140 m，41 号支架分别在工作面推进 29 m、41 m、51 m、62 m、70 m、90 m、101 m、113 m、124 m、136 m 时共产生 10 次周期来压，平均来压步距为 11.6 m。

（b）工作面推进 90 m 时，支架出现较高的压力增加现象，41 号支架的后立柱应力达到 36.4 MPa。

（c）T_3292 充填采煤工作面也存在类似垮落法开采工作面的周期来压现象，但整体而言来压强度较低，来压期间动载系数均小于 1.3。

（2）充填质量实测结果分析

① 夯实机构夯实力监测结果分析

在 T_3292 充填采煤工作面间隔布置多个夯实机构夯实力监测仪，对夯实机构夯实力进行实时监测。49 号充填采煤液压支架上的 7 号夯实力传感器的监测结果如图 9-14 所示。由图 9-14 可以看出，监测的夯实力基本都在 2 MPa 以上，达到了设计要求。

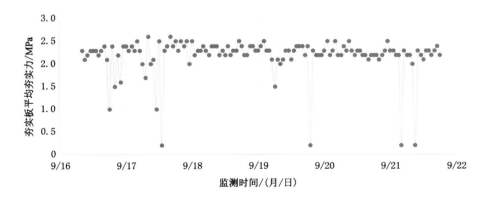

图 9-14 41 号支架上 7 号传感器监测到的夯实力

② 充填体应力和变形监测结果分析

  $T_3$292 工作面充填体应力与弹性模量变化曲线如图 9-15 所示。随着工作面推进，传感器进入采空区 100 m。在监测期间，充填体应力从 0 上升至 0.43 MPa，充填体弹性模量稳定在 3.7 MPa。$T_3$292 工作面充填体应力与弹性模量随着工作面推进距离的变化可分为四个阶段（见表 9-11）。

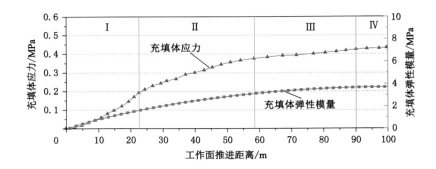

图 9-15　$T_3$292 工作面充填体应力与弹性模量变化曲线

表 9-11　$T_3$292 工作面充填体应力与弹性模量变化阶段

阶段指标	初始增长阶段 I （0～9.5 m）	快速增长阶段 II （9.5～69 m）	缓慢增长阶段 III （69～133 m）	稳定阶段 IV （133～150 m）
充填体应力/MPa	0.20	0.38	0.425	0.43
充填体弹性模量/MPa	1.65	3.14	3.65	3.7

  $T_3$292 工作面充填体变形量与充实率变化曲线如图 9-16 所示。随着工作面推进，传感器进入采空区 97.4 m。在监测期间，充填体总变形量为 354.2 mm。$T_3$292 工作面充填体变形量与充实率随着工作面推进距离的变化可分为四个阶段（见表 9-12）。

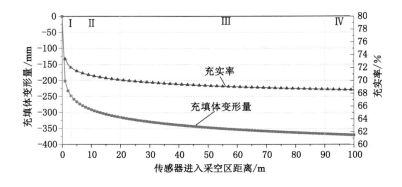

图 9-16　$T_3$292 工作面充填体变形与充实率变化曲线

表 9-12　$T_3 292$ 工作面充填体变形量与充实率变化阶段

阶段 指标	快速变形阶段Ⅰ （0～13.5 m）	较快变形阶段Ⅱ （13.5～69 m）	缓慢变形阶段Ⅲ （69～136 m）	稳定蠕变阶段Ⅳ （136～150 m）
充填体变形量/mm	252.66	67.5	51.3	3.57
充实率/%	72.05	70.13	69.0	68.5

由充填开采岩层自稳临界值关系式求解可知，$T_3 292$ 工作面顶板不破断的临界充实率为 79.7%。实测 $T_3 292$ 工作面充填体的充实率为 68.5%，小于工作面顶板不破断的临界充实率。工作面顶板发生了破断，产生了周期来压现象。

9.4.4　地表沉陷监测结果

9.4.4.1　监测方案

地表变形监测系统为 CORS 连续监测系统。唐山矿安设的 CORS 连续监测系统及监测点如图 9-17 所示。

地表变形测点

图 9-17　CORS 连续监测系统主机及监测点

（1）地表变形监测系统布置方案

开滦集团的全球导航卫星连续运行参考站基站位于开滦集团技术中心楼顶。监测点分为一类监测点与二类监测点。一类监测点用于对唐山矿风井工业广场内主要建（构）筑物的地表沉陷变形进行监测，如图 9-18 所示。二类监测点布设在建设南路和大学路上。由于路面为水泥铺装道路，所以采用测量专用的测钉。

图 9-18　地面监测站一类监测点

（2）建筑物下充填采煤沉陷观测方案

T_3292 工作面设 2 条地表观测线（即图 9-19 中的测线 A 与测线 L），测线 A 共 22 个测点，位于石庄自建平房与交大货栈之间；测线 L 共 8 个测点，位于石庄仓库与唐山宏泰工贸之间。

F5001 工作面设 1 条地表观测线 F。该测线沿建设南路和大学路沿线及石庄内部共布设 22 个测点，以观测 F5001 工作面开采对地表下沉的影响。

F5002 工作面设 4 条地表观测线。这些测线分别沿建设南路和大学路布设测点，以观测 F5002 工作面开采对地表下沉的影响。

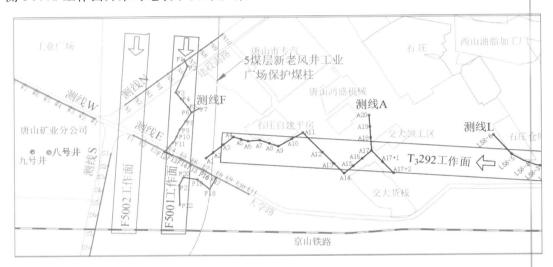

图 9-19　建筑物下充填采煤沉陷测线布局

9.4.4.2　地表变形实测结果分析

以 T_3292 工作面地表观测线实测数据为例，分析采动引起的地表下沉情况。

对 T_3292 工作面采动引起的地表移动变形进行观测。测线 A 共进行了 42 次观测，测线 L 共进行了 48 次观测。根据观测数据得测线 A 测点的累计下沉值曲线，如图 9-20 所示。

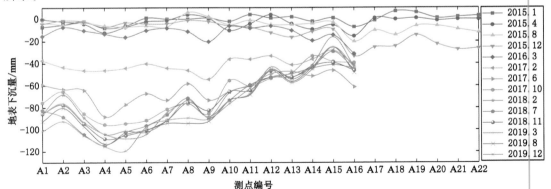

图 9-20　T_3292 工作面观测线 A 测点累计下沉值曲线

根据图 9-20,由 T_3292 工作面观测线 A 地表下沉值计算得到了各测点地表倾斜、曲率、水平移动和水平变形。地表最大倾斜变形值为 0.76 mm/m,出现在 A6 测点;地表最大曲率变形值为 0.064 mm/m²,出现在 A13 测点;地表最大水平移动为 50.6 mm;地表最大水平为 1.53 mm/m。依据《建筑物、水体、铁路及主要井巷煤柱留设与压煤开采规范》相关规定,砖混结构建筑物损坏等级 I 级为地表水平变形小于或等于 2 mm/m,地表曲率小于或等于 0.2 mm/m²,地表倾斜小于或等于 3 mm/m。由此可以判断,T_3292 工作面地表变形均满足规程规定。仅地表水平变形值较大,这可能与 F5001、F5002 工作面开采后对地表水平变形的叠加影响有关。

参 考 文 献

［1］安百富.固体密实充填回收房式煤柱围岩稳定性控制研究［D］.徐州:中国矿业大学,2016.

［2］白光超,毕思锋,温朋朋.大型煤矿井下重介浅槽煤矸分离系统设计［J］.煤炭工程,2016,48(05):24-26.

［3］班建光.新巨龙矿矸石充填开采沿空留巷围岩稳定性控制技术［D］.徐州:中国矿业大学,2020.

［4］曹伟.煤矿井下原煤初选动筛跳汰机结构优化和控制方法研究［D］.北京:中国矿业大学(北京),2019.

［5］陈昌富,刘俊斌,徐优林,等.锚-土界面剪切蠕变试验及其经验模型研究［J］.岩土工程学报,2016,38(10):1762-1768.

［6］陈昌富,朱世民,高傑,等.考虑注浆压力影响锚－土界面剪切蠕变 Kriging 模型［J］.岩土工程学报,2019,41(S1):125-128.

［7］陈镠芬,高庄平,朱俊高,等.粗粒土级配及颗粒破碎分形特性［J］.中南大学学报(自然科学版),2015,46(9):3446-3453.

［8］陈杨.充填开采岩层精准控制的顶板自稳模型及工程应用［D］.徐州:中国矿业大学,2021.

［9］陈勇.沿空留巷围岩结构运动稳定机理与控制研究［D］.徐州:中国矿业大学,2012.

［10］Fengfeng Wu,Changyou Liu,Jingxuan Yang. Mode of overlying rock roofing structure in large mining height coal face and analysis of support resistance［J］.Journal of Central South University,2016,23(12):3262-3272.

［11］冯涛,袁坚,刘金海,等.建筑物下采煤技术的研究现状与发展趋势［J］.中国安全科学学报,2006,16(08):19-23,3.

［12］高明忠,王明耀,谢晶,等.深部煤岩原位扰动力学行为研究［J］.煤炭学报,2020,45(8):2691-2703.

［13］高明忠,叶思琪,杨本高,等.深部原位岩石力学研究进展［J］.中国科学基金,2021,35(6):895-903.

［14］耿银田.唐山矿2.0～2.5 m采高充填开采关键技术及工程应用研究［D］.徐州:中国矿业大学,2021.

［15］郭凯凯.深部固体充填开采岩层移动规律及控制研究［D］.中国矿业大学,徐州:2021.

［16］何满潮,陈上元,郭志飚,等.切顶卸压沿空留巷围岩结构控制及其工程应用［J］.中国矿业大学学报,2017,46(05):959-969.

［17］何满潮,郭平业.深部岩体热力学效应及温控对策［J］.岩石力学与工程学报,2013,32

　　　　　(12):2377-2393.

[18] 何满潮,谢和平,彭苏萍,等.深部开采岩体力学研究[J].岩石力学与工程学报,2005, 24(16):2803-2813.

[19] 何满潮.深部软岩工程的研究进展与挑战[J].煤炭学报,2014,39(8):1409-1417.

[20] 何满潮.深部建井力学研究进展[J].煤炭学报,2021,46(3):726-746.

[21] 贺靖峰.基于欧拉—欧拉模型的空气重介质流化床多相流体动力学的数值模拟[D].徐州:中国矿业大学,2012.

[22] 侯朝祥."三下"固体充填开采技术的应用研究[J].能源与环保,2019,41(11): 175-178.

[23] 黄鹏,张吉雄,郭宇鸣,等.深部矸石充填体黏弹性效应及顶板时效变形特征[J].中国矿业大学学报,2021,50(03):489-497.

[24] 黄鹏,张兴军,郭宇鸣,等.充填体协同支架控顶效应研究[J].采矿与安全工程学报,2020,37(01):128-135.

[25] 黄兴,刘泉声,康永水,等.砂质泥岩三轴卸荷蠕变试验研究[J].岩石力学与工程学报,2016,35(S1):2653-2662.

[26] 黄艳利.固体密实充填采煤的矿压控制理论与应用研究[D].徐州:中国矿业大学,2012.

[27] 贾超,张凯,张强勇,等.基于正交试验设计的层状盐岩地下储库群多因素优化研究[J].岩土力学,2014,35(6):1718-1724.

[28] 焦小森.基于絮体特性的煤泥水混凝过程及调控机制研究[D].北京:中国矿业大学(北京),2018.

[29] 巨峰,孙强,黄鹏,等.顶底双软型薄煤层快速沿空留巷技术研究[J].采矿与安全工程学报,2014,31(06):914-919.

[30] 巨峰,周楠,张强.煤矿固体充填物料垂直投放系统研究与应用[J].煤炭科学技术,2012,40(11):14-18.

[31] 李殿英.煤泥悬浮液流变性能研究及絮凝剂对其影响[J].煤炭与化工,2020,43(05):115-118,24.

[32] 李猛.矸石充填材料力学行为及控制岩层移动机理研究[D].徐州:中国矿业大学,2018.

[33] 李猛,张卫清,李艾玲,等.矸石充填材料承载压缩变形时效性试验研究[J].采矿与安全工程学报,2020,37(1):147-154.

[34] 李猛,张吉雄,姜海强,等.固体密实充填采煤覆岩移动弹性地基薄板模型[J].煤炭学报,2014,39(12):2369-2373.

[35] 李猛,张吉雄,缪协兴,等.固体充填体压实特征下岩层移动规律研究[J].中国矿业大学学报,2014,43(06):969-973,980.

[36] 李祥春,张良,李忠备,等.不同瓦斯压力下煤岩三轴加载时蠕变规律及模型[J].煤炭学报,2018,43(2):473-482.

[37] 李延锋.液固流化床粗煤泥分选机理与应用研究[D].徐州:中国矿业大学,2008.

[38] 梁冰,汪北方,姜利国,等.浅埋采空区垮落岩体碎胀特性研究[J].中国矿业大学学报,